国家出版基金资助项目
现代数学中的著名定理纵横谈丛书
丛书主编　王梓坤

FROBENIUS PROBLEM

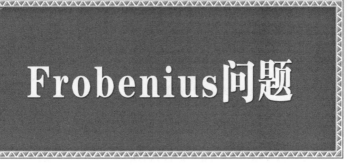

Frobenius问题

刘培杰数学工作室　编

哈尔滨工业大学出版社
HARBIN INSTITUTE OF TECHNOLOGY PRESS

内容简介

本书主要介绍了 Frobenius 问题及其相关理论. 全书共分 3 编,分别介绍了 Frobenius 问题、当 $n=2,3,4,5$ 时的 Frobenius 问题、一般情形的 Frobenius 问题. 书中重点介绍了 Frobenius 问题、美国数学奥林匹克教练论 Frobenius 问题、一个直观模型、关于 Frobenius 问题与其相关的问题、试谈整系数线性型的两个问题、关于正整数系数线性型的最大不可表数、关于正整系数线性型的最大不可表数——Frobenius 问题等内容.

本书适合高等院校相关专业师生以及数学爱好者参考阅读.

图书在版编目(CIP)数据

Frobenius 问题/刘培杰数学工作室编. —哈尔滨:
哈尔滨工业大学出版社,2024.3
(现代数学中的著名定理纵横谈丛书)
ISBN 978 - 7 - 5603 - 9893 - 8

Ⅰ.①F… Ⅱ.①刘… Ⅲ.①代数 Ⅳ.O15

中国版本图书馆 CIP 数据核字(2021)第 280464 号

FROBENIUS WENTI

策划编辑 刘培杰 张永芹
责任编辑 聂兆慈
封面设计 孙茵艾
出版发行 哈尔滨工业大学出版社
社 址 哈尔滨市南岗区复华四道街 10 号 邮编 150006
传 真 0451 - 86414749
网 址 http://hitpress.hit.edu.cn
印 刷 辽宁新华印务有限公司
开 本 787 mm×960 mm 1/16 印张 25.25 字数 272 千字
版 次 2024 年 3 月第 1 版 2024 年 3 月第 1 次印刷
书 号 ISBN 978 - 7 - 5603 - 9893 - 8
定 价 168.00 元

读书的乐趣

你最喜爱什么——书籍.

你经常去哪里——书店.

你最大的乐趣是什么——读书.

这是友人提出的问题和我的回答. 真的, 我这一辈子算是和书籍, 特别是好书结下了不解之缘. 有人说, 读书要费那么大的劲, 又发不了财, 读它做什么? 我却至今不悔, 不仅不悔, 反而情趣越来越浓. 想当年, 我也曾爱打球, 也曾爱下棋, 对操琴也有兴趣, 还登台伴奏过. 但后来却都一一断交, "终身不复鼓琴". 那原因便是怕花费时间, 玩物丧志, 误了我的大事——求学. 这当然过激了一些. 剩下来唯有读书一事, 自幼至今, 无日少废, 谓之书痴也可, 谓之书橱也可, 管它呢, 人各有志, 不可相强. 我的一生大志, 便是教书, 而当教师, 不多读书是不行的.

读好书是一种乐趣, 一种情操; 一种向全世界古往今来的伟人和名人求

1

教的方法,一种和他们展开讨论的方式;一封出席各种活动、体验各种生活、结识各种人物的邀请信;一张迈进科学宫殿和未知世界的入场券;一股改造自己、丰富自己的强大力量.书籍是全人类有史以来共同创造的财富,是永不枯竭的智慧的源泉.失意时读书,可以使人重整旗鼓;得意时读书,可以使人头脑清醒;疑难时读书,可以得到解答或启示;年轻人读书,可明奋进之道;年老人读书,能知健神之理.浩浩乎! 洋洋乎! 如临大海,或波涛汹涌,或清风微拂,取之不尽,用之不竭.吾于读书,无疑义矣,三日不读,则头脑麻木,心摇摇无主.

潜能需要激发

我和书籍结缘,开始于一次非常偶然的机会.大概是八九岁吧,家里穷得揭不开锅,我每天从早到晚都要去田园里帮工.一天,偶然从旧木柜阴湿的角落里,找到一本蜡光纸的小书,自然很破了.屋内光线暗淡,又是黄昏时分,只好拿到大门外去看.封面已经脱落,扉页上写的是《薛仁贵征东》.管它呢,且往下看.第一回的标题已忘记,只是那首开卷诗不知为什么至今仍记忆犹新:

日出遥遥一点红,飘飘四海影无踪.

三岁孩童千两价,保主跨海去征东.

第一句指山东,二、三两句分别点出薛仁贵(雪、人贵).那时识字很少,半看半猜,居然引起了我极大的兴趣,同时也教我认识了许多生字.这是我有生以来独立看的第一本书.尝到甜头以后,我便千方百计去找书,向小朋友借,到亲友家找,居然断断续续看了《薛丁山征西》《彭公案》《二度梅》等,樊梨花便成了我心中的女英雄.我真入迷了.从此,放牛也罢,车水也罢,我总要带一本书,还练出了边走田间小路边读书的本领,读得津津有味,不知人间别有他事.

当我们安静下来回想往事时,往往会发现一些偶然的小事却影响了自己的一生.如果不是找到那本《薛仁贵征东》,我的好学心也许激发不起来.我这一生,也许会走另一条路.人的潜能,好比一座汽油库,星星之火,可以使它雷声隆隆、光照天地;但若少了这粒火星,它便会成为一潭死水,永归沉寂.

抄,总抄得起

好不容易上了中学,做完功课还有点时间,便常光顾图书馆.好书借了实在舍不得还,但买不到也买不起,便下决心动手抄书.抄,总抄得起.我抄过林语堂写的《高级英文法》,抄过英文的《英文典大全》,还抄过《孙子兵法》,这本书实在爱得狠了,竟一口气抄了两份.人们虽知抄书之苦,未知抄书之益,抄完毫末俱见,一览无余,胜读十遍.

始于精于一,返于精于博

关于康有为的教学法,他的弟子梁启超说:"康先生之教,专标专精、涉猎二条,无专精则不能成,无涉猎则不能通也."可见康有为强烈要求学生把专精和广博(即"涉猎")相结合.

在先后次序上,我认为要从精于一开始.首先应集中精力学好专业,并在专业的科研中做出成绩,然后逐步扩大领域,力求多方面的精.年轻时,我曾精读杜布(J. L. Doob)的《随机过程论》,哈尔莫斯(P. R. Halmos)的《测度论》等世界数学名著,使我终身受益.简言之,即"始于精于一,返于精于博".正如中国革命一

3

样,必须先有一块根据地,站稳后再开创几块,最后连成一片.

丰富我文采,澡雪我精神

辛苦了一周,人相当疲劳了,每到星期六,我便到旧书店走走,这已成为生活中的一部分,多年如此.一次,偶然看到一套《纲鉴易知录》,编者之一便是选编《古文观止》的吴楚材.这部书提纲挈领地讲中国历史,上自盘古氏,直到明末,记事简明,文字古雅,又富于故事性,便把这部书从头到尾读了一遍.从此启发了我读史书的兴趣.

我爱读中国的古典小说,例如《三国演义》和《东周列国志》.我常对人说,这两部书简直是世界上政治阴谋诡计大全.即以近年来极时髦的人质问题(伊朗人质、劫机人质等),这些书中早就有了,秦始皇的父亲便是受害者,堪称"人质之父".

《庄子》超尘绝俗,不屑于名利.其中"秋水""解牛"诸篇,诚绝唱也.《论语》束身严谨,勇于面世,"己所不欲,勿施于人",有长者之风.司马迁的《报任少卿书》,读之我心两伤,既伤少卿,又伤司马;我不知道少卿是否收到这封信,希望有人做点研究.我也爱读鲁迅的杂文,果戈理、梅里美的小说.我非常敬重文天祥、秋瑾的人品,常记他们的诗句:"人生自古谁无死,留取丹心照汗青""休言女子非英物,夜夜龙泉壁上鸣".唐诗、宋词、《西厢记》《牡丹亭》,丰富我文采,澡雪我精神,其中精粹,实是人间神品.

读了邓拓的《燕山夜话》,既叹服其广博,也使我动了写《科学发现纵横谈》的心.不料这本小册子竟给我招来了上千封鼓励信.以后人们便写出了许许多多的"纵横谈".

从学生时代起,我就喜读方法论方面的论著.我想,做什么事情都要讲究方法,追求效率、效果和效益,方法好能事半而功倍.我很留心一些著名科学家、文学家写的心得体会和经验.我曾惊讶为什么巴尔扎克在51年短短的一生中能写出上百本书,并从他的传记中去寻找答案.文史哲和科学的海洋无边无际,先哲们的明智之光沐浴着人们的心灵,我衷心感谢他们的恩惠.

读书的另一面

以上我谈了读书的好处,现在要回过头来说说事情的另一面.

读书要选择.世上有各种各样的书:有的不值一看,有的只值看20分钟,有的可看5年,有的可保存一辈子,有的将永远不朽.即使是不朽的超级名著,由于我们的精力与时间有限,也必须加以选择.决不要看坏书,对一般书,要学会速读.

读书要多思考.应该想想,作者说得对吗?完全吗?适合今天的情况吗?从书本中迅速获得效果的好办法是有的放矢地读书,带着问题去读,或偏重某一方面去读.这时我们的思维处于主动寻找的地位,就像猎人追找猎物一样主动,很快就能找到答案,或者发现书中的问题.

有的书浏览即止,有的要读出声来,有的要心头记住,有的要笔头记录.对重要的专业书或名著,要勤做笔记,"不动笔墨不读书".动脑加动手,手脑并用,既可加深理解,又可避忘备查,特别是自己的灵感,更要及时抓住.清代章学诚在《文史通义》中说:"札记之功必不可少,如不札记,则无穷妙绪如雨珠落大海矣."

许多大事业、大作品,都是长期积累和短期突击相结合的产物.涓涓不息,将成江河;无此涓涓,何来江河?

爱好读书是许多伟人的共同特性,不仅学者专家如此,一些大政治家、大军事家也如此.曹操、康熙、拿破仑、毛泽东都是手不释卷,嗜书如命的人.他们的巨大成就与毕生刻苦自学密切相关.

王梓坤

目 录

第 一 编
数学奥林匹克中的
Frobenius 问题

Frobenius 问题

世界著名数学家 J. J. Sylvester 曾指出：

当代，没有哪一位数学家十分重视孤立的定理的发现，除非它暗示了一个意外的新思想领域，就像是从未被发现的思维行星体上分离下来的一块陨石那样．

第 1 章

Frobenius Georg(1849 - 1917)是一位德国数学家，柏林科学院院士，柏林大学教授．他曾经研究过以下所谓的整系数线性型问题：

任给正整数 $a_i(i=1,\cdots,s)$，$(a_1,\cdots,a_s)=1$，求一个仅与 $a_i(i=1,\cdots,s)$ 有关的整数 $g(a_1,\cdots,a_s)$，在 $n>g(a_1,\cdots,a_s)$ 时，方程

$$a_1x_1+a_2x_2+\cdots+a_sx_s=n$$
$$((a_1,\cdots,a_s)=1,s\geqslant2) \qquad (1)$$

有非负整数解 $x_i(i=1,\cdots,s)$，而在 $n=g(a_1,\cdots,a_s)$ 时方程(1)无非负整数解.

此问题是数论中的一个著名问题,称为 Frobenius 问题,它也是数学奥林匹克试题的一个重要的创作源泉.

最简单的办法就是取特例的方法,例如当取 $n=2$ 时便是 1979 年法国数学奥林匹克试题:

试题 A 证明:对任意 $a,b,c\in\mathbf{N},(a,b)=1$,且 $c\geqslant(a-1)(b-1)$. 方程 $c=ax+by$ 有非负整数解.

证法 1 通常的证法是利用如下的定理:

定理 1 设 $x=x_0,y=y_0$ 是不定方程 $ax+by=c$ 的一个解,则它的一切解是

$$x=x_0-\frac{b}{(a,b)}r,y=y_0+\frac{a}{(a,b)}r$$

其中 r 是任意整数.

由定理 1 知,方程 $c=ax+by$ 的一般解为

$$x=x_0+bt,y=y_0-at \quad (t=0,\pm1,\pm2,\cdots)$$

取整数 t,使 $0\leqslant y=y_0-at\leqslant a-1$(这样的 t 一定存在). 对此 t,将相应的 x 代入 $c=ax+by$,有

$$\begin{aligned} ax &= a(x_0+bt)\\ &= c-b(y_0-at)\\ &> ab-a-b-b(a-1)\\ &= -a \end{aligned}$$

而 $a>0$,故 $x=x_0+bt>-1$,即 $x\geqslant0$.

这就证明了当 $c>ab-a-b$ 时,方程 $c=ax+by$ 有非负整数解,即 $c\geqslant(a-1)(b-1)$ 时可表为 $ax+by$

$(x \geq 0, y \geq 0)$.

这是一个熟知的结果,将它当作竞赛题还有另外的好处,可以借助中学生们灵活的思路,得到它的其他证法:

证法 2 由孙子定理知存在整数 $n \in [0, ab]$,使得 $n \equiv c \pmod{b}$,且 $n \equiv c \pmod{a}$,因此 $n = by = c - ax$,其中 $x, y \in \mathbf{Z}$. 因为 $0 \leq by < ab$,所以 $0 \leq y \leq a - 1$,且 $n \leq (a-1)b$,再由 $c - ax \leq (a-1)b, c \geq (a-1)(b-1)$ 可知 $ax \geq (a-1)(b-1) - (a-1)b = 1 - a > -a$,即 $x > -1$. 因此 $x, y \in \mathbf{Z}_+$ 是原方程的解.

我们可以证明一个一般的结论,即:

定理 2 设 $a_1, a_2, \cdots, a_s (s \geq 2)$ 为正整数,且 $(a_1, a_2, \cdots, a_s) = 1$,记 $a = a_s$,又设 $A = \left\{ y \mid y = \sum_{i=1}^{s-1} a_i x_i \right.$ 为整数,$0 \leq x_i \leq a - 1, 1 \leq i \leq s - 1 \right\}$;$A_c = \{ y \mid y \in A$,且 $y \equiv c \pmod{a}\}, 0 \leq c \leq a - 1, b_c = \min A_c, 0 \leq c \leq a - 1$,则 $g(a_1, a_2, \cdots, a_s)$ 存在,且

$$g(a_1, a_2) = a_1(a_2 - 1) - a_2 = a_1 a_2 - a_1 - a_2$$

考虑到 s 值较大时,b_c 一般不易求得,所以还建立了如下的定理:

定理 3 设 $a_1, a_2, \cdots, a_s (s \geq 2)$ 为正整数,$(a_1, a_2, \cdots, a_s) = 1$,记 $a = a_s$,又设 $A = \left\{ y \mid y = \sum_{i=1}^{s-1} a_i x_i, \right.$ $0 \leq x_i \leq a - 1, 1 \leq i \leq s - 1 \right\}$,$A_c = \{ y \mid y \in A$,且 $y \equiv c \pmod{a}\}, 0 \leq c \leq a - 1$,当 $t = 2, 3, \cdots, s - 1$ 时,设 $A(t) =$

$\{y \mid y = \min A(t-1, c) + a_i, x_i,$ 所有非空的 $A(t-1, c), x_i$ 为整数,$0 \leqslant x_i \leqslant a-1\}$. $A(t, c) = \{y \mid y \in A(t), y \equiv c(\bmod a)\}$,$0 \leqslant c \leqslant a-1$,则 $b = \min A(s-1, c)$,$0 \leqslant c \leqslant a-1$.

(证明见《内蒙古民族师范学院学报》第 2 期.)

1983 年,在第 24 届 IMO 上联邦德国提供了一道试题:

试题 B 设 a, b, c 为正整数,这三个数两两互素,求证:$2abc - ab - bc - ca$ 是不能表示为 $xbc + yca + zab$ 形式的整数中最大的一个,其中 x, y, z 为非负整数.

其实这不过是 1955 年柯召教授所得到的一个定理的特例,借用前面的记号,柯召证明了:

定理 4

$$g(a_1, a_2, a_3) \leqslant \frac{a_1 a_2}{(a_1, a_2)} + a_3(a_1, a_2) - a_1 - a_2 - a_3$$

且当

$$n > \frac{a_1 a_2}{(a_1, a_2)} - \frac{a_1}{(a_1, a_2)} - \frac{a_2}{(a_1, a_2)}$$

时有

$$g(a_1, a_2, a_3) = \frac{a_1 a_2}{(a_1, a_2)} + a_3(a_1, a_2) - a_1 - a_2 - a_3$$

这里 a_1, a_2, a_3 可以轮换.

显然令 $a_1 = bc, a_2 = ca, a_3 = ab$,则

$$g(bc, ca, ab) = \frac{abc^2}{c} + abc - bc - ca - ab$$
$$= 2abc - ab - bc - ca$$

1956 年,陈重穆还得到以下更一般的结论:

定理 5 设 $d_i = (a_1, \cdots, a_i)(i = 2, \cdots, s)$, $d_1 = a_1$, 及

$$G_i = \sum_{j=2}^{i} a_j \cdot \frac{d_{j-1}}{d_j} - \sum_{j=1}^{i} a_j \quad (i = 2, \cdots, s)$$

则

$$g(a_1, a_2, \cdots, a_s) \leqslant G_s$$

且当 $a_j \cdot \dfrac{d_{j-1}}{d_j} > G_{j-1} (3 \leqslant j \leqslant s)$ 时, $g(a_1, a_2, \cdots, a_s) = G_s$.

并且陆文端等人还证明了:

定理 6 $g(a_1, \cdots, a_s) = G_s$ 的充要条件是 $a_j \cdot \dfrac{d_{j-1}}{d_j}$ 可经线性型 $f_{j-1}(j = 3, \cdots, s)$ 表示出. 这里 f_{j-1} 定义为下面的线性型

$$f_s = a_1 x_1 + \cdots + a_s x_s \quad (x_i \geqslant 0, i = 1, 2, \cdots, s)$$

在试题 B 中我们令 $a_1 = bc, a_2 = ca, a_3 = ab$, 则 $d_1 = bc, d_2 = (bc, ca) = c, d_3 = (bc, ca, ab) = 1$. 则

$$
\begin{aligned}
G_3 &= \sum_{j=2}^{3} a_j \frac{d_{j-1}}{d_j} - \sum_{j=1}^{3} a_j \\
&= a_2 \frac{d_1}{d_2} + a_3 \frac{d_2}{d_3} - (a_1 + a_2 + a_3) \\
&= ca \frac{bc}{c} + ab \frac{c}{1} - bc - ca - ab \\
&= 2abc - ab - bc - ca
\end{aligned}
$$

且 $a_3 \cdot \dfrac{d_2}{d_3} = abc = bca + ca \cdot 0$, 即 $a_3 \cdot \dfrac{d_2}{d_3}$ 可由 $bcx + cay$ 表示出, 故 $g(bc, ca, ab) = G_3 = 2abc - ab - bc - ca$.

定理 5、定理 6 形式较一般, 鉴于试题 B 的特殊形

式,我们得到以下针对性较强的推广:

定理 7 设 $t_1, t_2, \cdots, t_s (s \geq 2)$ 是两两互素的正整数,$a'_1 = 1, a'_2, a'_3, \cdots, a'_s$ 是正整数,$(d_i, t_i) = 1, 2 \leq i \leq s, a_i = d_i t_1 t_2 \cdots t_{i-1} t_{i+1} \cdots t_s, 1 \leq i \leq s$,则不能表示为 $\sum_{i=1}^{s} a_i x_i (x_i$ 为非负整数,$1 \leq i \leq s)$ 的形式的最大整数存在,且等于

$$\left(\sum_{i=1}^{s} a'_i - 1 \right) t_1 t_2 \cdots t_s - \sum_{i=1}^{s} a_i$$

证明 用数学归纳法.

(1)当 $s = 2$ 时,$(t_1, t_2) = 1, d_i = 1, (a'_2, t_2) = 1, a_1 = d_i t_2 = t_2, a_2 = a'_2 t_1$,显然 $(a_1, a_2) = (t_2, a'_2 t_1) = 1$,不能表示为 $a_1 x_1 + a_2 x_2 (x_1, x_2$ 为非负整数)的形式的最大整数存在,且等于

$$a_1 a_2 - a_1 - a_2 = a'_2 t_1 t_2 - a_1 - a_2$$
$$= \left(\sum_{i=1}^{2} d_i - 1 \right) t_1 t_2 - \sum_{i=1}^{2} a_i$$

故此时定理 7 成立.

(2)假设结论对于 $s - 1 (s \geq 3)$ 成立. $t_i, d_i, a_i (0 \leq i \leq s)$ 及它们之间的关系如定理 7 的条件所设. 又设

$$b_i = \frac{a_i}{t_s} = d_i t_1 t_2 \cdots t_{i-1} t_{i+1} \cdots t_{s-1} \quad (1 \leq i \leq s-1)$$

显然 $t_1, t_2, \cdots, t_{s-1}$ 是两两互素的正整数,$(d_i, t_i) = 1, 2 \leq i \leq s-1, a'_1 = 1, a'_2, a'_3, \cdots, a'_{s-1}$ 是正整数,根据归纳假设,不能表示为 $\sum_{i=1}^{s-1} b_i x_i (x_i$ 为非负整数,$1 \leq i \leq s-1)$ 的形式的最大整数存在,且等于

$$F = \Big(\sum_{i=1}^{s-1} d_i - 1 \Big) t_1 t_2 \cdots t_{s-1} - \sum_{i=1}^{s-1} b_i$$

显然 $F+1, F+2, \cdots, F+a_s$ 是 a_s 的完全剩余系，因为 $(t_s, a'_s) = 1, (t_s, t_i) = 1, 1 \le i \le s-1$，故 $(t_s, a_s) = (t_s, a'_s t_1 t_2 \cdots t_{s-1}) = 1$，所以

$$t_s(F+1), t_s(F+2), \cdots, t_s(F+a_s)$$

是 a_s 的完全剩余系. 设 $T = t_s(F+a_s) - a_s$，对于整数 $T+h (h$ 为任意正整数)，必存在整数 $1 \le u \le a_s$，使 $t_s(F+u) \equiv T+h (\mathrm{mod}\ a_s)$. 若 $t_s(F+u) > T+h$，则

$$\begin{aligned} t_s(F+u) &\ge T+h+a_s \\ &= t_s(F+a_s) + h \\ &> t_s(F+a_s) \\ &\ge t_s(F+u) \end{aligned}$$

矛盾. 故 $t_s(F+u) \le T+h$. 设 $T+h = t_s(F+u) + a_s x_s$，其中 x_s 为非负整数，根据 F 的意义，知存在非负整数 $x_1, x_2, \cdots, x_{s-1}$，使

$$F+u = b_1 x_1 + b_2 x_2 + \cdots + b_{s-1} x_{s-1}$$

故

$$T+h = t_s \sum_{i=1}^{s-1} b_i x_i + a_s x_s = \sum_{i=1}^{s} a_i x_i$$

即 $T+h$ 可表示为 $\sum_{i=1}^{s} a_i x_i (x_i$ 为非负整数，$1 \le i \le s)$ 的形式

$$\begin{aligned} T &= t_s(F+a_s) - a_s \\ &= t_s \Big[\Big(\sum_{i=1}^{s-1} a'_i - 1 \Big) t_1 t_2 \cdots t_{s-1} - \sum_{i=1}^{s-1} \frac{a_1}{t_s} + a'_s t_1 t_2 \cdots t_{s-1} \Big] - a_s \end{aligned}$$

$$= \left(\sum_{i=1}^{s} a'_i - 1 \right) t_1 t_2 \cdots t_s - \sum_{i=1}^{s} a_i$$

假设 T 可表为 $\sum_{i=1}^{s} a_i y_i$ (y_i 为非负整数,$1 \leqslant i \leqslant s$) 的形式,即

$$\left(\sum_{i=1}^{s} a'_i - 1 \right) t_1 t_2 \cdots t_s - \sum_{i=1}^{s} a_i = \sum_{i=1}^{s} a_i y_i$$

那么

$$\left(\sum_{i=1}^{s} a'_i - 1 \right) t_1 t_2 \cdots t_s = \sum_{i=1}^{s} a_i (y_i + 1)$$

即

$$\left(\sum_{i=1}^{s} a'_i - 1 \right) t_1 t_2 \cdots t_s$$

$$= \sum_{i=1}^{s} a'_i t_1 t_2 \cdots t_{i-1} t_{i+1} \cdots t_s (y_i + 1) \qquad (1)$$

$$t_j \mid a'_j t_1 t_2 \cdots t_{j-1} t_{j+1} \cdots t_s (y_j + 1) \quad (1 \leqslant j \leqslant s) \quad (2)$$

因为 $(t_1, a'_1) = (t_1, 1) = 1, (t_i, a'_i) = 1, 2 \leqslant i \leqslant s$,所以 $(t_j, a'_j) = 1, 1 \leqslant j \leqslant s$. 又因为 $(t_j, t_i) = 1, i \neq j$,所以

$$(t_j, a'_j t_1 t_2 \cdots t_{j-1} t_{j+1} \cdots t_s) = 1 \qquad (3)$$

由式(2)和式(3)知 $t_j \mid y_i + 1, 1 \leqslant j \leqslant s$. 设 $y_i + 1 = k_i t_i$ ($k_i \geqslant 1, 1 \leqslant i \leqslant s$),代入式(1)得

$$\left(\sum_{i=1}^{s} a'_i - 1 \right) t_i t_2 \cdots t_s = \sum_{i=1}^{s} a'_i k_i t_1 t_2 \cdots t_s$$

故

$$\sum_{i=1}^{s} a'_i - 1 = \sum_{i=1}^{s} a'_i k_i \geqslant \sum_{i=1}^{s} a'_i$$

矛盾. 故 T 不能表示为 $\sum_{i=1}^{s} a_i x_i$ 的形式,所以不能表示

为上述形式的最大整数存在,且等于

$$T = \Big(\sum_{i=1}^{s} a'_i - 1 \Big) t_1 t_2 t_3 - \sum_{i=1}^{s} a_i$$

证毕.

取 $t_1 = a, t_2 = b, t_3 = c, s = 3, a'_1 = a'_2 = a'_3 = 1$ 时的特例,则 $a_1 = a'_1 t_2 t_3 = bc, a_2 = a'_2 t_1 t_3 = ac, a_3 = a'_3 t_1 t_2 = ab$,再令 $x_1 = x, x_2 = y, x_3 = z$,则不能表示为 $xbc + yca + zab$ 形式的最大整数为

$$(a'_1 + a'_2 + a'_3 - 1) t_1 t_2 t_3 - (a_1 + a_2 + a_3)$$
$$= (1 + 1 + 1 - 1) abc - (ab + bc + ca)$$
$$= 2abc - ab - bc - ca$$

即为试题 B 的结论.

事实上,还可以证明更进一步的定理,它不要求 $a'_1 = 1$,而只要求 $a'_1, a'_2, \cdots, a'_s$ 中至少有一个等于 1.

有个有趣的问题是:对于试题 A 我们能不能继续保持多项式的形式推广下去,因为试题 A 相当于给出了多项式 $g(a_1, a_2) = a_1 a_2 - a_1 - a_2$. 我们说不存在这种可能性. 当 $s \geq 3$ 时,1984 年万大庆和王西京发现了:

定理 8　不存在多项式 $h(x_1, \cdots, x_s)$,使得当整数 $a_i (i = 1, 2, \cdots, s)$ 两两互素时,$g(a_1, a_2, \cdots, a_s) = h(a_1, a_2, \cdots, a_s)$.

甚至用他们的方法还可以证明:

定理 9　在 $s \geq 3$ 时,不存在有理分式 $E(x_1, \cdots, x_s)$,使 $g(a_1, \cdots, a_s) = E(a_1, \cdots, a_s)$.

(证明详见《数学汇刊》1984 年第 1 期 76～

78 页.)

那么对于什么类型的特殊的 Frobenius 问题可以给出公式解呢? 1956 年,J. B. Roberts 在 *Amer Math* 期刊的 1956 年 7 月刊第 465 ~ 469 页中发表了一个有趣的小结果,他研究了 $a_1,\cdots,a_s$ 成等差数列的情形,证明了:

定理 10 设 $a_j = a_1 + jd, j = 2,\cdots,s, a_1 \geqslant 2, d > 0$,则

$$g(a_1,\cdots,a_s) = \left[\frac{a_1 - 2}{s - 1}\right]a_1 + (a_1 - 1)d$$

1958 年,吴昌玖给出了一个非常简短而又非常初等的证明,完全可以当作竞赛试题出现.

最后我们指出:将 Frobenius 问题的条件做一点改动,即允许某些 a_1 为负整数,那么又可以得到一批形式相似、解法也类似的试题. 例如,于 1991 年末举行的第 52 届 Putnam 数学竞赛的 B - 3:

试题 C 是否存在一个实数 L,使得:如果 m,n 是大于 L 的整数,则 $m \times n$ 矩形可表示为若干 4×6 与 5×7 的矩形之并,且任何两个小矩形至多只在边界上相交?

试题 D 一位古怪的数学家,有一个梯子共 n 级,他在梯子上爬上爬下,每次升 a 级或降 b 级,这里 a,b 是固定的正整数. 如果他能从地面开始,爬到梯子的最顶上一级又回到地面.

求:n 的最小值(用 a,b 表示)并加以证明.

(爱尔兰推荐给第 31 届 IMO 的预选题)

从若干数学奥林匹克试题与数论中著名的

Frobenius问题的联系中我们可以更加体会出 D. Hilbert 的一句名言的正确：

> 搞数论的人可以和贪图安乐的人相比．
> 它是极吸引人的，一旦你试过它，其他的数
> 学活动可能会显得有些乏味．

美国奥数教练论 Frobenius 问题

第 2 章

一些应用是涉及 Diophantine Frobenius(FP)的一类数学奥林匹克问题.

一些定义：

设 $A = \{a_1, a_2, \cdots, a_n\}$ 是正整数的整体互质集合. 设 $G(A)$ 是 $a_1, a_2, \cdots, a_n$ 的一切非负系数的线性组合的集合,即

$$G(A) = \{a_1 x_1 + a_2 x_2 + \cdots + a_n x_n \mid x_1, x_2, \cdots, x_n \in \mathbf{N}\}$$

一个属于 $G(A)$ 的数称为 A - 正规数,其余的数称为 A - 非正规数,或者分别简称为正规数,或非正规数.

不难看出任何负整数都是非正规数,最小的正规数是非负的. 因为 $G(A)$ 是一个几乎可归纳的集合,即存在整数 m,使

$$Z_{>m} = \{m+1, m+2, m+3, \cdots\} \in G(A)$$

于是,由好排序原则,我们定义最小正整数 μ,具有性质

$$Z_{>\mu} \in G(A)$$

这同时是最大的 A – 非正规数,即

$$\mu = \mu(A) = \max Z \setminus G(A)$$

于是,如果 $1 \in A$,那么 $\mu(A) = -1$.

一般的 Frobenius 问题是:

求把 $\mu(A)$ 写成整体互质集合

$$A = \{a_1, a_2, \cdots, a_n\}$$

的函数的公式. 这一问题的一般情况对于 $n = 3$ 是明显且平凡的,存在许多算法,但是没有公式. 但在 a_1, $a_2, \cdots, a_n$ 特殊的条件下,Frobenius 问题可以成功解决. 下面是有解的一些特殊情况.

一些问题:

问题 1　对于两个互质的整数 a 和 b,求 $\mu(a, b)$ 的公式.

解　设 $a, b \in \mathbf{N}^*$, a 与 b 互质. 考虑方程 $ax + by = m$ 在 $\mathbf{N}$ 中的解,这里 $m \in \mathbf{N}$. 根据表示定理和一般表示定理,存在整数 $t \geqslant 0, s \geqslant 0, k, p, p', q, q'$,使 $x = bt + q', y = as + p', \dfrac{m}{ab} = k + \dfrac{p}{a} + \dfrac{q}{b}, 0 \leqslant p', p < a, 0 \leqslant q', q < b$,于是

$$ax + by = m \Leftrightarrow t + s + \frac{p'}{a} + \frac{q'}{b} = k + \frac{p}{a} + \frac{q}{b}$$

$$\Leftrightarrow \begin{cases} t + s = k \\ p = p', q = q' \end{cases}$$

由表示式的唯一性推得最后一个方程组成立,于是当且仅当方程

$$t + s = k \qquad\qquad (1)$$

在 $\mathbf{N}$ 中有解时,方程 $ax + by = m$ 在 $\mathbf{N}$ 中有解. 因为 -1

是使方程 $ax + by = m$ 在 **N** 中无解的最大整数 k，所以使方程 $ax + by = m$ 在 **N** 中无解的 m 的最大值是

$$ab\left(-1 + \frac{a-1}{a} + \frac{b-1}{b} \right) = ab - a - b$$

于是

$$\mu(a,b) = ab - a - b$$

以及

$$Z_{>\mu(a,b)} \subset G(a,b)$$

这一公式是 J. J. Sylvest 在 1884 年发现的.

由式(1)推得当且仅当 $m = (k-1)ab + aq + bp$ 时,方程 $ax + by = m$ 恰有 k 组解,这里 p,q 是满足 $0 \leq p < a, 0 \leq q < b$ 的任何整数.

问题 2 求非负的 (a,b)——非正规数的个数 $N(a,b)$,也就是说,使方程 $ax + by = m$ 在 **N** 中无解的非负数 m 的值.

解 当且仅当

$$m = -ab + qa + pb \geq 0 \Leftrightarrow qa + pb \geq ab$$
$$(0 \leq p \leq a-1)$$
$$(0 \leq q \leq b-1)$$

时,方程 $ax + by = m$ 在 **N** 中无解,设 $t = a - p$,得到

$$m = qa - bt$$

这里 $0 \leq q \leq b-1, 1 \leq t \leq a$,以及 $qa - bt \geq 0 \Leftrightarrow t \leq \lfloor \frac{aq}{b} \rfloor$.

因为 $\frac{aq}{b} \leq \frac{a(b-1)}{b} < a$,所以 $m = qa - bt$,这里 $0 \leq q \leq b-1, 1 \leq t \leq \lfloor \frac{aq}{b} \rfloor$. 于是

$$N(a,b) = \sum_{q=0}^{b-1} \sum_{t=i}^{\lfloor \frac{aq}{b} \rfloor} 1$$

$$= \sum_{q=0}^{b-1} \left\lfloor \frac{aq}{b} \right\rfloor$$

$$= \sum_{q=1}^{b-1} \left\lfloor \frac{aq}{b} \right\rfloor$$

$$= \sum_{q=1}^{b-1} \left(\frac{aq}{b} - \left\{ \frac{aq}{b} \right\} \right)$$

$$= \frac{a}{b} \cdot \frac{b(b-1)}{2} - \sum_{q=1}^{b-1} \left\{ \frac{aq}{b} \right\}$$

$$= \frac{a(b-1)}{2} - \sum_{q=1}^{b-1} \frac{r_b(aq)}{b}$$

$$= \frac{a(b-1)}{2} - \sum_{q=1}^{b-1} \frac{q}{b}$$

$$= \frac{a(b-1)}{2} - \frac{b-1}{2}$$

$$= \frac{(a-1)(b-1)}{2}$$

这是因为 $\{ r_b(aq) \mid 1 \leqslant q \leqslant b-1 \} = \{ 1, 2, \cdots, b-1 \}$.

问题3　对于给定的正整数 k 和 a 与 b 互质,求使混合组

$$\begin{cases} ax + by = m \\ 0 \leqslant x \leqslant ky \end{cases} \tag{2}$$

在 **N** 中无解的最大整数 m.

解　像问题1的解一样,由表示定理和一般表示定理,我们有唯一的确定的整数 $t \geqslant 0, s \geqslant 0, l, p, q$,使 $x = at + p, y = bs + q, m = lab + pb + qa, 0 \leqslant p < a, 0 \leqslant q <$

b,以及

$$(2)\Leftrightarrow\begin{cases}t+s=l,t,s\geqslant 0\\at+p\leqslant k(bs+q)\end{cases}$$

$$\Leftrightarrow\begin{cases}s=l-t\\0\leqslant t\leqslant \min\left\{l,\left\lfloor\dfrac{kbl+kq-p}{kb+a}\right\rfloor\right\}\end{cases}$$

因为当且仅当 $0\leqslant kbl+kq-p$ 时,方程组(2)有解,所以当且仅当 $m=lab+pb+qa,0\leqslant p<a,0\leqslant q<b$,以及

$$kbl+kq-p\leqslant -1\Leftrightarrow lb+q\leqslant\left\lfloor\frac{p-1}{k}\right\rfloor\Leftrightarrow lab+qa\leqslant a\left\lfloor\frac{p-1}{k}\right\rfloor$$

时,混合组(2)无解.

那么当 $p=a-1$ 时,取 m 的最大值. 于是,m 的最大值是

$$a\left\lfloor\frac{a-2}{k}\right\rfloor+b(a-1)$$

问题 4 如果 $a_i=a+(i-1)b,i=1,2,\cdots,n$,这里 $a>1,a$ 与 b 互质,求 $\mu(a_1,a_2,\cdots,a_n)$,即求使方程

$$ax_1+(a+b)x_2+\cdots+(a+(n-1)b)x_n=m \quad (3)$$

在 **N** 中无解的最大整数 m.

解 设 $y=x_1+x_2+\cdots+x_n,x=x_2+2x_3+\cdots+(n-1)x_n,t_1=x_n,t_2=x_{n-1}+x_n,\cdots,t_{n-2}=x_3+\cdots+x_n,t_{n-1}=x_2+x_3+\cdots+x_n$. 于是可以把式(3)改写成 $ay+bx=m$,这里 x,y 依附于条件 $x=t_1+t_2+\cdots+t_{n-1},0\leqslant t_1\leqslant t_2\leqslant\cdots\leqslant t_{n-1}\leqslant y$. 因为当且仅当 $0\leqslant x\leqslant(n-1)y$ 时,混合组

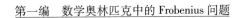

$$\begin{cases} t_1 + t_2 + \cdots + t_{n-1} = x \\ 0 \leqslant t_1 \leqslant t_2 \leqslant \cdots \leqslant t_{n-1} \leqslant y \end{cases}$$

无解(要证明!),那么 $\mu(a_1, a_2, \cdots, a_n)$ 等于使混合组

$$\begin{cases} ax + by = m \\ 0 \leqslant x \leqslant (n-1)y \end{cases} \tag{4}$$

无解的 n 的最大值. 于是由问题 3 得

$$\mu(a, a+b, a+2b, \cdots, (a+(n-1)b))$$

$$= a \left\lfloor \frac{a-2}{n-1} \right\rfloor + b(a-1)$$

注意到,因为当且仅当 $(n-1)bl + (n-1)q - p \geqslant 0$,$0 \leqslant p \leqslant a-1, 0 \leqslant q \leqslant b-1$ 时,式(4)可解. 于是

$$G(a, a+b, a+2b, \cdots, (a+(n-1)b))$$

$$= \left\{ abl + pb + qa \mid 0 \leqslant p \leqslant a-1, 0 \leqslant q \leqslant b-1, \right.$$

$$\left. l \geqslant \left\lfloor \frac{p + (b-q)(n-q) - 1}{b(n-1)} \right\rfloor \right\}$$

问题 5 (IMO24,1983,问题 3)设 a, b, c 是两两互质的正整数. 证明:$2abc - ab - bc - ca$ 是不能表示为 $xbc + yca + zab$ 的最大整数,这里 x, y, z 是非负整数(或利用我们的术语,证明:$\mu(ab, bc, ca) = 2abc - ab - bc - ca$).

证明 我们将证明原题的一般情况,更确切地说,我们将寻求 $\mu(A_1, A_2, \cdots, A_n)$,这里 $A_i = \dfrac{A}{a_i}, i = 1, 2, \cdots, n, A = a_1 a_2 \cdots a_n, \{a_1, a_2, \cdots, a_n\}$ 是整体互质集合,也就是说,我们将寻找使方程

$$\sum_{i=1}^{n} A_i x_i = m \Leftrightarrow \sum_{i=1}^{n} \frac{x_i}{a_i} = \frac{m}{A} \tag{5}$$

19

Frobenius 问题

无非负整数解的最大的整数 m. 根据表示定理和一般表示定理,存在唯一的一组正整数 $t_i \geq 0, p_i, r_i, i = 1, 2, \cdots, n$,使 $x_i = t_i a_i + p_i, 0 \leq p < a_i, i = 1, 2, \cdots, n$,以及

$$\frac{m}{A} = k + \sum_{i=1}^{n} \frac{r_i}{a_i},$$

这里 $0 \leq r_i < a_i, i = 1, 2, \cdots, n$. 于是根据一般表示定理,我们有

$$\text{式}(5) \Leftrightarrow \sum_{i=1}^{n} \left(t_i + \frac{p_i}{a_i} \right) = k + \sum_{i=1}^{n} \frac{r_i}{a_i} =$$

$$\Leftrightarrow \sum_{i=1}^{n} t_i + \sum_{i=1}^{n} \frac{p_i}{a_i} = k + \sum_{i=1}^{n} \frac{r_i}{a_i}$$

$$\Leftrightarrow \begin{cases} \sum_{i=1}^{n} t_i = k \\ p_i = r_i, i = 1, 2, \cdots, n \end{cases}$$

因为当且仅当 $k \geq 0$ 时,$\sum_{i=1}^{n} t_i = k$ 有非负整数解,所以当且仅当

$$m \in \left\{ A\left(k + \sum_{i=1}^{n} \frac{r_i}{a_i} \right) \,\middle|\, k \leq -1, \text{且} 0 \leq r_i < a_i \right\}$$

时,式(5)无解. 因此

$$\mu\{A_1, A_2, \cdots, A_n\} = A\left(-1 + \sum_{i=1}^{n} \frac{a_i - 1}{a_i} \right)$$

$$= (n-1)A - \sum_{i=1}^{n} A_i$$

评注 因为方程 $\sum_{i=1}^{n} t_i = k$ 恰有 $\binom{k+n-1}{k}$ 组非负整数解,所以 $m = Ak + \sum_{i=1}^{n} \left(\frac{r_i}{a_i} \right)$ 的方程(5)恰也有

$\binom{k+n-1}{k}$ 组非负整数解(证明一下).

两个有关的问题.

(1)求一切 m,使 $15x + 10y + 6z = m$ 有 2 010 组非负整数解.

(2)求最小的 m,使 $15x + 10y + 6z = m$ 有 171 组非负整数解.

问题 6　设 a, b 是互质的正整数,求使方程

$$a^2 x + aby + b^2 z = m \qquad (6)$$

没有非负整数解的最大整数 m,即求 $\mu(a^2, ab, b^2)$.

解　根据表示定理,存在唯一的一组整数 $t \geqslant 0$,$s \geqslant 0, p, q$,使 $x = bt + q', z = as + p', 0 \leqslant p' < a, 0 \leqslant q' < b$,于是

$$a^2 x + aby + b^2 z = a^2 (bt + q') + aby + b^2 (as + p')$$
$$= ab\left((at + y + bs) + \frac{bp'}{a} + \frac{aq'}{b}\right)$$

另外,根据加权 (a, b) 的一般表示定理,存在唯一的一组整数 k, p, q,使

$$\frac{m}{ab} = k + \frac{bp}{a} + \frac{aq}{b}$$

这里 $0 \leqslant p < a, 0 \leqslant q < b$. 由于加权一般表示的唯一性,我们有

$$a^2 x + aby + b^2 z = m \Leftrightarrow (at + y + bs) + \frac{bp'}{a} + \frac{aq'}{b} = k + \frac{bp}{a} + \frac{aq}{b}$$

$$\Leftrightarrow at + y + bs = k, p' = p, q' = q$$

因为当且仅当 $k \geqslant 0$ 时,方程 $at + y + bs = k$ 在 **N** 中可解,所以当且仅当 $k(m) \leqslant -1$ 时,方程(6)无解,

因此,使方程(6)在 **N** 中无解的 m 的最大整数值是

$$ab\left(-1+\frac{b(a-1)}{a}+\frac{a(b-1)}{b}\right)$$
$$=-ab+b^2(a-1)+a^2(b-1)$$
$$=ab(a+b-1)-a^2-b^2$$

于是

$$\mu(a^2,ab,b^2)=ab(a+b-1)-a^2-b^2$$

下面参考文献中的著作对于有兴趣的读者展示了解决所提出的问题的另一些方法.

参 考 文 献

[1] RAMIREZ ALFONSON J L. The Diophan tine Frobenius Probem[M]. London:Oxford University Press.

[2] DARREN C O, VADIM P. The Frobenius number of geometric sequences[J]. Electronic Journal of Combinatorical Number Theory, 2008(8):33.

[3] AMITABHA T. On the Frobenius number for geometric sequences[J]. Electronic Journal of Combinatorical Number Theory, 2008(8):43.

一个直观模型

第 3 章

1 二元一次式的最大不可表数

设 $k, n, a_i \in \mathbf{N}$, $a_i > 1 (i = 1, 2, \cdots, k)$, $k \geqslant 2$, $(a_1, a_2, \cdots, a_k) = 1$, 考虑 k 元一次不定方程 $a_1 x_1 + a_2 x_2 + \cdots + a_k x_k = n$ 的非负整数解 $x_i \geqslant 0 (i = 1, 2, \cdots, k)$ 的问题. 可以证明存在一个只与 $a_i (i = 1, 2, \cdots, k)$ 有关的正整数 $n = n(a_1, a_2, \cdots, a_k)$ 不能表示为 $a_1 x_1 + a_2 x_2 + \cdots + a_k x_k$ 的形式, 但对大于 n 的一切正整数 N 都能表示为 $a_1 x_1 + a_2 x_2 + \cdots + a_k x_k$ 的形式. 这样的正整数 n 称为该一次式的最大不可表数. 由 $a_i (i = 1, 2, \cdots, k)$ 求出这样的 n 的问题, 即所谓一次方程的 Frobenius 问题.

如果某个 i, 有 $a_i = 1$, 则 $a_1 x_1 + a_2 x_2 + \cdots + a_k x_k$ 无最大不可表数, 所以 $a_i > 1 (i = 1, 2, \cdots, k)$.

本章将对 $k = 2$ 时的 Frobenius 问题做

一介绍,即对于大于 1 的互质的正整数 a,b,求使方程 $ax+by=n$ 没有非负整数解的 n 的最大值,这里的正整数 n 就是 $ax+by$ 的最大不可表数.

为了较为直观地认识这一问题,我们从一个无需代数知识就能解决的一个具体的例子开始.

例 有大小两种乒乓球盒子,每个小盒子装 5 个乒乓球,每个大盒子装 8 个乒乓球,问最多买多少个乒乓球必须拆开盒子?

例如,买少于 5 个乒乓球,必须拆开盒子;买 5 个,8 个,13 个乒乓球就不必拆开盒子. 显然拆开盒子还是不拆开盒子与买的乒乓球的个数有关.

为了解决这一问题,首先列出 5 和 8 的非负整数倍

$$0,5,10,15,20,25,\cdots$$
$$0,8,16,24,32,40,\cdots$$

在这两行数中各取一个数相加,得到不必拆开盒子就能购买乒乓球的个数

$$0,5,8,10,13,15,16,18,20,21,$$
$$23,24,25,26,28,29,30,31,32,\cdots$$

从上面的一行数中容易看出,没有出现的数中最大的是 27,而且从 28 开始,后面的数都连续了,所以最多买 27 个乒乓球就必须拆开盒子了. 虽然答案已经求出,但是有几个问题值得思考:

(1)为什么 27 没有出现,而且从 28 开始,后面的数都连续了?

(2)27 这个数与 5 和 8 有什么关系?

（3）有多少种情况必须拆开盒子？

（4）如果不拆开盒子可以买的话，那么有多少种不同的买法？

对于问题（1），因为 $5 \times 5 - 8 \times 3 = 1, 8 \times 2 - 5 \times 3 = 1$，所以如果把 5 个小盒子换成 3 个大盒子，或将 2 个大盒子换成 3 个小盒子，就可以减少 1 个乒乓球. 因为 $28 = 5 \times 4 + 8 \times 1$，而且 28 个乒乓球只有 4 个小盒子和 1 个大盒子，所以将大小盒子交换得不到 27 个乒乓球，所以 27 没有出现. 如果把 3 个小盒子换成 2 个大盒子，或把 3 个大盒子换成 5 个小盒子就增加一个乒乓球，那么立刻得到

$$29 = 5 \times 1 + 8 \times 3, 30 = 5 \times 6 + 8 \times 0,$$
$$31 = 5 \times 3 + 8 \times 2, 32 = 5 \times 0 + 8 \times 4, \cdots$$

以后各数只要在上面各数中分别加上 5 的倍数即可，所以从 28 开始，后面的数都连续了，于是最多买 27 个乒乓球必须拆开盒子.

对于问题（2），因为 $5 \times 5 - 8 \times 3 = 1, 28 = 5 \times 4 + 8 \times 1 = 5 \times (5 - 1) + 8 \times (5 - 3 - 1) = 5 \times 5 - 5 + 8 \times 5 - 8 \times 3 - 8 = 1 - 5 + 8 \times 5 - 8$，所以 $27 = 5 \times 8 - 5 - 8$，只与 5 和 8 有关.

对于问题（3），如果将 0 到 27 这 28 个数依次排列，并在 14 处折返，排成两行. 再将必须拆开盒子的数外加一个圈，否则就不加圈，于是得到

0　①　②　③　④　5　⑥　⑦　8　⑨　10　⑪　⑫　13

㉗　26　25　24　23　㉑　22　20　⑲　18　⑰　16　15　⑭

我们发现，这两行中，上面一行中有圈的数的下

面的数就无圈;上面一行中无圈的数的下面的数就有圈. 也就是说,如果两数的和是 27,那么其中恰有一个数有圈,另一个数无圈,有圈的数与无圈的数各有 14 个. 这是不是巧合呢?

对于问题(4),结论是:

（ⅰ）当乒乓球的个数不到 40 时,因为大盒子不到 5 个,小盒子不到 8 个,即使可以不拆开盒子买乒乓球也只有一种买法.

例如,买 36 个乒乓球,只有一种买法:$36 = 5 \times 4 + 8 \times 2$.

（ⅱ）当乒乓球的个数达到 $8 \times 5 = 40$ 时,就可能有不止一种买法.

例如,买 47 个乒乓球只有一种买法:$47 = 5 \times 3 + 8 \times 4$.

买 71 个乒乓球:$71 = 5 \times 11 + 8 \times 2 = 5 \times 3 + 8 \times 7$.

现在将 5 和 8 推广到一般的情况,并对上述问题进行证明.

设 $a, b, n \in \mathbf{N}, a > 1, b > 1, (a, b) = 1$. 为方便起见,设方程 $ax + by = n$ 的非负整数解的数组是 $f(n)$,于是求 $ax + by$ 的最大不可表数的问题就变为求正整数 n,使 $f(n) = 0$,且对任何 $j \in \mathbf{N}_+$,有 $f(n+j) > 0$.

由数论的基本知识可知,当 $a > 1, b > 1, (a, b) = 1$ 时,可用连分数或尝试的方法求出唯一的一对正整数 $u, v, 0 < u < b, 0 < v < a$,使 $au - bv = 1$,且可以证明方程 $ax + by = n$ 的一切整数解可用 $x = un - bt, y = at - vn$ 表示,这里 t 是任意整数.

因为要求方程 $ax + by = n$ 的非负整数解，所以只需使 $x = un - bt \geqslant 0$ 和 $y = at - vn \geqslant 0$，即 $\dfrac{vn}{a} \leqslant t \leqslant \dfrac{un}{b}$. 于是满足这一不等式的整数 t 的个数就是方程 $ax + by = n$ 的非负整数解的数组 $f(n)$.

可以证明对于任何实数 α, β（$\alpha < \beta$），在闭区间 $[\alpha, \beta]$ 上有 $[\beta] + [-\alpha] + 1$ 个整数，所以 $f(n) = \left[\dfrac{un}{b}\right] + \left[-\dfrac{vn}{a}\right] + 1$. 于是只要由 a, b 先求出正整数 u, v（$0 < u < b, 0 < v < a$），使 $au - bv = 1$，就可求出 $f(n)$ 了.

例如，对 $a = 5, b = 8$，求 $f(n)$. 可用连分数求出 u, v.

$\dfrac{8}{5} = 1 + \dfrac{3}{5}, \dfrac{5}{3} = 1 + \dfrac{2}{3}, \dfrac{3}{2} = 1 + \dfrac{1}{2}, \dfrac{2}{1} = 1 + \dfrac{1}{1}$，利用连分数的性质得到（表 1）.

表 1

		1	1	1	1
0	1	1	2	3	5
1	0	1	1	2	3

于是得到 $u = 5, v = 3, f(n) = \left[\dfrac{5n}{8}\right] + \left[-\dfrac{3n}{5}\right] + 1$ 就是不拆开盒子能买 n 个乒乓球的买法种数. 如果 $f(n) = 0$，就表示买 n 个乒乓球必须拆开盒子才能买.

取 $n = 0, 1, 2, \cdots$，逐个代入 $f(n) = \left[\dfrac{5n}{8}\right] +$

$\left[-\dfrac{3n}{5}\right]+1$，可得下表2：

表2

n	0	1	2	3	4	5	6	7	8	9	10	11	12	13
$f(n)$	1	0	0	0	0	1	0	0	1	0	1	0	0	1
n	27	26	25	24	23	22	21	20	19	18	17	16	15	14
$f(n)$	0	1	1	1	1	0	1	1	0	1	0	1	1	0
n	28	29	30	31	32	33	34	35	36	37	38	39		
$f(n)$	1	1	1	1	1	1	1	1	1	1	1	1		

实际上表2中各数是很有规律的，无需逐个计算，为此我们要对方程 $ax+by=n$ 的非负整数解的个数 $f(n)$ 的性质做进一步的探究，找出一些规律. 下面我们将证明以下结论：

结论1 当 $n=ab-a-b$ 时，方程 $ax+by=n=ab-a-b$ 没有非负整数解.

证明 假定 $ax+by=n=ab-a-b$ 有非负整数解 x_1,y_1，由 $ax_1+by_1=ab-a-b$，得 $ab=a(x_1+1)+b(y_1+1)$，于是 $a\mid b(y_1+1)$. 因为 $(a,b)=1$，所以 $a\mid y_1+1$. 由于 $y_1+1>0$，所以 $y_1+1\geqslant a$. 同理 $x_1+1\geqslant b$. 于是 $ab=a(x_1+1)+b(y_1+1)\geqslant ab+ab=2ab$，这不可能，所以方程 $ax+by=ab-a-b$ 没有非负整数解.

结论2 当 $n>ab-a-b$ 时，方程 $ax+by=n$ 有非负整数解.

证明 因为 $(a,b)=1$，所以方程 $ax+by=n$ 有整

数解 x_0, y_0，即 $ax_0 + by_0 = n$. 因为 $a > 1, b > 1, (a, b) = 1$，所以 $a \neq b$. 不失一般性，设 $a < b$，则 $ab - a - b = (a-1)(b-1) - 1 > (a-1)^2 - 1 = a(a-2) \geqslant 0$，所以 $ax_0 + by_0 = n > ab - a - b > 0$，于是在 ax_0 和 by_0 中至少有一个为正. 不失一般性，设 $ax_0 > 0$，则 $x_0 > 0$. 若 $x_0 > b$，则存在整数 t 和 x_1，使 $x_0 = bt + x_1 (0 \leqslant x_1 \leqslant b-1)$，于是 $x_1 = x_0 - bt$. 设 $y_1 = y_0 + at$，则 $ax_1 + by_1 = a(x_0 - bt) + b(y_0 + at) = ax_0 + by_0 = n$，即 x_1, y_1 是方程 $ax + by = n$ 的整数解，其中 $0 \leqslant x_1 \leqslant b - 1$. 因为 $by_1 = n - ax_1 > ab - a - b - a(b-1) = -b, y_1 > -1. y_1 \geqslant 0$，所以 x_1, y_1 是方程 $ax + by = n$ 的非负整数解.

由结论 1 和 2 可知，$ax + by$ 的最大不可表数是正整数 $n = ab - a - b$.

结论 3　当 $0 \leqslant n < ab - a - b$ 时，在方程 $ax + by = n$ 和 $ax + by = ab - a - b - n$ 中，恰有一个方程有非负整数解.

证明　（ⅰ）当 $n > 0$ 时，若方程 $ax + by = n$ 有非负整数解 x_0, y_0，即 $ax_0 + by_0 = n$. 假定 $ax + by = ab - a - b - n$ 有非负整数解 x_1, y_1，则 $ax_1 + by_1 = ab - a - b - n = ab - a - b - ax_0 - by_0$，于是 $a(x_1 + x_0) + b(y_1 + y_0) = ab - a - b$. 因为 $x_1 + x_0$ 和 $y_1 + y_0$ 都是非负整数，所以 $x_1 + x_0, y_1 + y_0$ 是方程 $ax + by = ab - a - b$ 的非负整数解，这与结论 1 矛盾，于是方程 $ax + by = ab - a - b - n$ 没有非负整数解.

（ⅱ）在结论 2 中证明了当 $n > 0$ 时，方程 $ax + by = n$ 有整数解 x_1, y_1，且 $0 \leqslant x_1 \leqslant b - 1$. 因为方程 $ax +$

$by = n$ 没有非负整数解,所以 $y_1 < 0$,于是 $y_1 \leqslant -1$. 设 $x_0 = b - x_1 - 1, y_0 = -y_1 - 1$,则 $x_0 \geqslant 0, y_0 \geqslant 0, ax_0 + by_0 = a(b - x_1 - 1) + b(-y_1 - 1) = ab - ax_1 - a - by_1 - b = ab - a - b - n$,即 x_0, y_0 是 $ax + by = ab - a - b - n$ 的非负整数解.

（ⅲ）当 $n = 0$ 时,方程 $ax + by = 0$ 显然有非负整数解 $x_0 = 0, y_0 = 0$. 由结论 1 可知方程 $ax + by = ab - a - b$ 没有非负整数解.

由（ⅰ）（ⅱ）和（ⅲ）可知,当 $0 \leqslant n < ab - a - b$ 时,在方程 $ax + by = n$ 和 $ax + by = ab - a - b - n$ 中,恰有一个方程有非负整数解.

当 $n = 0, 1, 2, \cdots, ab - a - b$ 时,方程 $ax + by = n$ 有非负整数解和没有非负整数解的方程各占一半,即各有 $\dfrac{(a-1)(b-1)}{2}$ 个方程. 由于当 $n > ab - a - b$ 时,方程 $ax + by = n$ 必有非负整数解,所以可得到以下的推论:

推论 1 正整数 n 恰有 $\dfrac{(a-1)(b-1)}{2}$ 个值,使方程 $ax + by = n$ 没有非负整数解.

实际上,对于任何整数 n,在方程 $ax + by = n$ 和方程 $ax + by = ab - a - b - n$ 中,恰有一个有非负整数解.

结论 4 当 $n = abk + r$（k 是非负整数,$0 \leqslant r < ab$）时:

（1）若方程 $ax + by = r$ 有非负整数解,则它有唯一的非负整数解;

（2）若方程 $ax + by = r$ 没有非负整数解,则方程 $ax + by = ab + r$ 有唯一的非负整数解;

（3）若方程 $ax + by = r$ 有非负整数解,则方程 $ax + by = n$ 有 $k + 1$ 组非负整数解;

（4）若方程 $ax + by = r$ 没有非负整数解,则方程 $ax + by = n$ 有 k 组非负整数解.

证明　（1）假定 x_0, y_0 和 x_1, y_1 都是方程 $ax + by = r$ 的非负整数解. 由 $ax_0 + by_0 = r < ab$,可知 $x_0 < b, y_0 < a$. 同理 $x_1 < b, y_1 < a$. 由 $0 \leqslant x_0 < b$ 和 $0 \leqslant x_1 < b$,得 $|x_0 - x_1| < b$. 由 $ax_0 + by_0 = ax_1 + by_1 = r$,得 $a(x_0 - x_1) + b(y_0 - y_1) = 0$. 由 $(a, b) = 1$,得 $b \mid |x_0 - x_1|$,再由 $|x_0 - x_1| < b$,得 $|x_0 - x_1| = 0$,于是 $x_0 = x_1, y_0 = y_1$,所以方程 $ax + by = r$ 有唯一的非负整数解.

推论 2　当 $ab - a - b < n < ab$ 时,方程 $ax + by = n$ 有唯一的非负整数解.

由（1）得,当 $ab - a - b < n < ab$ 时,方程 $ax + by = n$ 有唯一的非负整数解,（2）因为 $ab + r > ab - a - b$,由结论 2 可知方程 $ax + by = ab + r$ 有非负整数解. 设 x_0, y_0 是方程 $ax + by = ab + r$ 的非负整数解,则 $ax_0 + by_0 = ab + r, a(x_0 - b) + by_0 = r$. 因为方程 $ax + by = ab + r$ 还有非负整数解 x_1, y_1,同理有 $0 \leqslant x_1 < b$,于是 $|x_0 - x_1| < b$. 由 $ax_0 + by_0 = ax_1 + by_1 = ab + r$,得 $a(x_0 - x_1) + b(y_0 - y_1) = 0$. 由于 $(a, b) = 1$,所以 $b \mid |x_0 - x_1|$,再由 $|x_0 - x_1| < b$,得 $|x_0 - x_1| = 0$,于是 $x_0 = x_1, y_0 = y_1$,则方程 $ax + by = ab + r$ 有唯一的非负整数解.

（3）如果方程 $ax + by = r$ 有非负整数解,由（1）可

知方程 $ax + by = r$ 有唯一的非负整数解. 设该唯一的非负整数解为 x_0, y_0, 即 $ax_0 + by_0 = r$. 因为 $r < ab$, 所以 $x_0 < b, y_0 < a$, 那么方程 $ax + by = abk + r$ 变为 $ax + by = abk + ax_0 + by_0, a(x - x_0) + b(y - y_0) = abk$. 因为 $(a, b) = 1$, 所以 $b \mid (x - x_0)$. 设 $x - x_0 = bt$ (t 是整数), 则 $x = x_0 + bt$, 设 $y = y_0 + a(k - t)$, 则 $ax + by = a(x_0 + bt) + b[y_0 + a(k - t)] = ax_0 + abt + by_0 + abk - abt = abk + r$, 即 $x = x_0 + bt, y = y_0 + a(k - t)$ 是方程 $ax + by = abk + r$ 的整数解. 要使 $x = x_0 + bt \geqslant 0$, 由 $x_0 < b$, 得 $t \geqslant 0$. 要使 $y = y_0 + a(k - t) \geqslant 0$, 由 $y_0 < a$, 得 $k - t \geqslant 0$, 于是 $0 \leqslant t \leqslant k$, 即 t 可取 $k + 1$ 个整数值, 即当方程 $ax + by = r$ 有非负整数解时, 方程 $ax + by = abk + r$ 有 $k + 1$ 组非负整数解.

(4) 如果方程 $ax + by = r$ 没有非负整数解, 那么方程 $ax + by = abk + r$ 可改写为方程 $ax + by = ab(k - 1) + ab + r$. 由于(3)中的证明没有用到 $r < ab$ 这一条件, 所以方程 $ax + by = ab + r$ 有唯一的非负整数解. 由 (3) 可知, $ax + by = abk + r = ab(k - 1) + ab + r$ 有 $k - 1 + 1 = k$ 组非负整数解.

由于 $f(n)$ 表示方程 $ax + by = n$ 的非负整数解的组数, 所以以上结论可简写为:

1. $f(ab - a - b) = 0$;

2. 当 $n > ab - a - b$ 时, $f(n) > 0$;

由 1 和 2 推出 $ax + by$ 的最大不可表数是正整数 $ab - a - b$.

3. 当 $0 \leqslant n < ab - a - b$ 时, $f(n) + f(ab - a - b - $

n) = 1.

推论 3　正整数 n 恰有 $\dfrac{(a-1)(b-1)}{2}$ 个值,

使 $f(n)=0$.

4. 当 $n=abk+r$(k 是非负整数,$0 \leqslant r < ab$)时:

(1)若 $f(r)>0$,则 $f(r)=1$.

推论 4　当 $ab-a-b<n<ab$ 时,$f(n)=1$.

(2)若 $f(r)=0$,则 $f(ab+r)=1$.

(3)若 $f(r)>0$,则 $f(abk+r)=k+1$.

(4)若 $f(r)=0$,则 $f(abk+r)=k$.

其中(1)和(2)分别是(3)和(4)的特殊情况,并且(3)和(4)可合并为:$f(n)=k+f(r)$.

此外,方程 $ax+by=n$ 的非负整数解的组数也可用 $f(n)=\left[\dfrac{un}{b}\right]+\left[-\dfrac{vn}{a}\right]+1$ 或 $f(n)=k+f(r)$ 求出.

特别当 $0<r<ab-a-b$ 时,判断方程 $ax+by=r$ 是否有非负整数解,可将 n 逐个减去 b,尝试是否能得到 a 的倍数. 也可检查在闭区间 $\left[\dfrac{vr}{a},\dfrac{ur}{b}\right]$ 上是否有整数,或用公式 $f(r)=\left[\dfrac{ur}{b}\right]+\left[-\dfrac{vn}{a}\right]+1$ 求出.

这样将 $f(1),f(2),\cdots,f\left(\dfrac{ab-a-b-1}{2}\right)$ 这 $\dfrac{ab-a-b-1}{2}$ 个值求出后,就容易求出其余一切 $f(n)$ 的值.

例如,当 $a=5$,$b=8$ 时,先求出 $f(0),f(1)$,

33

$f(2),\cdots,f(13)$，再利用 $f(r)+f(27-r)=1$（$r=1$,$2,\cdots,13$）容易求出 $f(14),f(15),\cdots,f(27)$. $f(28)=f(29)=\cdots=f(39)=1$，于是得到表3：

表3

n	0	1	2	3	4	5	6	7	8	9	10	11	12	13
$f(n)$	1	0	0	0	0	1	0	0	1	0	1	0	0	1
n	27	26	25	24	23	22	21	20	19	18	17	16	15	14
$f(n)$	0	1	1	1	1	0	1	1	0	1	0	1	1	0
n	28	29	30	31	32	33	34	35	36	37	38	39		
$f(n)$	1	1	1	1	1	1	1	1	1	1	1	1		

以后各数的 $f(n)$ 的值只要分别在表3中的同样位置上的数加1即可（表4）.

表4

n	40	41	42	43	44	45	46	47	48	49	50	51	52	53
$f(n)$	2	1	1	1	1	2	1	1	2	1	2	1	1	2
n	67	66	65	64	63	62	61	60	59	58	57	56	55	54
$f(n)$	1	2	2	2	2	1	2	2	1	2	1	2	2	1
n	68	69	70	71	72	73	74	75	76	77	78	79		
$f(n)$	2	2	2	2	2	2	2	2	2	2	2	2		

……

有兴趣的读者不妨选择 a 和 b 的另一些值进行尝试.

第 二 编

$n = 2, 3, 4, 5$ 时的
Frobenius 问题

关于 Frobenius 问题与其相关的问题

1 引　言

设 $a_1,a_2,\cdots,a_n$ 为正整数,且 $(a_1,a_2,\cdots,a_n)=1$,则存在一个整数 $F(a_1,a_2,\cdots,a_n)$,当整数 $m<F(a_1,a_2,\cdots,a_n)$ 时,m 均可表示成 $a_1x_1+a_2x_2+\cdots+a_nx_n$,而 $F(a_1,a_2,\cdots,a_n)$ 不可表成 $a_1x_1+a_2x_2+\cdots+a_nx_n$. 其中 $x_i\geqslant0$,$x_i\in\mathbf{Z},i=1,2,\cdots,n$. 其中 $F(a_1,a_2,\cdots,a_n)$ 称为最大不可表数,不能表成 $a_1x_1+a_2x_2+\cdots+a_nx_n$ 的正整数个数记为 $N(a_1,a_2,\cdots,a_n)$,而求出 $F(a_1,a_2,\cdots,a_n)$ 就是著名的 Frobenius 问题. 当 $n=2$ 时,该问题已经彻底解决了,其结果为 $F(a_1,a_2)=a_1a_2-a_1-a_2$[1,2]. 当 $n\geqslant3$ 时,只得到求解算法[3,4]及部分具体结果. 对于 $n=3$ 时,我国著名数学家柯召教授得到下列重要结果

$$F(a_1,a_2,a_3)$$

$$\leqslant\frac{a_1a_2}{a_1,a_2}+(a_1,a_2)a_3-a_1-a_2-a_3$$

且当 $a_3 > \dfrac{a_1 a_2}{(a_1,a_2)^2} - \dfrac{a_1(a_2,a_3)}{(a_1,a_2)} - \dfrac{a_2(a_1,a_3)}{(a_1,a_2)}$ 时,有

$$F(a_1,a_2,a_3)$$

$$= \frac{a_1 a_2}{(a_1,a_2)} + (a_1,a_2)a_3 - a_1 - a_2 - a_3$$

集美大学基础教学部的林源洪教授于 2000 年推广了该结果,并给出 $F(a_1,a_2,a_3)$ 的最大下界. 另一方面,给出最大公因子的计算公式,并得到 $N(a_1,a_2) = \dfrac{(a_1-1)(a_2-1)}{2}$ 的另一种证明.

2 二元不可表数形式及最大公因子计算公式

引理 1 设 a,b 为正整数,且 $(a,b)=1$,则对任意的整数 n,当 $n > ab - a - b$ 时,$ax+by=n$ 有非负整数解,但 $ab-a-b=ax+by$ 无非负整数解.

定理 1 设 a,b,n 为正整数,且 $(a,b)=1$,则 $ax+by=n$ 无非负整数解的充要条件为存在正整数 k_1 和 k_2 使得 $n=ab-k_1 a-k_2 b$,且该表示式唯一.

证明 充分性(反证法). 若对正整数 k_1 和 k_2,$n=ab-k_1 a-k_2 b$ 有非负整数解 x_0,y_0,则 $ab-a-b = ax+by$ 就有非负整数解 x_0+k_1-1,y_0+k_2-1,这与引理 1 相矛盾. 故对于任意的正整数 n,若 $n=ab-k_1 a-k_2 b(k_1,k_2$ 为正整数),则 $n=ax+by$ 无非负整数解.

必要性. 因为 $n=ax+by$ 无非负整数解,则由引理 1 知,$n \leqslant ab-a-b$. 令 $S\{m \mid m=ax+by$ 无非负整数解,且 m 为不可表示成 $ab-k_1 a-k_2 b$ 形式的正整数,

k_1,k_2 为正整数}. 若 $S\ne\varnothing$, 由于 $|S|<ab-a-b$, 则 S 中存在最大数 v. 因为 v 不可表示成 $ab-k_1a-k_2b$ 形式(k_1,k_2 为正整数), 所以 $v+a,v+b$ 也不可表示成 $ab-k_1a-k_2b$ 形式(k_1,k_2 为正整数), 又由 v 是 S 中的最大数知, $v+a,v+b$ 均可表示成 $ax+by$ 形式, 其中 $x\geqslant0,y\geqslant0,x,y\in\mathbf{Z}$. 又 $v=ax+by$ 无非负整数解, 所以存在正整数 v_1 和 v_2, 使得 $v+a=v_1b,v+b=v_2a$, 从而有 $(1+v_2)a=(1+v_1)b$. 又 $(a,b)=1$, 所以 $a\mid(1+v_1),b\mid(1+v_2)$, 从而 $a\leqslant1+v_1,b\leqslant1+v_2$. 又因为 $v=ax+by$ 无非负整数解, 由引理 1 知, $v\leqslant ab-a-b$, 从而 $v_1\leqslant a-1,v_2\leqslant b-1$, 故 $v_1=a-1,v_2=b-1$, 从而 $v=ab-a-b$. 这与 v 不可表示成 $ab-k_1a-k_2b(k_1,k_2$ 为正整数)相矛盾, 故 $S=\varnothing$. 从而若 $n=ax+by$ 无非负整数解, 则存在正整数 k_1 和 k_2 使得 $n=ab-k_1a-k_2b$. 若还存在正整数 k'_1 和 k'_2 使得 $n=ab-k'_1a-k'_2b$, 则 $(k'_1-k_1)a=(k_2-k'_2)b$. 又 $(a,b)=1$, 所以 $a\mid(k_2-k'_2),b\mid(k'_1-k_1)$. 又 $n\leqslant ab-a-b$, 所以 $0<k_1<b$, $0<k_2<a,0<k'_1<b,0<k'_2<a$, 故有 $-b<k'_1-k_1<b,-a<k_2-k'_2<a$. 从而 $k'_1-k_1=0,k_2-k'_2=0$, 即 $k'_1=k_1,k_2=k'_2$.

定理 2　设 a 和 b 为两个正整数, 则其最大公因子 $(a,b)=2\sum\limits_{k=1}^{\sigma}\left[\dfrac{bk}{a}\right]-(ab+b-a)$(其中 $[x]$ 表示不超过 x 的最大整数).

证明　设 $[x]$ 表示不超过 x 的最大整数, $S=\{(x,y)\mid0\leqslant x\leqslant a,0\leqslant y\leqslant b,x,y\in\mathbf{Z}\}$, $S'=\{(x,y)\mid0\leqslant x\leqslant$

$a, 0 \leqslant y \leqslant b, x, y \in \mathbf{Z}$，且 $ay \leqslant bx$ }，则 $|S| = (a+1)(b+1)$。根据 S 与 S' 的关系，有 $|S'| = \dfrac{|S| + (a,b) + 1}{2} = \dfrac{ab + a + b + 2 + (a,b)}{2}$。

另一方面，根据 S' 的表示式，有 $|S'| = \displaystyle\sum_{k=1}^{\sigma} \left[\dfrac{bk}{a} \right] + a + 1$，从而有 $\dfrac{ab + a + b + 2 + (a,b)}{2} = \displaystyle\sum_{k=1}^{\sigma} \left[\dfrac{bk}{a} \right] + a + 1$。

故 $(a,b) = 2 \displaystyle\sum_{k=1}^{\sigma} \left[\dfrac{bk}{a} \right] - (ab + b - a)$。

类似地，也有 $(a,b) = 2 \displaystyle\sum_{k=1}^{b} \left[\dfrac{ak}{b} \right] - (ab + a - b)$。

根据 $[x] = x - \{x\}$（其中 $\{x\}$ 表示 x 的小数部分），有以下推论：

推论 1 设 a 和 b 为两个正整数，则其最大公因子 $(a,b) = a - 2 \displaystyle\sum_{k=1}^{a} \left\{ \dfrac{bk}{a} \right\} = b - 2 \displaystyle\sum_{k=1}^{b} \left\{ \dfrac{ak}{b} \right\}$（其中 $\{x\}$ 表示 x 的小数部分）。

3 有关 $F(a_1, a_2, a_3)$ 的一些计算公式及 $N(a_1, a_2)$ 公式的另一种证明

引理 2 设 a_1, a_2, a_3 为正整数，且 $(a_1, a_2, a_3) = 1$。令 $t_1 = (a_2, a_3)$，$t_2 = (a_1, a_3)$，$t_3 = (a_1, a_2)$，$a'_1 = \dfrac{a_1}{t_2 t_3}$，$a'_2 = \dfrac{a_2}{t_1 t_3}$，$a'_3 = \dfrac{a_3}{t_1 t_2}$，则有

$$F(a_1, a_2, a_3) \leqslant t_1 t_2 t_3 (a'_1 a'_2 + a'_3) - a_1 - a_2 - a_3$$

证明 由 $t_1, t_2, t_3, a'_1, a'_2, a'_3$ 定义知 t_1, t_2, t_3 两

两互素,从而 a'_1, a'_2, a'_3 为正整数,且两两互素,并且 a'_i 与 t_i 互素,$1 \leq i \leq 3$. 从而由引理 1 知,对于任意整数 $m > t_1 t_2 t_3 (a'_1 a'_2 + a'_3) - a_1 - a_2 - a_3, m = t_3 x + a_3 x_3$ 必有整数解 $x \geq t_1 t_2 a'_1 a'_2 - a'_1 t_2 - a'_2 t_1 + 1, x_3 \geq 0$. 从而 $x = a'_1 t_2 x_1 + a'_2 t_1 x_2$ 有非负整数解 x_1, x_2,故 $m = a_1 x_1 + a_2 x_2 + a_3 x_3$ 必有非负整数解 x_1, x_2, x_3. 从而 $F(a_1, a_2, a_3) \leq t_1 t_2 t_3 (a'_1 a'_2 + a'_3) - a_1 - a_2 - a_3$.

定理 3　设 a_1, a_2, a_3 为正整数,且 $(a_1, a_2, a_3) = 1, t_1, t_2, t_3, a'_1, a'_2, a'_3$ 如引理 2 所述,则 $F(a_1, a_2, a_3) = t_1 t_2 t_3 (a'_1 a'_2 + a'_3) - a_1 - a_2 - a_3$ 的充要条件为存在非负整数 k_1 和 k_2 满足 $a'_3 = k_1 a'_1 + k_2 a'_2$.

证明　充分性. 若存在非负整数 k_1 和 k_2 满足 $a'_3 = k_1 a'_1 + k_2 a'_2$,则 $a_1 x_1 + a_2 x_2 + a_3 x_3 = t_1 t_2 t_3 \cdot (a'_1 a'_2 + a'_3) - a_1 - a_2 - a_3$ 无非负整数解. 因为,若有非负整数解 x_1, x_2, x_3,则有

$$a'_1 t_2 t_3 (x_1 + 1) + a'_2 t_1 t_3 (x_2 + 1) + a'_3 t_1 t_2 (x_3 + 1)$$
$$= t_1 t_2 t_3 (a'_1 a'_2 + a'_3)$$

又 t_1, t_2, t_3 两两互素,并且 a'_i 与 t_i 互素,$1 \leq i \leq 3$,所以 $t_i \mid (1 + x_i)(1 \leq i \leq 3)$. 令 $x_i + 1 = t_i v_i$,则 $v_i \geq 1 (1 \leq i \leq 3)$ 且有 $a'_1 v_1 + a'_2 v_2 + a'_3 v_3 = a'_1 a'_2 + a'_3$. 又存在非负整数 k_1 和 k_2 满足 $a'_3 = k_1 a'_1 + k_2 a'_2$,故有 $a'_1 (v_1 - 1 + k_1 (v_3 - 1)) + a'_2 (v_2 - 1 + k_2 (v_3 - 1)) = a'_1 a'_2 - a'_1 - a'_2$. 而且有 $v_1 - 1 + k_1 (v_3 - 1) \geq 0, v_2 - 1 + k_2 (v_3 - 1) \geq 0$,这与引理 2 相矛盾. 故此时有 $F(a_1, a_2, a_3) = t_1 t_2 t_3 (a'_1 a'_2 + a'_3) - a_1 - a_2 - a_3$.

必要性. 若 $a'_3 = a'_1 y_1 + a'_2 y_2$ 无非负整数解,则由

定理 1 知,存在正整数 m_1 和 m_2 满足 $a'_3 = a'_1 a'_2 - m_1 a'_1 - m_2 a'_2$,从而 $a'_1 v_1 + a'_2 v_2 + a'_3 v_3 = a'_1 a'_2 + a'_3$ 有整数解 $v_1 = m_1, v_2 = m_2, v_3 = 2$,故此时 $a_1 x_1 + a_2 x_2 + a_3 x_3 = t_1 t_2 t_3 (a'_1 a'_2 + a'_3) - a_1 - a_2 - a_3$ 有非负整数解 $x_1 = m_1 t_1 - 1, x_2 = m_2 t_2 - 1, x_3 = 2t_3 - 1$. 从而由引理 2 知,此时 $F(a_1, a_2, a_3) < t_1 t_2 t_3 (a'_1 a'_2 + a'_3) - a_1 - a_2 - a_3$.

故当 $F(a_1, a_2, a_3) = t_1 t_2 t_3 (a'_1 a'_2 + a'_3) - a_1 - a_2 - a_3$ 时,必存在非负整数 k_1 和 k_2 满足 $a'_3 = k_1 a'_1 + k_2 a'_2$.

推论 2 设 a, b, c 为两两互素的正整数,则 $F(ab, ac, bc) = 2abc - ab - bc$(也可见文献[1][2]).

推论 3 设 a, b 为互素的正整数,则对任取的正整数 k_1 和 k_2,若 $(k_1, b) = 1$,那么 $F(a, b, k_1 a + k_2 b) = ab - a - b$.

推论 4 设 t_1, t_2, t_3 为两两互素的正整数,t_1, a, b 为正奇数,且 $(a, b) = 1, (a, t_2) = 1, (b, t_3) = 1, a < b$,则 $F(2t_2 t_3, at_1 t_3, bt_1 t_2) = (2a + b) t_1 t_2 t_3 - 2t_2 t_3 - bt_1 t_2$.

注 文献[2]中的定理 3 的附加条件只是充分条件而不是必要条件,如用该定理就无法求 $F(40, 54, 75)$,但用本章中的定理 3,就得到 $F(40, 54, 75) = 701$.

定理 4 设 a_1, a_2, a_3 为正整数,且 $(a_1, a_2, a_3) = 1, t_1, t_2, t_3, a'_1, a'_2, a'_3$ 如引理 2 所述,若 $a'_3 = a'_1 x + a'_2 y$ 无非负整数解,则由定理 1 知,存在正整数 k_1 和 k_2 满足 $a'_3 = a'_1 a'_2 - k_1 a'_1 - k_2 a'_2$. 若 $a'_2 > a'_1$,则此时有 $(2t_3 - 1) a_3 + (t_2 - 1) a_2 - a_1 \leqslant F(a_1, a_2, a_3) <$

$$\frac{a_1 a_2}{(a_1, a_2)} + t_3 a_3 - a_1 - a_2 - a_3.$$

证明　若 $a_1 x_1 + a_2 x_2 + a_3 x_3 = (2t_3 - 1)a_3 + (t_2 - 1)a_2 - a_1$ 有非负整数解 x_1, x_2, x_3，则有 $a'_1 t_2 t_3 (x_1 + 1) + a'_2 t_1 t_3 (x_2 + 1) + a'_3 t_1 t_2 (x_3 + 1) = t_1 t_2 t_3 (a'_2 + 2a'_3)$，由于 t_1, t_2, t_3 两两互素，并且 a'_i 与 t_i 互素，$1 \leqslant i \leqslant 3$，所以 $t_i \mid (1 + x_i)\ (1 \leqslant i \leqslant 3)$. 令 $x_i + 1 = t_i v_i$，则 $v_i \geqslant 1 (1 \leqslant i \leqslant 3)$，且有 $a'_1 v_1 + a'_2 v_2 + a'_3 v_3 = a'_2 + 2a'_3$. 从而 $v_3 = 1$，故有 $a'_1 v_1 + a'_2 (v_2 - 1) = a'_3 = a'_1 a'_2 - k_1 a'_1 - k_2 a'_2$，而此时 $v_1 \geqslant 1, v_2 - 1 \geqslant 0$，这与定理 1 相矛盾. 故 $a_1 x_1 + a_2 x_2 + a_3 x_3 = (2t_3 - 1)a_3 + (t_2 - 1)a_2 - a_1$ 无非负整数解. 从而 $(2t_3 - 1)a_3 + (t_2 - 1)a_2 - a_1 \leqslant F(a_1, a_2, a_3)$. 另一方面，由引理 2 知 $F(a_1, a_2, a_3) \leqslant \frac{a_1 a_2}{(a_1, a_2)} + t_3 a_3 - a_1 - a_2 - a_3$，从而再由定理 3 知，

$$F(a_1, a_2, a_3) < \frac{a_1 a_2}{(a_1, a_2)} + t_3 a_3 - a_1 - a_2 - a_3.$$

推论 5　设 a, b 为互素的正整数，且 $a > b \geqslant 3$，则 $F(a, b, ab - a - b) = ab - a - 2b$. 并对任意 $1 \leqslant k \leqslant \left[\dfrac{a}{b}\right]$，若 $ab - a - kb \geqslant 1$，则 $F(a, b, ab - a - kb) = ab - a - (k + 1)b$.

推论 6　设 a, b, k_1, k_2 为正整数，且 $(a, b) = 1$，若 $a > b \geqslant 3, ab - k_1 a - k_2 b \geqslant 1$，则存在正整数 m_1 和 m_2 满足 $F(a, b, ab - k_1 a - k_2 b) = ab - m_1 a - m_2 b \geqslant ab - k_1 a - (k_2 + 1)b$.

定理 5　设 a_1, a_2 为正整数，$(a_1, a_2) = 1$，则

$$N(a_1, a_2) = \frac{(a_1 - 1)(a_2 - 1)}{2}.$$

证明　根据定理 1 和定理 2,可得

$$
\begin{aligned}
N(a_1, a_2) &= \sum_{k_i = 1}^{\sigma_2 - 1} \left[\frac{a_1 a_2 - k_1 a_1}{a_2} \right] \\
&= \sum_{k = 1}^{\sigma_2 - 1} \left[\frac{a_1 k}{a_2} \right] \\
&= \sum_{k = 1}^{\sigma_2} \left[\frac{a_1 k}{a_2} \right] - a_1 \\
&= \frac{(a_1, a_2) + a_1 a_2 + a_1 - a_2}{2} - a_1 \\
&= \frac{(a_1 - 1)(a_2 - 1)}{2}
\end{aligned}
$$

参 考 文 献

[1] 华罗庚. 数论导引 [M]. 北京:科学出版社,1979.

[2] 柯召,孙琦. 谈谈不定方程 [M]. 上海:上海教育出版社,1980.

[3] 陆文端,吴昌玖. 关于整系数线性型的两个问题 [J]. 四川大学学报 (自然科学版),1957(2):151-171.

[4] 尹文霖. 关于正整系数线性型的最大不可表数 [J]. 高等学校自然科学学报 (数学、力学、天文学版),1964(1):32-38.

关于方程 $ax + by + cz = n$

设 a, b 为正整数，$(a, b) = 1, x, y$ 为非负整数. 已知 $ax + by$ 不能表示出的最大整数为 $ab - a - b$.

我们来研究三个变数的线性型. 令 a, b, c 为正整数，$(a, b, c) = 1, x, y, z$ 取非负整数时，对于 $ax + by + cz$ 不能表示出的最大整数是什么，还是一个没有解决的问题.

当 $a = \lambda\mu, b = \mu v, c = v\lambda$，其中 λ, μ, v 为三正整数而且

$$(\lambda, \mu) = (\mu, v) = (v, \lambda) = 1$$

时，我们已知

$$\lambda\mu x + \mu v y + v\lambda z$$
$$(x \geq 0, y \geq 0, z \geq 0)$$

都是整数不能表示出的最大整数为 $2\lambda\mu v - \lambda\mu - \mu v - v\lambda$.

柯召院士 1955 年证明了：

定理 设 a, b, c 为正整数，$(a, b, c) = 1, x, y, z$ 取非负整数

$$ax + by + cz$$

所不能表出的最大整数为 M. 当

$$c > \frac{ab}{(a,b)^2} - \frac{a}{(a,b)} - \frac{b}{(a,b)} \tag{1}$$

时

$$M = \frac{ab}{(a,b)} + c(a,b) - a - b - c$$

(显然其中 a,b,c 可以轮换).

证明 首先证明

$$M \leqslant \frac{ab}{(a,b)} + c(a,b) - a - b - c$$

(此时并未用及条件(1)).

设 $(a,b) = d, a = a_1 d, b = b_1 d$. 此时 $(a_1, b_1) = 1$,因而有整数 v, w 存在可使

$$a_1 v + b_1 w = 1 \tag{2}$$

因 $(a,b,c) = 1$,我们知道对于任何整数 n,都有整数 x_0, y_0, z_0 存在(不一定是非负的),使得

$$ax_0 + by_0 + cz_0 = n$$

此时

$$ax + by + cz = n \tag{3}$$

的解可为

$$\begin{cases} x = x_0 + b_1 u - cvt \\ y = y_0 - a_1 u - cwt \\ z = z_0 + dt \end{cases} \tag{4}$$

其中 v, w 适合式(2). 因为将式(4)代入式(3),我们得出

$$d[a_1(x_0 + b_1 u + cvt) + b_1(y_0 - a_1 u - cwt)] + c(z_0 + dt)$$
$$= d(a_1 x_0 + b_1 y_0) - cd(a_1 v + b_1 w)t + cz_0 + cdt$$
$$= ax_0 + by_0 + cz_0$$
$$= n$$

取适当的整数 t_0，可使
$$0 \leqslant z = z_0 + dt_0 \leqslant d - 1$$
对于这样取定的 t_0，可以取适当的整数 u_0，使得
$$0 \leqslant x = x_0 - cvt_0 + b_1 u_0 \leqslant b_1 - 1$$
此时如有
$$b(y_0 - a_1 u_0 - cwt_0) \geqslant n - a(b_1 - 1) - c(d - 1) > -b$$
即得
$$y = y_0 - a_1 u_0 - cwt_0 > -1$$
亦即
$$y = y_0 - a_1 u_0 - cwt_0 \geqslant 0$$
且由
$$n - a(b_1 - 1) - c(d - 1) > -b$$
得出
$$n > ab_1 + cd - a - b - c$$
$$= \frac{ab}{(a,b)} + c(a,b) - a - b - c$$

这就证明了
$$M \leqslant \frac{ab}{(a,b)} + c(a,b) - a - b - c$$

现在我们来证明如果条件（1）能够适合，M 就不能为所说的线性型表示出. 假设
$$da_1 b_1 + cd - a - b - c = ax + by + cz$$
则有

$$d(a_1b_1+c) = da_1(x+1) + db_1(y+1) + c(z+1) \quad (5)$$

因之，$d \mid (z+1)$，而有 $z+1 = dk$. 因 $z \geqslant 0$，故有 $k > 0$.

在式（5）中消去两边的 d，得

$$a_1b_1 + c = a_1(x+1) + b_1(y+1) + ck$$

即

$$a_1b_1 = a_1(x+1) + b_1(y+1) + c(k-1)$$

（ⅰ）如果 $k = 1$，那么有

$$a_1b_1 = a_1(x+1) + b_1(y+1)$$

因 $(a_1, b_1) = 1$，故

$$a_1 \mid (y+1), b_1 \mid (x+1)$$

即

$$y+1 \geqslant a_1, x+1 \geqslant b_1$$

立即得出

$$a_1b_1 = a_1(x+1) + b_1(y+1) \geqslant 2a_1b_1$$

这是不可能的.

（ⅱ）如果 $k > 1$，那么有

$$a_1b_1 \geqslant a_1(x+1) + b_1(y+1) + c$$
$$\geqslant a_1 + b_1 + c$$

由式（1）得出

$$a_1b_1 \geqslant a_1 + b_1 + c > a_1b_1$$

这是不可能的. 至此定理已经完全证明.

这一定理包含了上述 $a = \lambda\mu, b = \mu\upsilon, c = \upsilon\lambda$ 时的情形. 因为此时式（1）为

$$\upsilon\lambda > \frac{\lambda\mu \cdot \mu\upsilon}{\mu^2} - \frac{\lambda\mu}{\mu} - \frac{\mu\upsilon}{\upsilon} = \lambda\upsilon - \lambda - \mu$$

显然是适合的. 同时有

$$M = \frac{\lambda\mu \cdot \mu\upsilon}{\mu} + \upsilon\lambda\mu - \lambda\mu - \mu\upsilon - \upsilon\lambda$$

$$= 2\lambda\mu\upsilon - \lambda\mu - \mu\upsilon - \upsilon\lambda$$

又如取 $a = 0, M$ 就变为

$$cb - c - b$$

和上述二变数线性型的情况是一致的.

下面我们举一个例子来说明定理的应用.

例　对于 $a = 12, b = 13, c = 28$ 的线性型

$$12x + 13y + 28z \tag{6}$$

如用式（1），得

$$28 > \frac{12 \cdot 13}{(12,13)^2} - \frac{12}{(12,13)} - \frac{13}{(12,13)}$$

不能成立，因而只能得出

$$M \leqslant \frac{12 \cdot 13}{(12,13)} + 28(12,13) - 12 - 13 - 28 = 131$$

而不能得出其确切值，如将 a, b, c 轮换，用公式

$$b > \frac{ca}{(c,a)^2} - \frac{c}{(c,a)} - \frac{a}{(c,a)}$$

即得

$$13 > \frac{28 \cdot 12}{(28,12)^2} - \frac{28}{(28,12)} - \frac{12}{(28,12)}$$

$$= 21 - 7 - 3$$

$$= 11$$

是能成立的，因而得出

$$M = \frac{28 \cdot 12}{(28,12)} + 13(28,12) - 12 - 13 - 28 = 83$$

此即式（6）所不能表示的最大整数为 83.

试谈整系数线性型的两个问题

设 $a_1, a_2, \cdots, a_k$ 是正整数, $(a_1, a_2, \cdots, a_k) = 1$. 若线性型

$$f_k = a_1 x_1 + a_2 x_2 + \cdots + a_k x_k$$

$(x_1, x_2, \cdots, x_k$ 取非负整数)

所不能表出的最大整数为 M_k, 而 f_k 所不能表出的正整数的个数为 N_k. 四川大学的李培基教授于 1959 年讨论了如何来求出 M_k 及 N_k 的问题, 但方法还不够便捷, 尚待大家改进.

此问题曾经被柯召教授及陆文端、吴昌玖、陈重穆等教授做过详细探讨, 得出许多重要结果, 并完满地解决了 $k \leqslant 3$ 时的情况. 他们的文章对读者启发很大, 他们所得的重要结论本章将直接加以引用(参考《四川大学学报》(自然科学版)1956 年第一期、第二期及 1957 年第二期中各篇有关文章).

陈重穆教授推广了柯召教授的结果,

证明了下面定理：

定理 1　命 $D_i = (a_1, a_2, \cdots, a_i)$, $i = 1, 2, \cdots, k$,

及

$$G_i = \sum_{j=2}^{i} a_j \frac{D_{j-1}}{D_j} - \sum_{j=1}^{i} a_j \quad (i = 1, 2, \cdots, k)$$

则

$$M_k \leqslant G_k$$

且当 $a_i \dfrac{D_{i-1}}{D_i} > G_{i-1}$, $i = 1, 2, \cdots, k$ 时 $M_k = G_k$.

陆文端、吴昌玖两位教授证明了 $M_k = G_k$ 的充要条件是 $a_i \dfrac{D_{i-1}}{D_i}$, $i = 1, 2, \cdots, k$ 可经线性型 f_{i-1} 表示出.

他俩还证明了以下诸定理：

定理 2　命

$$\lambda_i = (a_1, a_2, \cdots, a_{i-1}, a_{i+1}, \cdots, a_k), i = 1, 2, \cdots, k$$

及

$$a_i = b_i \lambda_1, \lambda_2, \cdots, \lambda_{i-1}, \lambda_{i+1}, \cdots, \lambda_k \quad (i = 1, 2, \cdots, k)$$

以 M_k 表示线性型 $f_k = b_1 x_1 + b_2 x_2 + \cdots + b_k x_k$ (x_1, $x_2, \cdots, x_k$ 取非负整数) 所不能表示出的最大整数.

则

$$M_k = \overline{M}_k \lambda_1 \lambda_2 \cdots \lambda_k + \sum_{i=1}^{k} a_i (\lambda_i - 1)$$

定理 3　线性型 f_k 所不能表出的整数 L 都可表成以下的形式

$$L = \sum_{i=2}^{k} a_i \frac{D_{i-1}}{D_i} - \sum_{i=1}^{k} a_i t_i = G_k - \sum_{i=1}^{k} a_i (t_i - 1)$$
$$(t_i \geqslant 1, i = 1, 2, \cdots, k)$$

定理 4 一般地, M_k 有形式

$$M_k = G_k - \sum_{i=1}^{k} a_i \lambda_i s_i \quad (s_i \geqslant 0, i = 1, 2, \cdots, k)$$

定理 5 以 $\overline{N}_k$ 表示线性型 f_k 所不能表出的正整数的个数, 则

$$N_k = \overline{N}_k \lambda_1 \lambda_2 \cdots \lambda_k + \frac{1}{2} \Big(\sum_{i=1}^{k} a_i (\lambda_i - 1) - \lambda_1 \lambda_2 \cdots \lambda_k + 1 \Big)$$

上面各定理是我们以后进行讨论的基础.

若 $a_1, a_2, \cdots, a_k$ 中任意 $h - 1(2 \leqslant h \leqslant k)$ 个数有大于 1 的公因数, 而其中某 h 个数是互素的话, 我们不妨设它们是开头的 h 个. 因之 $(a_1, a_2, \cdots, a_k) = 1, 2 \leqslant h \leqslant k$. 由于线性型 f_k 所不能表示出的数亦不能经线性型 f_h 表示出, 因此根据定理 3, M_k 有形式

$$M_k = \sum_{i=1}^{h} a_i \frac{D_{i-1}}{D_i} - \sum_{i=1}^{h} a_i r_i$$

$$= G_h - \sum_{i=1}^{h} a_i (r_i - 1)$$

$$(r_i \geqslant 1, i = 1, 2, \cdots, h)$$

若 $M_k \neq M_h$, 则由 $G_h \geqslant M_h > M_k$ 得知 G_h 可经线性型 f_k 表出, 且可能有不止一种的表出法. 我们特别选出以下几种表出法作成一组:

（1） $G_h = a_1 x_{11} + a_2 x_{12} + \cdots + a_k x_{1k}$

（2） $G_h = a_1 x_{21} + a_2 x_{22} + \cdots + a_k x_{2k}$

$$\vdots$$

（l） $G_h = a_1 x_{l1} + a_2 x_{l2} + \cdots + a_k x_{lk}$

它们有这样的特点:

（ⅰ）取其中任意两种不同的表出法（i_1），（i_2）（$1 \leqslant i_1 < i_2 \leqslant l$）来比较时恒存在两个正整数 j_1, j_2（$1 \leqslant j_1, j_2 \leqslant h, j_1 \neq j_2$）有

$$x_{i_1 j_1} > x_{i_2 j_1}$$

而

$$x_{i_1 j_2} < x_{i_2 j_2}$$

（ⅱ）若 $G_h = a_1 x'_1 + a_2 x'_2 + \cdots + a_k x'_k$ 是 G_h 经线性型 f_k 的任一种表出法，则总能在此组中找得 G_h 的某一表出法 $G_h = a_1 x_{i1} + a_2 x_{i2} + \cdots + a_k x_{ik}$（$1 \leqslant i \leqslant l$）满足

$$x_{i1} \geqslant x'_1, x_{i2} \geqslant x'_2, \cdots, x_{ih} \geqslant x'_h \quad (2 \leqslant h \leqslant k)$$

这样的一组表出法我们称之为 G_h 对于线性型 f_k 的特性表出组，或简称为特性组.

作出一切具有形式 $a_1 y_1 + a_2 y_2 + \cdots + a_h y_h$（$y_j = 0$ 或 $x_{ij} = 1, 1 \leqslant i \leqslant l, 1 \leqslant j \leqslant h$）的正整数，并把它们分成两类.

对于每一类中的每一个数 $p = a_1 y_{p1} + a_2 y_{p2} + \cdots + a_h y_{ph}$，取特性组中任一 G_h 的表出法

$$G_h = a_1 x_{i1} + a_2 x_{i2} + \cdots + a_k x_{ik}$$

与之比较时总存在一正整数 j（$1 \leqslant j \leqslant h$），有

$$y_{pj} \geqslant x_{ij} + 1$$

对于第二类中的每一个数 $q = a_1 y_{q1} + a_2 y_{q2} + \cdots + a_h y_{qh}$，在特性组中至少能找到 G_h 的某一表出法

$$G_h = a_1 x_{i1} + a_2 x_{i2} + \cdots + a_k x_{ik} \quad (1 \leqslant i \leqslant l)$$

有

$$x_{i1} \geqslant y_{q1}, x_{i2} \geqslant y_{q2}, \cdots, x_{ih} \geqslant y_{qh}$$

引理1 正整数 L 不能经线性型 f_k 表出的充要条件为 L 能表成形式

$$G_h - p - \sum_{j=1}^{h} a_j r_j \quad (r_j \geqslant 0, j = 1, 2, \cdots, h) \quad (1)$$

证明 我们先证条件(1)是充分的,即此时 L 不可经 f_k 表出. 否则设

$$L = G_h - p - \sum_{j=1}^{h} a_j r_j$$
$$= a_1 s_1 + a_2 s_2 + \cdots + a_k s_k \quad (s_k \geqslant 0) \quad (2)$$

可得

$$G_h = a_1(y_{p1} + r_1 + s_1) + a_2(y_{p2} + r_2 + s_2) + \cdots +$$
$$a_h(y_{ph} + r_h + s_h) + a_{h+1}x_{h+1} + \cdots + a_k s_k$$

但取特性组中 G_h 的任一表出法

$$G_h = a_1 x_{i1} + a_2 x_{i2} + \cdots + a_k x_{ik}$$

与之比较时总存在某一正整数 $j(1 \leqslant j \leqslant h)$,有

$$y_{pj} + r_j + s_j \geqslant y_{pj} \geqslant x_{ij} + 1 > x_{ij}$$

这就与(ⅱ)矛盾了. 故式(2)不能成立.

我们再证明条件(1)是必要的,即 L 不能经 f_k 表出时必有(1)的形式. 首先 L 一定也不能经 f_h 表出,故根据定理3,它有形式

$$G_h - \sum_{j=1}^{h} a_j t_j, t_j \geqslant 0 \quad (j = 1, 2, \cdots, h)$$

如果在 G_h 的特性表出组中存在某一表出法,$G_h = a_1 x_{i1} + a_2 x_{i2} + \cdots + a_k x_{ik}(1 \leqslant i \leqslant l)$ 适合

$$x_{i1} \geqslant t_1, x_{i2} \geqslant t_2, \cdots, x_{ih} \geqslant t_h$$

的话,那么易证 L 可经 f_k 表出. 所以不得不对于 G_h 的特性组的每一表出法 $G_h = a_1 x_{i1} + a_2 x_{i2} + \cdots + a_k x_{ik}(1 \leqslant$

54

$i \leqslant l$) 总存在某一正整数 $j(1 \leqslant j \leqslant h)$ 有 $t_j \geqslant x_{ij} + 1$, 对于这些 j 命 $t_j = x_{ij} + 1 + r_j = y_{pj} + r_j, r_j \geqslant 0$, 而对于另外那些 $j(1 \leqslant j \leqslant l)$ 命 $y_{pj} = 0, t_j = r_j$.

故

$$L = G_h - \sum_{j=1}^{h} a_j t_j$$

$$= G_h - p - \sum_{j=1}^{h} a_j r_j \quad (r_j \geqslant 0)$$

证毕.

定理 6　若 $P = a_1 y_1 + a_2 y_2 + \cdots + a_h y_h$ 是第一类中的最小整数, 则

$$M_k = G_h - P = G_h - \sum_{j=1}^{h} a_j y_j \quad (y_j \geqslant 0)$$

这是引理 1 的直接推论, 故无需证明.

现在只剩下如何求出 N_k 的问题了, 让我们先来引进以下几条引理.

引理 2　具有形式 $G_h - \sum_{j=1}^{h} a_j t_j$ 的整数能经线性型 f_k 表出的充要条件是至少存在一个正整数 $i(1 \leqslant i \leqslant l)$ 满足

$$t_j \leqslant x_{ij} \quad (j = 1, 2, \cdots, h) \tag{3}$$

证明　我们先证明条件 (3) 是充分的.

当条件 (3) 成立时, 命 $x_{ij} = t_j + r_j(r_j \geqslant 0, 1 \leqslant j \leqslant h)$, 于是

$$G_h - \sum_{j=1}^{h} a_j t_j$$

$$= a_1 r_1 + a_2 r_2 + \cdots + a_h r_h + a_{h+1} x_{i,h+1} + \cdots + a_k x_{ik}$$

55

再证明条件(3)是必要的.

若 $G_h - \sum\limits_{j=1}^{h} a_j t_j = \sum\limits_{j=1}^{k} a_j s_j$ 成立,则 $G_h = \sum\limits_{j=1}^{h} a_j (t_j +$

$s_j) + \sum\limits_{j=h+1}^{k} a_j s_j$. 由(ii)可知有 G_h 的某一表出法

$$G_h = a_1 x_{i1} + a_2 x_{i2} + \cdots + a_k x_{ik} \quad (1 \leqslant i \leqslant l)$$

满足

$$t_j + s_j \leqslant x_{ij} \quad (j = 1, 2, \cdots, h)$$

即

$$t_j \leqslant x_{ij} \quad (j = 1, 2, \cdots, h)$$

引理3 设有 n_0 件事物,其中 n_1 件具有性质 α_1, n_2 件具有性质 α_2,……,$n_{1,2}$ 件兼具有性质 α_1 与 α_2,……,而 $n_{1,2,3}$ 件兼具有性质 α_1, α_2 及 α_3,……,如此下去,则此 n_0 件事物中既无性质 α_1,也无性质 $\alpha_2, \alpha_3, \cdots$ 的事物一共有 $n = n_0 - n_1 - n_2 - \cdots + n_{1,2} + \cdots - n_{1,2,3}, - \cdots + \cdots - \cdots$ 件.

本引理称为逐步淘汰原则,其证明见华罗庚先生著的《数论导引》一书(第9页).

现在设 G_h 对于线性型 f_k 的特性表出组为

$$G_h = a_1 x_{i1} + a_2 x_{i2} + \cdots + a_k x_{ik} \quad (i = 1, 2, \cdots, l) \quad (4)$$

命

$$r_j(i_1, i_2) = \min(x_{i_1 j}, x_{i_2 j}) \quad (1 \leqslant i_1 < i_2 \leqslant l, 1 \leqslant j \leqslant h)$$

$$r_j(i_1, i_2, i_3) = \min(x_{i_1 j}, x_{i_2 j}, x_{i_3 j})$$

$$(1 \leqslant i_1 < i_2 < i_3 \leqslant l, 1 \leqslant j \leqslant h)$$

$$\vdots$$

$$r_j(i_1, i_2, \cdots, i_{l-1}) = \min(x_{i_1 j}, x_{i_2 j}, \cdots, x_{i_{l-1} j})$$

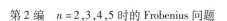

$$(1 \leqslant i_1 < i_2 < \cdots < i_{l-1} \leqslant l, 1 \leqslant j \leqslant h)$$

$$r_j = \min(x_{1j}, x_{2j}, \cdots, x_{lj}) \quad (1 \leqslant j \leqslant h)$$

作数：

$$n_1 = \prod_{j=1}^{h}(1+x_{1j}), n_2 = \prod_{j=1}^{h}(1+x_{2j}), \cdots, n_l = \prod_{j=1}^{h}(1+x_{lj});$$

$$n_{1,2} = \prod_{j=1}^{h}[1+r_j(1,2)], \cdots, n_{l-1,l} = \prod_{j=1}^{h}[1+r_j(l-1,l)];$$

$$n_{1,2,3} = \prod_{j=1}^{h}[1+r_j(1,2,3)], \cdots, n_{l-2,l-1,l} = \prod_{j=1}^{h}[1+r_j(l-2,l-1,l)];$$

$$\vdots$$

$$n_{1,2,\cdots,l} = \prod_{j=1}^{h}(1+r_j).$$

引理 4　具有形式 $G_h - \sum_{j=1}^{h} a_j t_j$ 且能经线性型 f_k 表出的正整数的个数为

$$n = n_1 + n_2 + \cdots + n_l - n_{1,2} - \cdots - n_{l-1,l} + n_{1,2,3} + \cdots + (-1)^{l-1} n_{1,2,\cdots,l}$$

证明　根据引理 2，具有形式 $G_h - \sum_{j=1}^{h} a_j t_j$ 且能经线性型 f_k 表出，则满足性质：$t_j \leqslant x_{ij}(j=1,2,\cdots,h)$ 是其充要条件. 今在形如 $G_h - \sum_{j=1}^{h} a_j t_j$ 的一切数中，满足 $t_j \leqslant x_{1j}$ 的共有 $n_1 = \prod_{j=1}^{h}(1+x_{1j})$ 个，满足 $t_j \leqslant x_{2j}$ 的共有 $n_2 = \prod_{j=1}^{h}(1+x_{2j})$ 个，……，满足 $t_j \leqslant x_{lj}$ 的共有 $n_l = \prod_{j=1}^{h}(1+x_{lj})$ 个；同时满足 $t_j \leqslant x_{1j}$ 与 $t_j \leqslant x_{2j}$ 的共有

$n_{1,2} = \prod_{j=1}^{h} [1 + r_j(1,2)]$ 个，……；同时满足 $t_j \leqslant x_{l-1,j}$

与 $t_j \leqslant x_{lj}$ 的共有 $n_{l-1,l} = \prod_{j=1}^{h} [1 + r_j(l-1,l)]$ 个；同时

满足 $t_j \leqslant x_{1j}, t_j \leqslant x_{2j}$，与 $t_j \leqslant x_{3j}$ 的共有 $n_{1,2,3} = \prod_{j=1}^{h} [1 + r_j$

$(1,2,3)]$ 个，……；同时满足 $t_j \leqslant x_{1j}, t_j \leqslant x_{2j}, \cdots, t_j \leqslant x_{lj}$ 的

共有 $n_{1,2,\cdots,l} = \prod_{j=1}^{h} (1 + r_j)$ 个（以上均有 $j = 1,2,\cdots,h$）.

应用逐步淘汰原则，将"性质 a_i"视为"满足 $t_j \leqslant$

x_{ij}"，并设形如 $G_h - \sum_{j=1}^{h} a_j t_j$ 的数总共为 n_0 个，可知其

中不能经线性型 f_k 表出的共有

$$n' = n_0 - n_1 - n_2 - \cdots - n_l + n_{1,2} + \cdots +$$
$$n_{l-1,l} - n_{1,2,3} - \cdots + (-1)^l n_{1,2,\cdots,l}$$

个.

而能经线性型 f_k 表出的应共有

$$n = n_0 - n' = n_1 + n_2 + \cdots + n_l - n_{1,2} - \cdots -$$
$$n_{l-1,l} + n_{1,2,3} + \cdots + (-1)^{l-1} n_{1,2,\cdots,l}$$

个. 证毕.

如果 $G_h \neq M_h$，我们还可作 G_h 对于线性型 f_h 的特

性表出组，因之具有形式 $G_h - \sum_{j=1}^{h} a_j t_j$ 且可经线性型

f_h 表出的正整数的个数 m 亦可依上述方法求出.

定理 7 $N_k = N_h - n + m (2 \leqslant h < k)$.

证明 设 n_0 为一切具有形式 $G_h - \sum_{j=1}^{h} a_j t_j$ 的正

整数的个数，则有 $N_k = n_0 - n$，及 $N_h = n_0 - m$，消去 n_0

便得

$$N_k = N_h - n + m$$

证毕.

根据定理 5, N_h 可借 $\overline{N}_h$ 求出，而 $\overline{f}_h$ 与 f_k 的情况极相似但有更少的变数，故 $\overline{N}_h$ 可利用上述方法继续推求下去. 为了使定理 6 及定理 7 的意义更易明了，我们举一个实际的例子.

例　求出线性型 $f_4 = 45x_1 + 50x_2 + 42x_3 + 96x_4$ $(x_1 \geqslant 0, x_2 \geqslant 0, x_3 \geqslant 0, x_4 \geqslant 0)$ 所不能表出的最大整数与不能表出的正整数的个数.

此时 $(45, 50, 42) = 1$，故 $h = 3, f_3 = 45x_1 + 50x_2 + 42x_3$，而

$$G_3 = \frac{45 \times 50}{(45, 50)} + 42(45, 50) - 45 - 50 - 42 = 523$$

G_3 对于线性型 f_4 的特性表出组为：

（1）$G_3 = 523 = 45 \times (1) + 50 \times (2) + 42 \times (9) + 96 \times (0)$；

（2）$G_3 = 523 = 45 \times (3) + 50 \times (5) + 42 \times (1) + 96 \times (1)$.

经计算知 $P = 45 \times (1 + 1) + 42 \times (1 + 1) = 174$ 是符合第一类性质的最小数，故

$$M_4 = G_3 - P = 523 - 174 = 349$$

又

$$\begin{aligned}
n_1 &= (1 + x_{11})(1 + x_{12})(1 + x_{13}) \\
&= (1 + 1)(1 + 2)(1 + 9) \\
&= 60
\end{aligned}$$

Frobenius 问题

$$\begin{aligned} n_2 &= (1+x_{21})(1+x_{22})(1+x_{23}) \\ &= (1+3)(1+5)(1+1) \\ &= 48 \end{aligned}$$

$$\begin{aligned} n_{1,2} &= [1+r_1(1,2)][1+r_2(1,2)][1+r_3(1,2)] \\ &= (1+1)(1+2)(1+1) \\ &= 12 \end{aligned}$$

故

$$\begin{aligned} n &= n_1 + n_2 - n_{1,2} \\ &= 60 + 48 - 12 \\ &= 96 \end{aligned}$$

而(1)即是 G_3 对于线性型 f_3 的特性表出组,故

$$\begin{aligned} m &= (1+x_{11})(1+x_{12})(1+x_{13}) \\ &= (1+1)(1+2)(1+9) \\ &= 60 \end{aligned}$$

再由于 $\lambda_1 = (50,42) = 2, \lambda_2 = (45,42) = 3, \lambda_3 = (45,50) = 5$,及

$$b_1 = 3, b_2 = 5, b_3 = 7, (3,5) = 1$$

得

$$\overline{G}_2 = 3 \times 5 - 3 - 5 = 7$$

$\overline{G}_2$ 经线性型 $f_3 = 3x_1 + 5x_2 + 7x_3$ 的表出法只有一种,即

$$\overline{G}_2 = 3 \times (0) + 5 \times (0) + 7 \times (1) = 7$$

故

$$\begin{aligned} \overline{N}_3 &= \overline{N}_2 - \overline{n} \\ &= \frac{1}{2}(3-1)(5-1) - (1+0)(1+0) \\ &= 3 \end{aligned}$$

所以

$$N_4 = \overline{N}_3\lambda_1\lambda_2\lambda_3 + \frac{1}{2}\left[\sum_{i=1}^{3} a_i(\lambda_i-1) - \lambda_1\lambda_2\lambda_3 + 1 \right] - n + m$$

$$= 196$$

附：$f_4 = 45x_1 + 50x_2 + 45x_3 + 96x_4$ 所不能表出的 196 个正整数如下.

1	2	3	4	5	6	7	8	9	10	11	12	13	14
15	16	17	18	19	20	21	22	23	24	25	26		
27	28	29	30	31	32	33	34	35	36	37	38		
39	40	41	43	44	46	47	48	49	51	52	53		
54	55	56	57	58	59	60	61	62	63	64	65		
66	67	68	69	70	71	72	73	74	75	76	77		
78	79	80	81	82	83	85	86	88	89	91	93		
94	97	98	99	101	102	103	104	105	106				
107	108	109	110	111	112	113	114	115					
116	117	118	119	120	121	122	123	124					
125	127	128	130	131	133	136	139	143					
144	147	148	149	151	152	153	154	155					
156	157	158	159	160	161	162	163	164					
165	166	167	169	170	172	173	175	178					
181	189	193	194	197	198	199	201	202					
203	204	205	206	207	208	209	211	212					
214	215	217	220	223	239	243	244	247					
248	249	251	253	254	256	257	259	262					
265	289	293	298	299	301	304	307	343					
349													

关于正整系数线性型的最大不可表数

第 4 章

1 引 言

n 个变量的正整系数线性型,当变元取非负整数时,型值亦为非负整数. 又当 n 个系数互素时,充分大的自然数均可表为这样的型. 令 M_n 为上述型所不可表出数中的最大者. 如何求出 M_n 是一个没有解决的问题. 这一问题曾引起人们的注意[1],柯召教授[2]、陆文端教授[3]、陈重穆教授[4]、J. B. Roberts[5] 先后做过若干讨论[6]. 较完整的结果见陆文端与吴昌玖及李培基的相关著作[7,8]. 文献[7]中对一般的 n 给出了 M_n 的上限及其含未知参数的形式,在 $n=3$ 的情形,则给出了全部解法. 这个解法中要点之一,是把一般的三元线型化作系数两两互素的型再加以讨论. 文献[8]沿文献[7]中的方法,对 n 较大时展开讨论.

显然 M_n 的存在通过有限次的运算便可以找出,这些事实都是毫无疑义的,问题在于如何给出最有效的解决. 四川大学的尹文霖教授于 1962 年给出直接用原型系数进行计算的方法步骤. 文中所用方法仍然是初等的,即对原给型做递降归纳,与文[7]中方法不尽相同. 不难看出,这里的证明更简洁些,方法结果也略为细致些. 又为方便读者起见,本章中的证明取自给方式.

2　符　号

$\mathfrak{D}$ 自然数集. $\mathfrak{T}$ 非负整数集. $\mathfrak{R}$ 整数集

$a_i \varepsilon \mathfrak{D} \ (i = 1, \cdots, n)$;

$D_k = (a_1, \cdots, a_k) \ (k = 1, \cdots, n, D_n = 1)$;

$\mathfrak{M}_k = \left\{ m : m = \sum_{i=1}^{k} a_i x_i, x_i \in \mathscr{L} \right\} \ (k = 1, \cdots, n)$;

$\mathfrak{M}_k = \{ m; m \in \mathfrak{M}_k, m \in \mathfrak{R} \} \quad (k = 1, \cdots, n)$;

$\mathfrak{M}_k^* = \{ m : m D_k \in \mathfrak{M}_k \} \ (k = 1, \cdots, n)$;

$\mathfrak{M}_k^* = \{ m : m D_k \in \mathfrak{M}_k, m \in \mathfrak{R} \} \ (k = 1, \cdots, n)$;

$\mathfrak{M}_k(r) = \left\{ m : m \equiv \dfrac{a_k}{D_k} r (\bmod \ d_{k-1}), m \in \mathfrak{M}_k \right\}.$

其中

$$d_{k-1} = \frac{D_{k-1}}{D_k} \quad (0 \leqslant r < d_{k-1}, k = 2, \cdots, n)$$

按照通常习惯用 ⊃ 表包含关系,∪ 表示并,∩ 表示交.

　　由 $D_n = 1$ 知 $(D_{n-1}, a_n) = 1$,故

$$\mathfrak{M}_n = \bigcup_{0 \leqslant r < D_{n-1}} \overline{\mathfrak{M}_n(r)} \qquad (1)$$

又显有

$$\mathfrak{M}_n(r) \subset D_{n-1}\mathfrak{M}_{n-1}^* + a_n r \qquad (2)$$

式中数与集合相加,按

$$\mathfrak{U} + s = \{m: m = a + s, a \in \mathfrak{U}\}$$

定义,令 K 表示满足条件

$$K \in \mathfrak{D}, Ka_n \in \mathfrak{M}_{n-1}^*$$

的最小整数. 设 $m \in \mathfrak{D}$,则存在唯一的 $r, 0 \leqslant r < D_{n-1}$ 使 $m \equiv a_n r (\bmod\ D_{n-1})$ 成立,令

$$m(r,k) = m - a_n r - ka_n D_{n-1} \quad (0 \leqslant k < K)$$

又设

$$\mathfrak{P}_k = \{p: p \in \mathfrak{M}_k, p + a_i \in \mathfrak{M}_k, i = 1, \cdots, k\} \quad (k = 1, \cdots, n)$$

$$\mathfrak{P}_k^* = \{p: pD_k \in \mathfrak{P}_k\} \quad (k = 1, \cdots, n)$$

显有

$$\mathfrak{M}_n = \mathfrak{P}_n - m, m \in \mathfrak{M}_n \qquad (3)$$

式中集合与数的减法,仿前述加法定义,即

$$\mathfrak{U} - s = \{m: m = a - s, a \in \mathfrak{U}\}$$

3　$\mathfrak{P}_n$ 与 $\mathfrak{P}_{n-1}^*$ 间的关系

$\mathfrak{P}_n$ 在我们的证明中,起着重要作用,我们在本小节中,将专门讨论它. 设 $m \in \mathfrak{M}_n$,由(3)有

$$m = p - \sum_{i=1}^{n} a_i x_i \quad (x_i \in \mathfrak{T}, p \in \mathfrak{P}_n) \qquad (4)$$

因此,我们称 $\mathfrak{P}_n$ 为 $\mathfrak{M}_n$ 的本原子集. 在不发生混淆的情况下,我们指出,表达式(4)即使对于固定 m, p

也并不一定是唯一的. 由于 $\mathfrak{P}_n$ 结构本身的复杂性,我们只能通过 $\mathfrak{P}_{n-1}^*$ 来说明它.

为此,我们先建立几个引理:

引理 1　$m \in \mathfrak{M}_n$ 的充要条件是 $m(r,k) \in \mathfrak{M}_{n-1}$, $0 \leqslant k < K$, $0 \leqslant r < d$, 其中 $d = D_{n-1}$. 又显然有 $\mathfrak{M}_{n-1} = d\mathfrak{M}_{n-1}^*$.

证明　由

$$m = m(r,k) + a_n(r+kd) \equiv a_n r (\bmod\ d)$$

立得必要性. 否则有 r,k 存在,使 $m(r,k) \in \underline{\mathfrak{M}}_{n-1}$. 从而 $m \in \mathfrak{M}_n$,与假设矛盾.

另一方面,这组条件又是充分的. 否则 $m \in \mathfrak{M}_n$,故

$$m = a_1 x_1 + \cdots + a_{n-1} x_{n-1} + a_n(R + sKd)$$

式中

$$0 \leqslant R < Kd, s \in \mathfrak{P}, x_i \in \mathfrak{P}$$

按 K 定义,有

$$m = a_1 y_1 + \cdots + a_{n-1} y_{n-1} + a_n(r + kd)$$

对某组

$$0 \leqslant r < d, 0 \leqslant k < K$$

成立,即 $\mathfrak{M}(r,k) \in \mathfrak{M}_{n-1}$ 与假设矛盾.

引理中后一句话,直接由定义得出.

引理 2　$\mathfrak{M}_n$ 中的本原数 p,必具有

$$p = d\,\bar{n} + a_n(d-1) \tag{5}$$

之形,其中 $\bar{n}$ 满足条件组

$$\bar{n} - ka_n \in \mathfrak{M}_{n-1}^* \quad (0 \leqslant k < K) \tag{6}$$

又,$\mathfrak{M}_n$ 中满足条件组(6)形如(5)的最大数 p^* 必为本

原数.

证明 $p \in \mathfrak{M}_n$，由引理 1，有

$$p = d\,\bar{n} + a_n r$$

式中 r 为 $p \equiv a_n r \pmod{d}$ 的最小非负解，且

$$\bar{n} - ka_n = \frac{1}{d}p(r,k) \in \mathfrak{M}_{n-1}^* \quad (0 \leqslant k < K)$$

故只需证 $r = d - 1$. 否则令

$$m = p + a_n$$

则

$$m(r+1,k) = p(r,k) \in d\mathfrak{M}_{n-1}^*$$

再由引理 1，得 $m \in \mathfrak{M}_n$，与本原数定义矛盾，这就证明了引理的前一论断.

其次，设 p^* 非本原，则由（3）有

$$p^* = p - m \quad (0 < m \in \mathfrak{M}_n, p \in \mathfrak{P}_n)$$

而由引理的前半部分论断，p 如（6）且形如（5），这就与最大性矛盾了，明所欲证.

上面两个引理，把 $\mathfrak{P}_n$ 中的问题化成 $\mathfrak{P}_{n-1}^*$ 中的问题了，因为

$$\mathfrak{M}_{n-1}^* = \mathfrak{P}_{n-1}^* - m^* \quad (m^* \in \mathfrak{M}_{n-1}^*)$$

为了引用方便，我们把一个显然的事实，叙述为：

引理 3 条件组（6），在代换 $\bar{n} = p_{n-1} - m$ 下，等价于对 m 而言有条件

$$p'_{n-1} - p_{n-1} + m + ka_n \in \mathfrak{M}_{n-1}^* \quad (0 \leqslant k < K) \quad (7)$$

式中 p_{n-1} 及 p'_{n-1} 独立的跑过 $\mathfrak{P}_{n-1}^*$ 中各元素.

证明 由（6）及类似于（3）的关系式

$$\mathfrak{M}_{n-1}^* = \mathfrak{P}_{n-1}^* - m \quad (m \in \mathfrak{M}_{n-1}^*)$$

立得.

4　求 M_n 的一般原则及其推论

通过前面的讨论,容易看出

$$M_n = \text{Max } m = \text{Max } p = \text{Max}(d\,\bar{n} + a_n(d-1))$$

$$n \in \mathfrak{M}_n, p \in \mathfrak{P}_n, n - ka_n \in \mathfrak{M}_{n-1}^*$$

$$(0 \leqslant k < K)$$

这样,我们就把 n 元线性型的极值问题,化成了 $n-1$ 元线性型中的极值问题了,更确切地说乃是用参数 k 去替代原有的变元 x_n,由于 k 的变化范围受到很强的限制,就使问题大大简化了一步,而且这个步骤还可以继续进行下去,值得注意的是它们不仅依赖于低元型不可表数的极值,而且还依赖于整个低元本原集合的结构,其实际计算可按引理 3 进行. 这在元数较多时,仍然是一件相当复杂的事,但当 $n=2$ 或 3 时,问题就大大简化了.

（ⅰ）$n=2$ 时. 取 $d=a_1, \mathfrak{M}_1^* = \mathfrak{T}, \mathfrak{P}_1^* = \{-1\}$,故

$$\mathfrak{P}_2 = \{-a_1 + a_2(a_1 - 1)\} = \{a_1 a_2 - a_1 - a_2\}$$

而

$$M_2 = a_1 a_2 - a_1 - a_2$$

与已知一致.

（ⅱ）$n=3$ 时. 因 $\mathfrak{P}_2^*$ 如（ⅰ）所述,为一单元集合,故按引理 3,条件组(7)化为

$$m + ka_3 = m' \in \mathfrak{M}_2^* \quad (0 \leqslant k < K) \qquad (8)$$

令 n_* 表示适合上述条件组的极小值,即

$$n_* = \text{Min}\left\{ m = (h_1 - 1)\frac{a_1}{d} + (k_2 - 1)\frac{a_2}{d} \right\} \quad (h_1, h_2 \geqslant 1)$$

$$m + ka_1 \in \mathfrak{M}_2^*$$
$$(k = 0, \cdots, K - 1)$$

则

$$M_3 = d(M_2^* - n_*) + a_3(d - 1)$$

$$= \frac{a_1 a_2}{(a_1, a_2)} + (a_1, a_2)a_3 - h_1 a_1 - h_2 a_2 - a_3 \quad (h_1, h_2 \geqslant 1)$$

我们将在章末给出求 M_3 的例子.

作为本小节的结束,我们指出文[7]中的几个定理,均可由 M_n 的一般表达式迅速推导出来,由于这些事实并非是求 M_n 的中心环节,或必要步骤,我们只做如下叙述(这些事实的证明,在有了 M_n 的一般表达式后就不困难了,读者如果认为必要,亦可参看[7]).

令

$$G_k = \sum_{j=2}^{k} a_j \frac{D_{j-1}}{D_j} - \sum_{j=1}^{k} a_j \quad (k = 2, \cdots, n)$$

则

(i) $\mathfrak{P}_n$ 中元素 p,特别地,M_n 一般有下列形式

$$M_n = G_n - \sum_{i=1}^{n-1} t_i \lambda_i a_i$$

其中 $t_i \geqslant 0, i = 1, \cdots, n - 1$. 而

$$\lambda_i = (a_1, \cdots, a_{i-1}, a_{i+1}, \cdots, a_n) \quad (i = 1, \cdots, n)$$

(ii) $M_n = G_n$ 的充要条件是 $a_i \dfrac{D_{i-1}}{D_i}$ 可经线性型

f_{i-1} 表出 $\left(\text{即 } a_i \dfrac{D_{i-1}}{D_i} \in \mathfrak{M}_{i-1}\right), i = 2, \cdots, n.$

(iii)设

$$ka_n = G_n - \sum_{i=1}^{n-1} h_{ik} a_i \quad (h_{ik} \geqslant 0, 1 \leqslant k < K)$$

又设

$$n_* = \sum_{i=1}^{n-1} h_i a_i \quad (h_i \geqslant 0)$$

表示对每一 $k (1 \leqslant k < K)$ 不全满足 $n - 1$ 个不等式

$$h_i \leqslant h_{ik} \quad (1 \leqslant i < n)$$

的形如 $\sum_{i=1}^{n-1} l_i a_i, l_i \geqslant 0$ 的数中最小的一个. 则

$$M_n \leqslant G_n - \sum_{i=1}^{n-1} h_i a_i$$

（ⅰ），（ⅱ），（ⅲ）这三件事实,分别对应于文〔7〕
中定理 2、定理 3 及定理 4.

5　例　　子

例　求 $21x_1 + 22x_2 + 30x_3$ 的最大不可表数.

解　取

$$a_1 = 30, a_2 = 21, a_3 = 22$$

则

$$d = 3, M_2^* = 7 \times 10 - 7 - 10 = 53$$

又有

$$22 = 7 \times 10 - 2 \times 10 - 4 \times 7$$

而

$$2 \times 22 = 3 \times 10 + 2 \times 7$$

故 $K = 2$. 且

$$n_* = \text{Min}\{m = \text{Min}\{2 \times 10, 4 \times 7\} = 20\} \quad (9)$$

故

69

$$M_3 = 3 \times (53 - 20) + 2 \times 22 = 99 + 44 = 143$$

参 考 文 献

［1］华罗庚. 数论导引［M］. 北京:科学出版社,1957.

［2］柯召. 关于方程 $ax + by + cz = n$［J］. 四川大学学报(自然科学版),1955(1):1-4.

［3］陆文端. 论方程 $ax + by + cz = n$［J］. 四川大学学报(自然科学版),1956(1):49-55.

［4］陆文端. 续论方程 $ax + by + cz = n$［J］. 四川大学学报(自然科学版)1956(2):55-62.

［5］陈重穆. 关于整系数线性型的一个定理［J］. 四川大学学报(自然科学版)1956(1):57-59.

［6］J B ROBERTS. Note on linear forms［J］. Proc. Amer. Math. Soc. , 1956,7(3).

［7］陆文端,吴昌玖. 关于整系数线性型的两个问题［J］. 四川大学报(自然科学版),1957(2):151-171.

［8］李培基. 试谈整系数线性型的两个问题［J］. 四川大学学报(自然科学版),1959(3):43-45.

关于三元线性型的一点注记

对正整系数三元线型 $ax + by + cz$（$(a,b,c)=1, x,y,z \geqslant 0$）的最大不可表数 M_3 及全体不可表正整数个数 N_3，在文[1]中曾做过详细的讨论，其后，在[2]中，又做过另一些讨论. 在这些讨论中，都引进了一组无疑存在的参数，但都没有给出这些参数与给定系数的确切关系，亦即未曾给出通过给定系数 a, b, c 求出参数的公式.

四川大学的尹文霖教授于 1962 年指明各参数与给定系数的关系. 准确地说，我们将证明公式

$$M_3 = \frac{ab}{(a,b)} + (a,b)c - a - b - c - \underset{0 \leqslant k < K}{\text{Min}} (\rho_{k+1}a + w_k b) \quad (1)$$

及

$$N_3 = \frac{1}{2}\left(\frac{ab}{(a,b)} - a - b + (a,b) \right) +$$

$$\sum_{1\le r<(a,b)}\left[\frac{cr}{(a,b)}\right]-(a,b)\sum_{1\le k<K}(\rho_k-\rho_{k+1})\cdot w_k \qquad (2)$$

其中,和通常一样,$[x]$ 表示 x 的整数部分,(a,b) 表示 (a,b) 的最大公约数,而 $\rho_k(1\le k<K)$ 表示 kcq,对模 $\dfrac{b}{(a,b)}$ 而言,它的非负最小剩余 u_k 或 $\dfrac{b}{(a,b)}-u_k$(视展 $\dfrac{a}{b}$ 为连分式时,步数 s 为奇或偶而定)是严格下降排列,又规定 $\rho_k=0$. 而 $w_k(1\le k<K)$ 则表示 kcp 对模 $\dfrac{a}{(a,b)}$ 而言的非负最小剩余 v_k 或 $\dfrac{a}{(a,b)}-v_k$(视 s 为偶或奇而定)的严格上升排列,又规定 $w_0=0$. 上面用到的 p 及 q 乃系展 $\dfrac{a}{b}$ 为连分数时第 $s-1$ 级近似分数的分子与分母. 最后 K 是使 $\left[\dfrac{Kcq}{\dfrac{b}{a,b}}\right]\ne\left[\dfrac{Kcp}{\dfrac{a}{a,b}}\right]$ 的第一个自然数.

我们将引用一个众所周知的连分数的结果. 即:

引理 1 设 $\dfrac{P_i}{Q_i},i=1,\cdots,s$ 为展既约分数 $\dfrac{a_1}{b_1}$ 为连分式的各级渐近分数(即有 $P_s=a_1,Q_3=b_1$),又记 P_{s-1} 为 p,Q_{s-1} 为 q,则

$$a_1q-b_1p=(-1)^s$$

令

$$a=da_1,b=db_1,d=(a,b) \qquad (3)$$

则由引理 1 得知对任意自然数 k 及整数 n,恒有

$$kc=kc(a_1q-b_1p)(-1)^s$$

72

$$= (-1)^s ((kcq - nb_1) a_1 - (kcp - na_1) b_1) \qquad (4)$$

令 K 为表示

$$Kc \varepsilon \mathfrak{M}_2^* = \{ m \colon m = a_1 x + b_1 y , x \geqslant 0 , y \geqslant 0 \}$$

的最小自然数,则由式(4)立得

$$K = \begin{cases} \begin{aligned} & \text{Min } k & 2 \mid s \\ & \left[\dfrac{kcq}{b_1} \right] > \left[\dfrac{kcp}{a_1} \right] \end{aligned} \\[3mm] \begin{aligned} & \text{Min } k & 2 \mid s \\ & \left[\dfrac{kcq}{b_1} \right] < \left[\dfrac{kcp}{a_1} \right] \end{aligned} \end{cases} \qquad (5)$$

也就是说 K 是使 $\left[\dfrac{kcq}{b_1} \right] \neq \left[\dfrac{kcp}{a_1} \right]$ 的第一个自然数,故有

$$kc \in \mathfrak{M}_2^* = \{ m \colon m \neq a_1 x + b_1 y , x \geqslant 0 , y \geqslant 0 \} \ (0 < k < K)$$
$$(6)$$

注意到式(6)中的数形如

$$kc = a_1 b_1 - r_k a_1 - t_k b_1 \quad (0 \leqslant r_k < b_1 , 0 \leqslant t_k < a_1) \ (7)$$

的表达式是唯一的,与式(4)比较,立得

$$r_k = \begin{cases} \left(1 - \left\{ \dfrac{kcq}{b_1} \right\} \right) b_1 = b_1 - u_k & 2 \mid s \\[3mm] \left\{ \dfrac{kcq}{b_1} \right\} b_1 = u_k & 2 \nmid s \end{cases} \qquad (8)$$

及

$$t_k = \begin{cases} \left\{ \dfrac{kcp}{a_1} \right\} a_1 = v_k & 2 \mid s \\[3mm] \left(1 - \left\{ \dfrac{kcp}{a_1} \right\} \right) a_1 = a_1 - v_k & 2 \nmid s \end{cases} \qquad (9)$$

式中 $\{ x \}$ 和通常一样表示 x 的小数部分,而 u_k 及 v_k 恰

为 kcq 及 kcp 分别对模 b_1 及 a_1 的非负最小剩余.

如文[1]或[2]中所述,我们有:

引理 2[1]　将 $r_k(1 \leqslant k < K)$ 按递降顺序重新排列, 得序列 $\rho_1 > \cdots > \rho_{K-1}$, 则相应的 t_k 的新排列 $w_k(1 \leqslant k < K)$ 恰为递升的.

证明　否则, 有某对自然数 s 及 $t(t < K)$, 满足

$$tc = (\rho_s - \rho_{s+1})a_1 + (w_s - w_{s+1})b_1 \in \mathfrak{M}_2^*$$

这与 K 的最小性矛盾.

引理 3[2]　我们有

$$M_3 = d(M_2^* - n_*) + c(d-1)$$

式中

$$M_2^* = a_1 b_1 - a_1 - b_1, d = (a,b)$$

而 n_* 表示条件组

$$n + kc \in \mathfrak{M}_2^* \quad (0 \leqslant k < K) \tag{10}$$

的极小值.

令 $\rho_K = 0, w_0 = 0$, 则结合(5)~(7), 注意到在条件 $y \geqslant w_{\mathfrak{R}}$ 下, $\mathfrak{M}_2^*$ 中元素

$$n = a_1 x + b_1 y \quad (x, y \geqslant 0)$$

满足条件组(10)的极小值在

$$\rho_{k+1} a_1 + w_{\mathscr{R}} b_1$$

处达到, 我们最终得到

$$M_3 = d(M_2^* - n_*) + c(d-1)$$

式中

$$n_* = \mathrm{Min}\{\rho_{k+1} a_1 + w_k b_1\}$$
$$(0 \leqslant k < K)$$

稍加整理即得式(1).

转而考虑 N_3.

任给自然数 n,由于 $(d,c) = (a,b,c) = 1$,故必有 $r(0 \leqslant r < d)$ 存在,使

$$n \equiv cr (\mod d) \qquad\qquad (11)$$

对于固定的 r,小于 cr 对式(11)的数,均不可表,共 $\left[\dfrac{cr}{d} \right]$ 个. 又当 $n > cr$ 时,考虑 $\dfrac{n - cr}{d}$,则按文[1]中的办法,可证不可表数共有

$$N = N(r) = \frac{M_2^* + 1}{2} - \sum_{k=1}^{K-1} (\rho_k - \rho_{k+1}) w_k$$

个,故得

$$N_3 = dN + \sum_{r=1}^{d-1} \left[\frac{cr}{d} \right]$$

稍加整理,即得公式(2).

最后,让我们看一个例子.

例 求

$$21x + 22y + 30z \qquad (x,y,z \geqslant 0)$$

的最大不可表出数及全体不可表正整数的个数.

解法 1 取

$$a = 30, b = 21, c = 22$$

则

$$d = 3, a_1 = 10, b_1 = 7, M_2^* = 70 - 10 - 7 = 53$$

又有

$$\frac{a_1}{b_1} = \frac{10}{7} = 1 + \cfrac{1}{2 + \cfrac{1}{3}}, \frac{p}{q} = \frac{3}{2}$$

故

Frobenius 问题

$$s = 3, p = 3, q = 2$$

得表 1

表 1

k	$\left[\dfrac{kcp}{a_1}\right]$	$\left[\dfrac{kcq}{b_1}\right]$	u_k	v_k	$\cdots$	ρ_k	w_k
1	$\left[\dfrac{66}{10}\right] = 6$	$\left[\dfrac{44}{7}\right] = 6$	2	6	$\cdots$	2	$4 = 10 - 6$
2	13	12	III	$K - 2$			

故

$$n_* = \mathrm{Min}\{2 \times 10, 4 \times 7\} = 20$$

而

$$\sum (\rho_k - \rho_{k+1}) w_k = 2 \times 4 = 8$$

由公式(1)及(2)得

$$M_3 = 3(53 - 20) + 2 \times 22 = 143$$

及

$$N_3^* = 3\left(\frac{53+1}{2} - 8\right) + \left[\frac{22}{3}\right] + \left[\frac{44}{3}\right] = 78$$

解法 2 取

$$a = 22, b = 21, c = 30$$

则

$$d = 1, a_1 = 22, b_1 = 21, M_2^* = 22 \times 21 - 22 - 21 = 419$$

又有

$$\frac{a}{b} = 1 + \frac{1}{22}, \frac{p}{q} = \frac{1}{1}$$

故
$$s = 2, p = 1, q = 1$$

得表 2.

表 2

k	$\left[\dfrac{kcp}{a_1}\right]$	$\left[\dfrac{kcq}{b_1}\right]$	u_k	v_k	$\cdots$	ρ_k	w_k
1	$\left[\dfrac{30}{22}\right] = 1$	$\left[\dfrac{30}{21}\right] = 1$	9	8	$\cdots$	$21 - 6 = 15$	2
2	2	2	18	16	$\cdots$	$21 - 9 = 12$	8
3	4	4	6	2	$\cdots$	$21 - 15 = 6$	10
4	5	5	15	10	$\cdots$	$21 - 18 = 3$	16
5	6	7	III	$K = 5$			

故得
$$n_* = \mathrm{Min}\{15 \times 22, 12 \times 22 + 2 \times 21, 6 \times 22 + 8 \times 21,$$
$$3 \times 22 + 10 \times 21, 16 \times 21\}$$
$$= 3 \times 22 + 10 \times 21 = 276$$

又有
$$\sum_{0 \leqslant k < K} (\rho_k - \rho_{k+1}) w_k \approx 6 + 48 + 30 + 48 = 132$$

由公式（1）及（2），得
$$M_3 = 419 - 276 = 143$$

而
$$N_3 = \frac{419 + 1}{2} - 132 = 78$$

我们在这里附带提一下,从上面两种解法看来,要使计算简捷,应当适当选取原系数的排列使 K 越小越好,而不是选取 $d=1$ 使公式(1)及(2)作形式上的简化.

参 考 文 献

[1]陆文端,吴昌玖. 关于整系数线性型的两个问题[J]. 四川大学学报(自然科学版),1957(2):151-157.

[2]尹文霖. 关于整系数线性型的最大不可表出数[J]. 四川大学学报(自然科学版),1962 年(1):39-46.

关于正整系数线性型的最大不可表数——Frobenius 问题

第 6 章

n 个变量的正整系数线性型 $f_n = a_1 x_1 + a_2 x_2 + \cdots + a_n x_n$（其中 a_i 为正整数，x_i 取非负整数），当 $(a_1, \cdots, a_n) = 1$ 时，可表示一切充分大的自然数[1]. 自然提出一个问题：如何求此型的最大不可表数 M_n? 这个问题在堆垒数论和概率论中有其运用（参看[9] p. 211 和 [7] p. 261）. 对于 $n = 2$ 的情形，问题早已解决[1]. 对 $n \geqslant 3$，柯召等很多人讨论过；特别是 $n = 3$ 时，有比较完整的结果[1][5][7]. 四川大学的柯召、尹文霖、李德琅三位教授 1963 年用初等方法改进了一般 n 的结果，特别讨论了 $n = 3, 4$ 的情形，相比较尹文霖[4] 和李培基[3] 的方法略简一些.

为方便起见，我们引入下列符号：

$\mathfrak{D}$：自然数集；$\mathfrak{T}$：非负整数集；$\mathfrak{R}$：整数集.

$$\mathfrak{M}_j = \left\{ m : m = \sum_{i=1}^{j} a_j x_j, x_j \in \mathfrak{T} \right\} (j = 1, 2, \cdots, n);$$

$$\mathfrak{M}_j = \{ m : m \bar{\in} : \mathfrak{M}, m \in \mathfrak{R} \}; M_n - \max_{m \in \mathfrak{M}_n} m;$$

$$\mathfrak{M}'_j = \{ m : mD_j \in \mathfrak{M}_j \} \text{（其中 } D_j = (a_1, \cdots, a_j) = \gcd(a_1, \cdots, a_j));$$

$$\mathfrak{M}'_j = \{ m : mD_j \bar{\in} \mathfrak{M}_j, m \in \mathfrak{R} \};$$

$$\mathfrak{P}_j = \{ p : p \in \mathfrak{M}'_j, p + a_i \in \mathfrak{M}'_j, i = 1, 2, \cdots, j \}.$$

引理 1[3] $\overline{m} \in \mathfrak{M}'_j$ 的充要条件是可表 $\overline{m}$ 为

$$\overline{m} = p - m, p \in \mathfrak{P}_j, m \in \mathfrak{M}'_j$$

引理 2 $\overline{m} \in \mathfrak{M}_n$ 的充要条件是存在自然数 r, 使

$$\overline{m} = dm - a_n r \quad (m \in \mathfrak{S}) \tag{1}$$

其中 $m \in \mathfrak{S}$ 表 m 与条件组

$$m \in \mathfrak{M}'_{n-1}, m - ka_n \in \mathfrak{M}'_{n-1} \quad (1 \leqslant k \leqslant K)$$

而 K 为使 $Ka_n \in \mathfrak{M}'_{n-1}$ 成立的最小自然数, 又 $d = D_{n-1}$.

证法 1   设 $\overline{m} \in \mathfrak{M}_n$. 由 $(a_1, \cdots, a_n) = 1$, 可表 $\overline{m} = a_1 y_1 + \cdots + a_n y_n, y_i \in \mathfrak{R}, i \leqslant n$. 经过适当调整可使 $y_i \geqslant 0$ $(i = 1, 2, \cdots, n-1)$, 由 $\overline{m} \in \mathfrak{M}_n$ 知 $y_n < 0$. 即已有

$$\overline{m} = dm_1 - a_n r_1, m_1 \in \mathfrak{M}'_{n-1}, r_1 \in \mathfrak{D}$$

若存在 k 使 $m_1 - ka_n \in \mathfrak{M}'_{n-1}$, 可设 k_0 为此种 k 之最大者, 我们有

$$\overline{m} = dm_1 - a_n r_1$$
$$= d(m_1 - k_0 a_n) - a_n (r_1 - k_0 d)$$

$$= dm - a_n r$$

这里 $m = m_1 - k_0 a_n \in \mathfrak{M}'_{n-1}$，但 $m - ka_n = m_1 - (k_0 + k)a_n \in \mathfrak{M}'_{n-1}, 1 \leqslant k \leqslant K$（否则和 k_0 之定义矛盾）. 又由 $\overline{m} \in \mathfrak{M}_n$ 知 $r > 0$.

证法 2　设

$$\overline{m} = dm - a_n r \quad (r > 0, m \in \mathfrak{M}) \tag{2}$$

若又有 $\overline{m} \in \mathfrak{M}_n$，则必存在 m_1 及 t，使

$$\overline{m} = dm_1 + ta_n, m_1 \in \mathfrak{M}'_{n-1}, t \in \mathfrak{D} \tag{3}$$

由式 $(2)(3)$ 知

$$d(m - m_1) = a_n(t + r) \tag{4}$$

由 $(a_n, d) = 1$ 知 $d \mid (t + r)$. 设

$$\frac{t + r}{d} = k + Ks \quad (s \geqslant 0, 1 \leqslant k \leqslant K) \tag{5}$$

将式 (5) 代入式 (4) 得

$$m = m_1 + a_n \frac{t + r}{d} = m_1 + a_n(k + Ks)$$

移项得

$$m - a_n k = m_1 + a_n Ks \in \mathfrak{M}'_{n-1}$$

此与 $m \in \mathfrak{S}$ 之条件矛盾.

定理 1　$M_n = \max\limits_{r > 0, m \in \mathfrak{S}}(dm - a_n r) = \max\limits_{m \in \mathfrak{S}}(dm - a_n)$.

证明　此为引理 2 的显然推论.

现在讨论 $n = 3$ 的情形. 设 $f_3 = ax + by + cz$. 令 $(a, b) = d, a = a_1 d, b = b_1 d$，则有

$$(a_1, b_1) = 1$$

引理 3[1]　设 $N = a_1 x_0 + b_1 y_0$,则方程

$$N = a_1 x + b_1 y$$

的全部整数解为

$$x = x_0 + b_1 t, y = y_0 - a_1 t \quad (t \in \Re)$$

引理 4　对于 $1 \leqslant k \leqslant K (K$ 之定义见引理 2$)$

$$kc = a_1 x_k + b_1 y_k \quad (x_k > 0, y_k > -a_1) \quad (6)$$

有唯一解.

证明　因 $(a_1, b_1) = 1$,存在 x_k, y_k 使

$$kc = a_1 x_k \mid b_1 y_k \quad (b_1 > x_k \geqslant 0)$$

注意到 $kc \in \mathfrak{M}'_2$,有 $y_k < 0$,再由 $kc > 0$ 知 $y_k > -a_1$ 及 $x_k > 0$. 故 x_k, y_k 为式(5)之一组解. 由引理 3 知式 (5)无其他解.

引理 5　设 $1 \leqslant k, k' \leqslant K, kc = a_1 x_k + b_1 y_k, k'c = a_1 x'_k + b_1 y'_k$,则从 $x_k > x_{k'}$ 可知 $y_k < y_{k'}$.

证明　否则有下面的与 K 之定义相矛盾的结果

$$(k - k')c = a_1(x_k - x_{k'}) + b_1(y_k - y_{k'}) \in \mathfrak{M}'_2$$

引理 6　$K > 1$[①] 和下列条件的 x, y 有一至二组

$$Kc = a_1 x + b_1 y \quad (x > 0, y > -a_1) \quad (7)$$

证明　因 $Kc \in \mathfrak{M}'_2$,故存在 $x_K \geqslant 0, y_K \geqslant 0$,使

$$Kc = a_1 x_K + b_1 y_K$$

令 $\bar{x}_K = x_K + b_1, \bar{y}_K = y_K - a_1$,则有

---

①　当 $K = 1$ 时,本引理可能不成立,但此时可化为二元情形,见[6].

$$Kc = a_1 \bar{x}_K + b_1 \bar{y}_K \quad (\bar{x}_K \geqslant b_1, \bar{y}_K \geqslant -a_1)$$

利用引理 5，由

$$y_K \geqslant 0 > y_k, \bar{x}_K \geqslant b_1 > x_k \quad (1 \leqslant k < K)$$

知

$$x_K < x_k < b_1, \bar{y}_K < y_k < 0$$

由引理 3 知除 $x_K, y_K, \bar{x}_K, \bar{y}_K$ 外，式 (6) 无其他解. 又因 $Kc \neq 0$，故 $x_K = 0, y_K = 0$ 不能同时成立，即

$$x_K > 0, y_K > -a_1$$

或

$$\bar{x}_K > 0, \bar{y}_K > -a_1$$

两式中，至少有一个成立. 即式 (6) 至少有一解.

引理 7　当 $(a_1 b_1, c) = 1$ 时 (这并不失普遍性)，方程 (7) 只有一解的充要条件是：b_1 可经 a_1, c 表出. 或 a_1 可经 b_1, c 表出. 即可化为二元情形.

证法 1　必要性. 设 $x_K = 0$，则 $Kc = b_1 y_K$，由 $(b_1, c) = 1$，知 $c \mid y_K, b_1 \mid K$，又由 K 之最小性知 $K = b_1, c = y_K$. 式 (6) 中 k 可取 $1, 2, \cdots, b_1 - 1$，而诸 x_k 互不相同，且都满足 $b_1 > x_k > 0$，故必有一 k_0 使 $x_{k_0} = 1$. 于是

$$k_0 c = a_1 + b_1 y_{k_0}$$

即

$$a_1 = -b_1 y_{k_0} + k_0 c$$

由 $y_{k_0} < 0$ 及 $k_0 > 0$ 知 a_1 可经 b_1, c 表出.

仿此可证当 $y_K = 0$ 时，b_1 可经 a_2, c 表出.

证法 2　充分性. 设

$$b_1 = a_1 u + cv \quad (u, v \geqslant 0)$$

$$Kc = a_1 x_K + b_1 y_K \quad (x_K, y_K > 0)$$

则

$$(K - vy_K)c = a_1(x_K + uy_K)$$

易见 $K \geqslant K - vy_K > 0$. 由 K 之定义知 $K - vy_K = K$, 即

$$Kc = a_1(x_K + uy_K)$$

由引理 6,7 知, 可化为二元情形时, 情况很特殊, 我们把它除去.

引理 8　除去可化为二元的情形外, $\mathfrak{P}_3 = \{p_1, p_2\}$, 其中

$$p_1 = \frac{ab}{d} - a - b - c + ax' + b\,\overline{y}_K$$

$$p_2 = \frac{ab}{d} - a - b - c + ax_K + by'$$

而 $x' = \min\limits_{1 \leqslant k < K} x_k, y' = \min\limits_{1 \leqslant k < K} y_k, x_k, y_k$ 由引理 4 确定, $x_K, \overline{y}_K$ 由引理 5 确定.

证明　设 $p \in \mathfrak{P}$, 则由 $p \in \mathfrak{M}_3$ 和引理 2 知

$$p = dm - cr, r \in \mathfrak{D}, m \in \mathfrak{S}$$

由 $p + c \in \mathfrak{M}_3$ 知 $r = 1$.

设 $m \in \mathfrak{S}$, 可写 $m = a_1 x_0 + b_1 y_0 + a_1 b_1 - a_1 - b_1$, 由于 $m \in \mathfrak{M}'_2$, 我们可控制 y_0 使 $0 \geqslant y_0 > -a_1$, 于是有[4]

$$-(a_1 x_0 + b_1 y_0) \in \mathfrak{M}'_2$$

故 $x_0 > 0$.

条件 $m - kc \in \mathfrak{M}'_2, k = 1, 2, \cdots, K - 1$ 化为

$$a_1(x_0 - x_k) + b_1(y_0 - y_K) + a_1 b_1 - a_1 - b_1 \in \mathfrak{M}'_2$$
$$(k = 1,2,\cdots,K-1)$$

即

$$x_0 \leqslant x_k, y_0 \leqslant y_k \qquad (8)$$

亦即

$$x_0 \leqslant x', y_0 \leqslant y'$$

同理，$m - Kc \in \mathfrak{M}'_2$ 化为下两式之一成立

$$x_0 \leqslant x_K, y_0 \leqslant y_K$$
$$x_0 \leqslant \bar{x}_K, y_0 \leqslant \bar{y}_K \qquad (9)$$

结合 $(7),(8)$ 及引理 5，有

$$x_0 \leqslant x', y_0 \leqslant \bar{y}_K$$

或

$$x_0 \leqslant x_K, y_0 \leqslant y' \qquad (10)$$

条件 $p + a \in \mathfrak{M}_3$ 等价于 $m + a_1 \in \mathfrak{S}$，但 $m + a_1 \in \mathfrak{M}'_2$，故存在 $k_0 (1 \leqslant k_0 \leqslant K)$，使 $m + a_1 - k_0 c \in \mathfrak{M}'_2$. 同理，有使 $m + b_1 - k'_0 c \in \mathfrak{M}'_2 (1 \leqslant k'_0 \leqslant K)$ 成立之 k_0 存在. 由式 (10) 知

$$x_0 = x', y_0 = \bar{y}_K$$

或

$$x_0 = x_K, y_0 = y'$$

由此二式分别得出 p_1, p_2.

定理 2　除去可化成二元之情形外有

$$M_3 = \max(p_1, p_2)$$
$$= \frac{ab}{d} - a - b - c + \max(ax' + b\bar{y}_K, ax_K + by')$$

证明 由引理 1,若 $\overline{m} \in \mathfrak{M}_3$,则 $\overline{m} = p - m, p \in \mathfrak{B}_3$, $m \in \mathfrak{M}_3$,故 $\overline{m} \leqslant p$.

还可利用连数的结果,类似于[5]中所讨论的,进一步确定 $x', y', \overline{y}_K, x_K$.

设展 $\dfrac{a}{b} = \dfrac{a_1}{b_1}$ 为连分数的各渐近分数是

$$\frac{P_i}{Q_i}, i = 1, 2, \cdots, s, 2 \mid s$$

$a_1 = P_s, b_1 = Q_s, P_{s-1} = p, Q_{s-1} = q$,则有下面的定理.

定理 2′ 除去可化为二元的情形外

$$M_3 = \frac{ab}{d} - a - b - c + \frac{ab}{d}\max\Big(\min\Big\{\frac{kcq}{b_1}\Big\} -$$

$$\Big\{\frac{Kcp}{a_1}\Big\}, \Big\{\frac{Kcq}{b_1}\Big\} - \max\Big\{\frac{kcq}{a_1}\Big\}\Big)$$

其中 $\{x\}$ 表示 x 的小数部分.

证明可类比[5]中讨论而得.

下面讨论 $n = 4$ 的情形. 设

$$f_4 = ax + by + cz + dt, (a, b, c, d) = 1$$

由定理 1 知 $M_4 = \max\limits_{m \in \mathfrak{S}} m - d$,故关键在于求出 $m' = \max\limits_{m \in \mathfrak{S}} m$ 来. 为此,先研究 $\overline{\mathfrak{M}'}_3$ 的结构.

设 $\overline{m} \in \overline{\mathfrak{M}'}_3$,由前面的讨论,$f_3 = a_1 x + by + cz$ 所对应的 $\mathfrak{B}_3$ 中含两个元素 p_1, p_2,我们有

$$\overline{m} = p_1 - ax - by - cz \quad (x \geqslant 0, y \geqslant 0, z \geqslant 0) \quad (11)$$

或

$$\overline{m}=p_2-ax-by-cz \quad (x\geqslant0,y\geqslant0,z\geqslant0) \quad (12)$$

记 $p=p_2$，则由引理 7 知

$$p_1=p+a(x'-x_K)+b(\overline{y}_K-y')$$

$$u=x'-x_K>0,v=\overline{y}_K-y'<0$$

于是可把式（11）（12）合写成

$$\overline{m}=p-ax-ba-cz \qquad (13)$$

其中，$z\geqslant0$，而 $x\geqslant0,y\geqslant0$ 或 $x\geqslant u,y\geqslant v$.

设 $m\in\mathfrak{S}$，则 $m\in\mathfrak{M}'_3$，可记

$$m=p+ax_0+by_0+cz_0 \qquad (14)$$

其中 x_0,y_0,z_0 至少有一个为正. 可设

$$0\geqslant z_0>-(a,b) \qquad (15)$$

$$0\geqslant y_0>-\frac{a}{(a,b)} \qquad (16)$$

这时必有

$$x_0>0 \qquad (17)$$

利用式（13），由 $m-kd\in\mathfrak{M}'_3(1\leqslant k\leqslant K)$ 得出

$$m-kd=p-ax-by-cz$$

其中 $x\geqslant0,y\geqslant0,z\geqslant0$ 或 $x\geqslant u,y\geqslant v,z\geqslant0$. 亦即

$$m-kd=p-ax-by-cz \quad (x\geqslant0,y\geqslant0,z\geqslant0)(18)$$

或

$$m-(kd+au+bv)=p-ax-by-cz \quad (x\geqslant0,y\geqslant0,z\geqslant0)$$
$$(19)$$

两式至少有一式成立.

把 kd 及 $kd+au+bv(1\geqslant k\geqslant K)$ 表示为

$$
\left.\begin{aligned}
d &= ax_{11} + by_{11} + cz_{11} = ax_{12} + by_{12} + cz_{12} \\
&= \cdots = ax_{1j_1} + by_{1j_1} + cz_{1j_1} \\
d + au + bv &= ax_{1(j_1+1)} + by_{1(j_1+1)} + cz_{1(j_1+1)} \\
&= \cdots = ax_{1i_1} + by_{1i_1} + cz_{1i_1} \\
&\vdots \\
Kd &= ax_{k_1} + by_{k_1} + cz_{k_1} = \cdots \\
&= ax_{kj_k} + by_{kj_k} + cz_{kj_k} \\
Kd + au + bv &= ax_{k(j_k+1)} + by_{k(j_k+1)} + cz_{k(j_k+1)} \\
&= \cdots = ax_{ki_k} + by_{ki_k} + cz_{ki_k}
\end{aligned}\right\} \quad (20)
$$

这里 $x_{kl_k} > 0$，$y_{kl_k} > -\dfrac{a}{(a,b)}$，$z_{kl_k} > -(a,b)$，而 $k = 1$，$2,\cdots,K,l_k = 1,2,\cdots,i_k$.

结合式(13) ~ (19)，有

$$
x_0 \leqslant \min(x_{1l_1}, x_{2l_2}, \cdots, x_{kl_k})
$$
$$
y_0 \leqslant \min(y_{1l_1}, y_{2l_2}, \cdots, y_{kl_k})
$$
$$
z_0 \leqslant \min(z_{1l_1}, z_{2l_2}, \cdots, z_{kl_k})
$$

其中 $l_k = 1,2,\cdots,i_k$，$1 \leqslant k \leqslant K$. 于是可类似于定理 2 而得到下面的定理 3.

定理 3 $M_4 = Dm - d = p + \max\limits_{l_1 \leqslant i_1}\{a\min(x_{1l_1}, x_{2l_2}, \cdots,$ $x_{kl_k}) + b\min(y_{1l_1}, \cdots, y_{kl_k}) + c\min(z_{1l_1}, \cdots, z_{kl_k})\} -$ $d(l_1 \leqslant v_1, \cdots l_k \leqslant ik)$.

其中 $p = p_2$，诸 x,y,z 由式(20)定义.

看来，由于定理 1 给出了归纳关系，有可能仿此得出 $M_n(n \geqslant 5)$ 的结果来，但因四元 $\mathfrak{P}$ 集合(即 $\mathfrak{P}_4$)非常

复杂,M_5 的表达式应该更复杂,实际上作用不大. 本章不打算进一步讨论.

例 1　$f_3 = 137x + 251y + 256z$,求 M_3.

解　$q=11, p=6, (137, 251)=1, a_1 = a, b_1 = b$. 试作表 1:

表 1

k	1	2	3	4	5	6	7	8	9	10	11	12	13	14
$\left\{\dfrac{kcq}{b}\right\}b$	55	110	165	220	24	79	134	189	244	48	103	158	213	17
$\left\{\dfrac{kcp}{a}\right\}a$	29	58	87	116	8	27	66	95	124	16	45	74	103	132

表 1 的作法是先算出 $\left[\dfrac{cq}{b}\right] = \left[\dfrac{cq}{a}\right] = 11$,知 $K \neq 1$.

第二行的每个数是前一个数加 55$\left(因\left\{\dfrac{cp}{b}\right\}b = 55\right)$,如果超过 251,则减去 251;第三行的每个数是前一个数加 29,若大于 137,则减去 137. 到 $k=14$ 时,$213+55 > 251$,而 $103+29 < 137$,由此知 $K=14$,且由没有一个为 0,知这不可化为二元的情形. 容易看出

$$\min_{k<14}\left\{\dfrac{kcq}{b}\right\}b = 24, \max_{k<14}\left\{\dfrac{kcp}{a}\right\}a = 124$$

$$p_1 = 137 \times 251 - 251 - 137 - 256 + 137 \times 24 - 132 \times 251$$
$$= 3\ 899$$

$$P_2 = 137 \times 251 - 251 - 137 - 256 + 137 \times 17 - 251 \times 124$$

$$=4\ 948$$

故

$$M_3 = 4\ 948$$

例2　设 $f_4 = 21x + 30y + 22z + 26t$，求 M_4.

解　$a = 21, b = 30, c = 22, d = 26, (a,b,c) = 1, (a,b) = 3, a_1 = 7, b_1 = 10, p = 2, q = 3$，作表2.

表2

k	1	2
$\left\{\dfrac{kcq}{b_1}\right\} b_1$	6	2
$\left\{\dfrac{kcp}{a_1}\right\} a_1$	2	4

$p_1 = 30 \times 7 - 21 - 30 - 22 + 6 \times 21 - 4 \times 30 = 143$；

$p_2 = 30 \times 7 - 21 - 30 - 22 + 2 \times 21 - 2 \times 30 = 119$；

$p_1 - p_2 = 4 \times 21 - 2 \times 30$；

$d = 2a - 2b + 2c = 8a - 4b - c$；

$d + 4a - 2b = 2a + b - c = 6a - 4b + 2c$；

$2d = 4a - 4b + 4c = 6a - b - 2c = 10a - 6b + c$；

$2d + 4a - 2b = 2a - 4b + 7c = 4a - b + c = 8a - 6b + 4c = 10a - 3b - 2c$.

我们利用表3求

$$N_{l_1 l_2} = a\min(x_{1l_1}, x_{2l_2}) + b\min(y_{1l_1}, y_{2l_2}) + c\min(z_{1l_1}, z_{2l_2})$$

表 3

l_1, l_2	1,1	1,2	1,3	1,4	1,5	1,6	1,7	2,1	2,2	2,3	2,4	2,5	2,6	2,7	3,1	3,2	3,3	3,4	3,5	3,6	3,7	4,1	4,2	4,3	4,4	4,5	4,6	4,7
$\min(x_{1l_1},x_{2l_2})$	2	2	2	2	2	2	2	4	6	8	2	4	8	8	2	2	2	2	2	2	2	4	6	6	2	4	6	6
$\min(y_{1l_1},y_{2l_2})$	-4	-2	-6	-4	-2	-6	-3	-4	-4	-6	-4	-4	-6	-4	-4	-1	-6	-4	-1	-6	-3	-4	-4	-6	-4	-4	-6	-4
$\min(z_{1l_1},z_{2l_2})$	2	-2	1	2	1	2	-2	-1	-2	-1	-1	-1	-1	-2	-1	-2	-1	-1	-1	-1	-2	2	-2	1	2	1	2	-2
N_{l_1,l_2}					4						-34			4				-10			8					-10		

最后一行中空的地方表示另有一列三个数字都比这一列大(非严格大),因此这一列不起作用. 最后得

$$M_4 = 119 - 26 + 8 = 101$$

参 考 文 献

[1] 华罗庚. 数论导引[M]. 北京:科学出版社,1957.

[2] 陆文端,吴昌玖. 关于整系数线性型的两个问题[J]. 四川大学学报(自然科学版), 1957(2): 151-157.

[3] 李培基. 试谈整系数线性型的两个问题[J]. 四川大学学报(自然科学版),1959(3):43-50.

[4] 尹文霖. 关于正整系数线性型的最大不可表数[J]. 四川大学学报(自然科学版),1962(1):39-46.

[5] 尹文霖. 关于三元线型的一点注记[J]. 四川大学学报(自然科学版),1962(1):47-52.

[6] W FELLER. An introduction to Probability Theory and its Applications[M]. New york:Wiley, 1950.

[7] S M JOHNSON. A linear Forms. Proc. Amer. Math. Soc. , 1956(7):465-469.

[8] H ROHRBACH. Einige neuere Untersuchungen über die Dichic in der addtiven Zehlentheoric[J]. Jahresbericht der Deutschen Mathemaliker Vcrcinigung, 1939,48:199-236.

不定方程 $a_1 x_1 + a_2 x_2 + \cdots + a_s x_s = n$ 的 Frobenius 问题

对于 n 和 a_1, a_2 均是正整数,且 $(a_1, a_2) = 1$ 的二元一次不定方程 $a_1 x_1 + b_1 x_1 = n$,能够找到仅与 a_1, a_2 有关的整数 $g(a_1, a_2) = a_1 a_2 - a_1 - a_2$,使得当 $n > g(a_1, a_2)$ 时,不定方程有非负整数解,而当 $n = g(a_1, a_2)$ 时,不定方程没有非负整数解. 求 $g(a_1, a_2)$ 的问题就是二元一次不定方程的 Frobenius 问题. 南京师范大学数学系的金嘉德教授在 1983 年解决了如何求仅与不定方程 $a_1 x_1 + a_2 x_2 + \cdots + a_s x_s = n$ 的系数 $a_1, a_2, \cdots, a_s$ 有关的整数 $g(a_1, a_2, \cdots, a_s)$ 的 Frobenius 问题.

引理 设 $s \geqslant 2, n$ 和 $a_i (i = 1, 2, \cdots, s)$ 都是正整数,且 $(a_1, a_2, \cdots, a_s) = 1, (a_1, a_2, \cdots, a_{s+1}) = d_1, a_1 = a_1^{(1)} d_1 (i = 1, 2, \cdots, s-1), (a_1^{(1)}, a_2^{(1)}, \cdots, a_{s-2}^{(1)}) = d_2, a_1^{(1)} = a_1^{(2)} d_2 (i = 1, 2, \cdots, s-2), \cdots, (a_1^{(s-3)}, a_2^{(s-3)}) =$

$d_{s-2}, a_1^{(s-3)} = a_1^{(s-2)} d_{s-2} (i = 1, 2)$. 不定方程

$$a_1 x_1 + a_2 x_2 + \cdots + a_s x_s = n \qquad (1)$$

的全部解可表为

$$
\begin{cases}
x_1 = x_1^0 + a_2^{(s-2)} t_1 - u_1^{(s-2)} a_3^{(s-3)} t_2 - \cdots - \\
\quad\quad u_1^{(2)} a_{s-1}^{(1)} t_{s-2} - u_1^{(1)} a_s t_{s-1} \\
x_2 = x_2^0 - a_1^{(s-2)} t_1 - u_2^{(s-2)} a_3^{(s-3)} t_2 - \cdots - \\
\quad\quad u_2^{(2)} a_{s-1}^{(1)} t_{s-2} - u_2^{(1)} a_s t_{s-1} \\
x_3 = x_3^0 + d_{s-2} t_2 - \cdots - u_3^{(2)} a_{s-1}^{(1)} t_{s-2} - u_3^{(1)} a_s t_{s-1} \\
\vdots \\
x_{s-1} = x_{s-1}^0 + d_2 t_{s-2} - u_{s-1}^{(1)} a_s t_{s-1} \\
x_a = x_s^0 + d_1 t_{s-1}
\end{cases} \qquad (2)
$$

其中 $x_1^0, x_2^0, \cdots, x_s^0$ 是式 (1) 的一组解，$u_1^{(1)}, u_2^{(1)}, \cdots, u_{s-1}^{(1)}$ 满足 $a_1^{(1)} u_1^{(1)} + a_2^{(1)} u_2^{(1)} + \cdots + a_{s-1}^{(1)} u_{s-1}^{(1)} = 1$，$u_1^{(2)}, u_2^{(2)}, \cdots$，$u_{s-2}^{(2)}$ 满足 $a_1^{(2)} u_1^{(2)} + a_2^{(2)} u_2^{(2)} + \cdots + a_{s-2}^{(2)} u_{s-2}^{(2)} = 1$，$\cdots$，$u_1^{(s-2)}, u_2^{(s-2)}$ 满足 $a_1^{(s-2)} u_1^{(s-2)} + a_2^{(s-2)} u_2^{(s-2)} = 1$，$t_1$，$t_2, \cdots, t_{s-1}$ 为任意整数.

证明 对于任意整数 $t_1, t_2, \cdots, t_{s-1}$，将式 (2) 代入 (1)，易知 (2) 是 (1) 的一组解. 下面证明 (1) 的任一组解可表为形式 (2)，用归纳法证明.

$s = 2$ 时，设 x_1, x_2 是 (1) 的一组解. 由

$$a_1 x_1 + a_2 x_2 = n$$

与

$$a_1 x_1^0 + a_2 x_2^0 = n$$

可得

$$a_1(x_1 - x_1^0) + a_2(x_2 - x_2^0) = 0$$

因为 $(a_1, a_2) = 1$，所以 $a_2 \mid (x_1 - x_1^0)$，故存在整数 t_1，使 $x_1 = x_1^0 + a_2 t_1$，由此得 $x_2 = x_2^0 - a_1 t_1$，即 $s = 2$ 时 (1) 的任一组解具有形式 (2).

设 $s = 1$ 时，式 (1) 的任一组解具有形式 (2)，下面证 $s \geqslant 2$ 时，(1) 的任一组解也具有形式 (2).

设 $x_1, x_2, \cdots, x_s$ 是式 (1) 的一组解. 由

$$a_1 x_1 + a_2 x_2 + \cdots + a_s x_s = n$$

与

$$a_1 x_1^0 + a_2 x_2^0 + \cdots + a_s x_s^0 = n$$

可得

$$a_1(x_1 - x_1^0) + a_2(x_2 - x_2^0) + \cdots + a_s(x_s - x_s^0) = 0$$

移项得

$$a_1(x_1 - x_1^0) + a_2(x_2 - x_2^0) + \cdots + a_{s-1}(x_{s-1} - x_{s-1}^0)$$
$$= -a_s(x_s - x_s^0)$$

即

$$d_1 a_1^{(1)}(x_1 - x_1^0) + d_1 a_2^{(1)}(x_2 - x_2^0) + \cdots +$$
$$d_1 a_{s-1}^{(1)}(x_{s-1} - x_{s-1}^0) = -a_s(x_s - x_s^0) \tag{3}$$

因为 $(d_1, a_s) = 1$，所以 $d_1 \mid (x_s - x_s^0)$，故存在整数 t_{s-1}，使

$$x_s = x_s^0 + d_1 t_{s-1} \tag{4}$$

将式 (4) 代入式 (3)，并约去 d_1，得

$$a_1^{(1)}(x - x_1^0) + a_2^{(1)}(x_2 - x_2^0) + \cdots + a_{s-1}^{(1)}(x_{s-1} - x_{s-1}^0)$$
$$= -a_s t_{s-1}$$

(5)

由于 $-u_1^{(1)} a_s t_{s-1}, -u_2^{(1)} a_s t_{s-1}, \cdots, -u_{s-1}^{(1)} a_s t_{s-1}$ 是

$$a_1^{(1)} X_1 + a_2^{(1)} X_2 + \cdots + a_{s-1}^{(1)} X_{s-1} = -a_s t_{s-1}$$

的一组解. 因为 $(a_1^{(1)}, a_2^{(1)}, \cdots, a_{s-1}^{(1)}) = 1$, 故由归纳假设知, 式(5)存在整数 $t_1, t_2, \cdots, t_{s-2}$, 得

$$\begin{cases} x_1 - x_1^0 = -u_1^{(1)} a_s t_{s-1} - a_2^{(s-2)} t_1 - \\ \qquad u_1^{(s-2)} a_3^{(s-3)} t_2 - \cdots - u_1^{(2)} a_{s-1}^{(1)} t_{s-2} \\ x_2 - x_2^0 = -u_2^{(1)} a_s t_{s-1} - a_1^{(s-2)} t_1 - \\ \qquad u_2^{(s-2)} a_3^{(s-3)} t_2 - \cdots - u_2^{(2)} a_{s-1}^{(1)} t_{s-2} \\ x_3 - x_3^0 = -u_3^{(1)} a_s t_{s-1} + d_{s-2} t_2 - \cdots - u_3^{(2)} a_{s-1}^{(1)} t_{s-2} \\ \vdots \\ x_{s-1} - x_{s-1}^0 = -u_{s-1}^{(1)} a_s t_{s-1} + d_2 t_{s-2} \end{cases}$$

(6)

将式(6)与式(4)结合在一起, 就得(2), 这就证明了对于 $s \geq 2$, (1)的任一组解具有形式(2).

定理 当

$$n > g(a_1, a_2, \cdots, a_s) =$$

$$\frac{a_1 a_2}{(a_1, a_2)} + \frac{a_3(a_1, a_2)}{(a_1, a_2, a_3)} + \cdots + \frac{a_{s-2}(a_1 a_2, \cdots, a_{s-3})}{(a_1, a_2, \cdots, a_{s-2})} +$$

$$\frac{a_{s-1}(a_1, a_2, \cdots, a_{s-2})}{d_1} + a_s d_1 - \sum_{i=1}^{s} a_i$$

时, (1)有非负整数解, 且当

$$\left.\begin{array}{l} a_s > \dfrac{a_1 a_2}{(a_1,a_2)d_1} + \dfrac{a_3(a_1 a_2)}{(a_1,a_2,a_3)d_1} + \cdots \\[3mm] \quad + \dfrac{a_{s-2}(a_1,a_2,\cdots,a_{s-1})}{(a_1,a_2,\cdots,a_{s-2})d_1} \\[3mm] \quad + \dfrac{a_{s-1}(a_1,a_2,\cdots,a_{s-2})}{d_1^2} - \displaystyle\sum_{i=1}^{s-1}\dfrac{a_1}{d_1} \\[3mm] a_{s-1} > \dfrac{a_1 a_2}{(a_1,a_2)d_2} + \dfrac{a_3(a_1,a_2)}{(a_1,a_2,a_3)d_2} + \cdots \\[3mm] \quad + \dfrac{a_{s-3}(a_1,a_2,\cdots,a_{s-4})}{(a_1,a_2,\cdots,a_{s-3})d_2} \\[3mm] \quad + \dfrac{a_{s-2}(a_1,a_2,\cdots,a_{s-3})}{d_2^2} - \displaystyle\sum_{i=1}^{s-2}\dfrac{a_1}{d_2} \\[3mm] \qquad\qquad\vdots \\[3mm] a_3 > \dfrac{a_1 a_2}{(a_1,a_2)d_{s-2}} - \displaystyle\sum_{i=1}^{2}\dfrac{a_1}{d_{s-2}} \end{array}\right\} \tag{7}$$

时,$n = g(a_1,a_2,\cdots,a_s)$. 则式(1)没有非负整数解.

以上 $a_1,a_2,\cdots,a_s$ 可以轮换.

证明　由引理知,式(1)的全部解可表为式(2),因为 $x = x_s^0 + d_1 t_{s-1}$ 是以 d_1 为公差的等差数列,所以可以取适当的整数 t_{s-1},使

$$0 \leqslant x_s = x_s^0 + d_1 t_{s-1} \leqslant d_1 - 1$$

同理,对于取定的 t_{s-1},还可以取适当的 t_{s-2},使

$$0 \leqslant x_{s-2} = x_{s-2}^0 + d_2 t_{s-2} - u_{s-1}^{(1)} a_s t_{s-1} \leqslant d_2 - 1$$

仿此继续下去,对于取定的 $t_{s-1},t_{s-2},\cdots,t_3$,还可取适当的 t_2,使

$$0 \leqslant x_2 = x_3^0 + d_{s-2} t_2 - \cdots - u_3^{(2)} a_{s-1}^{(1)} t_{s-2} - u_3^{(1)} a_s t_{s-1} \leqslant d_2 - 1$$

97

对于取定的 $t_{s-1}, t_{s-2}, \cdots, t_2$，还可以取适当的 t_1，使

$$0 \leqslant x_2 = x_2^0 - a_1^{(s-2)} t_1 -$$
$$u_2^{(s-2)} a_3^{(s-3)} t_2 - \cdots -$$
$$u_2^{(2)} a_{s-1}^{(1)} t_{s-2} - u_2^{(1)} a_s t_{s-1} \leqslant$$
$$a_1^{(s-2)} - 1$$

对于上面取定的 $t_{s-1}, t_{s-2}, \cdots, t_2, t_1$，在 $n > g(a_1, a_2, \cdots, a_s)$ 时，有

$$a_1 x_1 = a_1 (x_1^0 + a_2^{(s-2)} t_1 - u_1^{(s-2)} a_3^{(s-3)} t_2 - \cdots -$$
$$u_1^{(2)} a_{s-1}^{(1)} t_{s-2} - u_1^{(1)} a_s t_{s-1})$$
$$= n - a_2 x_2 - a_3 x_3 - \cdots - a_{s-1} x_{s-1} - a_s x_s$$
$$\geqslant n - a_2 (a_1^{(s-2)} - 1) - a_s (d_{s-2} - 1) - \cdots -$$
$$a_{s-1} (d_2 - 1) - a_s (d_1 - 1)$$
$$= n - a_2 a_1^{(s-2)} - a_3 d_{s-2} - \cdots -$$
$$a_{s-1} d_2 - a_s d_1 + \sum_{i=2}^{s} a_i$$
$$= n - \frac{a_1 a_2}{(a_1, a_2)} - \frac{a_3 (a_1, a_2)}{(a_1, a_2, a_3)} - \cdots -$$
$$\frac{a_{s-1} (a_1, a_2, \cdots, a_{s-2})}{d_1} - a_s d_1 + \sum_{i=2}^{s} a_i$$
$$= n - g(a_1, a_2, \cdots, a_s) - a_1 > -a_1$$

即得 $a_1 x_1 > -a_1$，即 $x_1 > -1$ 或

$$x_1 = x_1^0 + a_2^{(s-2)} t_1 - u_1^{(s-2)} a^{(s-3)} t_2 - \cdots -$$
$$u_1^{(2)} a_{s-1}^{(1)} t_{s-2} - u_1^{(1)} a_s t_{s-1} \geqslant 0$$

这就证明了式 (1) 在 $n > g(a_1, a_2, \cdots, a_s)$ 时，有非负整数解.

下面用归纳法证明在条件 (7) 下，$n = g(a_1,$

$a_2, \cdots, a_s$) 时, 式 (1) 没有非负整数解.

$s = 3$ 时, 设在条件 (7) 下, $n = g(a_1, a_2, a_3)$ 时, 式 (1) 有非负整数解. 即

$$a_1 x_1 + a_2 x_2 + a_3 x_3$$

$$= \frac{a_1 a_2}{(a_1, a_2)} + a_3 (a_1, a_2) - a_1 - a_2 - a_3$$

有非负整数解 $x_1 \geq 0, x_2 \geq 0, x_3 \geq 0$.

因为 $\dfrac{a_1 a_2}{(a_1, a_2)} = a_1^{(1)} a_2^{(1)} d_1, a_3 (a_1, a_2) = a_3 d_1$, 所以有

$$a_1^{(1)} d_1 (x_1 + 1) + a_2^{(1)} d_1 (x_2 + 1) + a_3 (x_3 + 1)$$

$$= d_1 (a_1^{(1)} a_2^{(1)} + a_3) \tag{8}$$

因为 $(d_1, a_3) = 1$, 由式 (8) 推出 $d_1 \mid x_3 + 1$, 令 $x_3 + 1 = d_1 k, k$ 是整数, 由于 $x_3 \geq 0$, 故 $k > 0$, 将 $x_3 + 1 = d_1 k$ 代入式 (8), 并约去 d_1, 得

$$a_1^{(1)} (x_1 + 1) + a_2^{(1)} (x_2 + 1) + a_3 k$$

$$= a_1^{(1)} a_2^{(1)} + a_3$$

即

$$a_1^{(1)} (x_1 + 1) + a_2^{(1)} (x_2 + 1) + a_3 (k - 1) = a_1^{(1)} a_2^{(1)} \tag{9}$$

如果 $k = 1$, 由于 $(a_1^{(1)}, a_2^{(1)}) = 1$, 由式 (9) 推出 $a_1^{(1)} \mid x_1 + 1, a_2^{(1)} \mid x_1 + 1$, 因为 $x_1 \geq 0, x_2 \geq 0$, 所以 $x_1 + 1 > 0, x_2 + 1 > 0$, 所以有 $x_2 + 1 \geq a_1^{(1)}, x_1 + 1 \geq a_2^{(1)}$, 这时式 (9) 给出, $a_1^{(1)} a_2^{(1)} \geq a_1^{(1)} a_2^{(1)} + a_2^{(1)} a_1^{(1)} = 2 a_1^{(1)} a_2^{(1)}$, 此式不成立, 所以没有非负整数解.

如果 $k > 1$, 由式 (9) 给出

$$a_1^{(1)} a_2^{(1)} \geqslant a_1^{(1)} + a_2^{(1)} + a_3$$

即

$$a_3 \leqslant a_1^{(1)} a_2^{(1)} - a_1^{(1)} - a_2^{(1)}$$

$$= \frac{a_1 a_2}{d_1^2} - \frac{a_1}{d_1} - \frac{a_2}{d_1}$$

与条件(7)矛盾,所以没有非负整数解.

假设取到 $s-1$ 时,式(1)在条件(7)下没有非负整数解,下面证取到 s 时,式(1)在条件(7)下没有非负整数解.

设在条件(7)下, $n = g(a_1, a_2, \cdots, a_s)$ 时,式(1)有非负整数解. 即

$$a_1 x_1 + a_2 x_2 + \cdots + a_s x_s$$

$$= \frac{a_1 a_2}{(a_1, a_2)} + \frac{a_3 (a_1, a_2)}{(a_1, a_2, a_3)} + \cdots + \frac{a_{s-2}(a_1, a_2, \cdots, a_{s-3})}{(a_1, a_2, \cdots, a_{s-2})} +$$

$$\frac{a_{s-1}(a_1, a_2, \cdots, a_{s-2})}{d_1} + a_s d_1 - \sum_{i=1}^{s} a_i$$

有 $x_1 \geqslant 0, x_2 \geqslant 0, \cdots, x_s \geqslant 0.$ 上式改写为

$$d_1 [a_1^{(1)}(x_1+1) + a_2^{(1)}(x_2+1) + \cdots + a_{s-1}^{(1)}(x_{s-1}+1)] + a_s(x_s+1)$$

$$= d_1 \left[\frac{a_1^{(1)} a_2^{(1)}}{(a_1^{(1)}, a_2^{(1)})} + \frac{a_3^{(1)}(a_1^{(1)}, a_2^{(1)})}{(a_1^{(1)}, a_2^{(1)}, a_3^{(1)})} + \cdots + \right.$$

$$\left. \frac{a_{s-2}^{(1)}(a_1^{(1)}, a_2^{(1)}, \cdots, a_{s-3}^{(1)})}{(a_1^{(1)}, a_2^{(1)}, \cdots, a_{s-2}^{(1)})} + a_{s-1}^{(1)} d_2 + a_s \right] \qquad (10)$$

因为 $(d_1, a_s) = 1$,由式(10)推出 $d_1 \mid x_x + 1$,令 $x_s + 1 = d_1 k$, k 是整数,由于 $x_s \geqslant 0$,故 $k > 0$,将 $x_s + 1 = d_1 k$ 代入式(10)并约去 d_1,得

$a_1^{(1)}(x_1 + 1) + a_2^{(1)}(x_2 + 1) + \cdots + a_{s-1}^{(1)}(x_{s-1} + 1) +$
$a_s(k - 1)$

$$
= \frac{a_1^{(1)} a_2^{(1)}}{(a_1^{(1)}, a_2^{(1)})} + \frac{a_3^{(1)}(a_1^{(1)}, a_2^{(1)})}{(a_1^{(1)}, a_2^{(1)}, a_3^{(1)})} + \cdots +
$$
$$
\frac{a_{s-2}^{(1)}(a_1^{(1)}, a_2^{(1)}, \cdots, a_{s-3}^{(1)})}{d_2} + a_{s-1}^{(1)} d_2 \tag{11}
$$

如果 $k = 1$，则式（11）变为

$a_1^{(1)} x_1 + a_2^{(1)} x_2 + \cdots + a_{s-1}^{(1)} x_{s-1}$

$$
= \frac{a_1^{(1)} a_2^{(1)}}{(a_1^{(1)}, a_2^{(1)})} + \frac{a_3^{(1)}(a_1^{(1)}, a_2^{(1)})}{(a_1^{(1)}, a_2^{(1)}, a_3^{(1)})} + \cdots +
$$
$$
\frac{a_{s-2}^{(1)}(a_1^{(1)}, a_2^{(1)}, \cdots, a_{s-3}^{(1)})}{d_2} + a_{s-1}^{(1)} d_2 - \sum_{i=1}^{s-1} a_1^{(1)} \tag{12}
$$

因为 $(a_1^{(1)}, a_2^{(1)}, \cdots, a_{s-1}^{(1)}) = 1$，而式（12）的右边正好等于 $g(a_1^{(1)}, a_2^{(1)}, \cdots, a_{s-1}^{(1)})$，这样式（12）就是 $s - 1$ 元的不定方程

$$
a_1^{(1)} x_1 + a_2^{(1)} x_2 + \cdots + a_{s-1}^{(1)} x_{s-1}
$$
$$
= g(a_1^{(1)}, a_2^{(1)}, \cdots, a_{s-1}^{(1)}) \tag{13}
$$

且具有非负整数解.

又由式（7）可以推得 $a_1^{(1)}, a_2^{(1)}, \cdots, a_{s-1}^{(1)}$ 也满足式（7），所以由归纳假设可知，不定方程（13）没有非负整数解，这与上述矛盾，所以在 $k = 1$ 的情况下，式（1）没有非负整数解.

如果 $k > 1$，因为 $x_1 \geqslant 0$，所以 $x_i + 1 \geqslant 1$（$i = 1, 2, \cdots, s$），故式（11）给出

$a_1^{(1)} + a_2^{(1)} + \cdots + a_{s-1}^{(1)} + a_s$

$$
\leqslant \frac{a_1^{(1)} a_2^{(1)}}{(a_1^{(1)}, a_2^{(1)})} + \frac{a_3^{(1)}(a_1^{(1)}, a_2^{(1)})}{(a_1^{(1)}, a_2^{(1)}, a_3^{(1)})} + \cdots +
$$

$$\frac{a_{s-2}^{(1)}(a_1^{(1)},a_2^{(1)},\cdots,a_{s-3}^{(1)})}{d_2}+a_{s-1}^{(1)}d_2$$

即

$$a_s \leq \frac{a_1^{(1)}a_2^{(1)}}{(a_1^{(1)},a_2^{(1)})}+\frac{a_3^{(1)}(a_1^{(1)},a_2^{(1)})}{(a_1^{(1)},a_2^{(1)},a_3^{(1)})}+\cdots+$$

$$\frac{a_{s-2}^{(1)}(a_1^{(1)},a_2^{(1)},\cdots,a_{s-3}^{(1)})}{d_2}+a_{s-1}^{(1)}d_2-\sum_{i=1}^{s-1}a_i^{(1)}$$

$$=\frac{a_1a_2}{(a_1,a_2)d_1}+\frac{a_3(a_1,a_2)}{(a_1,a_2,a_3)d_1}+\cdots+$$

$$\frac{a_{s-2}(a_1,a_2,\cdots,a_{s-3})}{(a_1,a_2,\cdots,a_{s-2})d_1}+\frac{a_{s-1}(a_1,a_2,\cdots,a_{s-2})}{d_1^2}-$$

$$\sum_{i=1}^{s-1}\frac{a_i}{d_1}$$

这与条件(7)的第一式矛盾,所以在 $k>1$ 时,式(1)没有非负整数解. 证毕.

当正整数 $a_1,a_2,\cdots,a_s$ 互素,且满足关系式(7)时,整数 $g(a_1,a_2,\cdots,a_s)$ 又称为式(1)的最大不可表数.

例 求 $5x_1+10x_2+15x_3+13x_4$ 的最大不可表数 $g(a_1,a_2,a_3,a_4)$.

解 $d_1=(5,10,15)=5, d_2=(1,2)=1$,且当

$$a_4=13>\frac{a_1a_2}{(a_1,a_2)d_1}+\frac{a_3(a_1,a_2)}{d_1^2}-\sum_{i=1}^{3}\frac{a_i}{d_1}$$

$$=\frac{5\times10}{(5,10)\times5}+\frac{15(5,10)}{5^2}-\frac{5}{5}-\frac{10}{5}-\frac{15}{5}=-1$$

$$a_3=15>\frac{a_1a_2}{(a_1,a_2)d_2}-\sum_{i=1}^{2}\frac{a_i}{d_2}$$

$$= \frac{5 \times 10}{(5,10) \times 1} - \frac{5}{1} - \frac{10}{1} = -5$$

时

$$g(a_1, a_2, a_3, a_4)$$

$$= \frac{a_1 a_2}{(a_1, a_2)} + \frac{a_3(a_1, a_2)}{d_1} + a_4 d_1 - \sum_{i=1}^{4} a_i$$

$$= \frac{5 \times 10}{(5,10)} + \frac{15(5,10)}{5} + 13 \times 5 - 5 - 10 - 15 - 13$$

$$= 47$$

即线性型 $5x_1 + 10x_2 + 15x_3 + 13x_4$ 的最大不可表数为 47.

参 考 文 献

[1]华罗庚. 数论导引[M]. 北京:科学出版社,1957.

[2]柯召. 关于方程 $ax + by + cz = n$[J]. 四川大学学报(自然科学版),1955(1):1-4.

[3]柯召,孙琦. 谈谈不定方程[M]. 上海:上海教育出版社,1980.

三元 Frobenius 问题

对 s 元 $(s \geq 2)$ 线性型 $a_1 x_1 + \cdots + a_s x_s$, $a_i > 0 (i = 1, \cdots, s)$, $(a_1, \cdots, a_s) = 1$, 存在一个仅与 $a_1, \cdots, a_s$ 有关的整数 $g(a_1, \cdots, a_s)$, 凡大于 $g(a_1, \cdots, a_s)$ 之数必可表示为

$\sum\limits_{i=1}^{s} a_i x_i (x_i \geq 0, i = 1, \cdots, s)$ 的形式, 而

$g(a_1, \cdots, a_s)$ 不能表示为 $\sum\limits_{i=1}^{s} a_i x_i (x_i \geq 0, i = 1, \cdots, s)$ 的形式. 因此, 称 $g(a_1, \cdots, a_s)$ 为所给线性型的最大不可表数. 求出 $g(a_1, \cdots, a_s)$ 的问题, 即所谓一次不定方程 Frobenius 问题.

由于 $g(a_1, a_2) = a_1 a_2 - a_1 - a_2$, 即 $s = 2$ 时, 问题已宣告解决, 对 $s \geq 3$, 已有一些结果. 信阳师范学院穆大禄、朱卫三教授于 1984 年通过线性型 $\sum\limits_{i=1}^{s} a_i x_i (x_i \geq 1, i = 1, \cdots, s)$ 的最大不可表数

$$f(a_1,\cdots,a_s) = g(a_1,\cdots,a_s) + \sum_{i=1}^{s} a_i$$

给出 $(s = 3)$ Frobenius 问题的一个表达式,并给出 $g(a_1,a_2,a_3)$ 的一个算法.

1　三 个 引 理

最大不可表数 $f(a_1,a_2,a_3)$ 具有性质:

（Ⅰ）大于 $f(a_1,a_2,a_3)$ 之整数,可表示为

$$a_1 x + a_2 y + a_3 z \quad (x,y,z \geqslant 1) \tag{1}$$

之形式;

（Ⅱ）$f(a_1,a_2,a_3)$ 不可表示为式(1)之形式.

鉴于 $f(a_1,a_2,a_3)$ 的存在,我们有:

引理 1　（1）不定方程

$$a_1 x + a_2 y = f(a_1,a_2,a_3)$$
$$a_2 x + a_3 y = f(a_1,a_2,a_3)$$
$$a_3 x + a_1 y = f(a_1,a_2,a_3)$$

均有正整数解;

（2）若 a_3 可表示为 $a_1 x + a_2 y (x,y \geqslant 0)$ 之形式,则

$$f(a_1,a_2,a_3) = f(a_1,a_2) + a_3$$

证明　（1）因 $f(a_1,a_2,a_3) + a_3 > f(a_1,a_2,a_3)$,由（Ⅰ）可得

$$f(a_1,a_2,a_3) + a_3 = a_1 x_0 + a_2 y_0 + a_3 z_0 \quad (x_0,y_0,z_0 \geqslant 1)$$

或

$$f(a_1,a_2,a_3) = a_1 x_0 + a_2 y_0 + a_3(z_0 - 1) \quad (x_0,y_0,z_0 \geqslant 1)$$

若 $z_0 > 1$,则 $f(a_1,a_2,a_3)$ 可表示为式(1),此与（Ⅱ）矛盾,故 $z_0 = 1$. 于是 $f(a_1,a_2,a_3) = a_1 x_0 + a_2 y_0$

$(x_0, y_0 \geqslant 1)$,这说明不定方程 $a_1 x + a_2 y = f(a_1, a_2, a_3)$ 有正整数解.

同样可得,另两个不定方程也有正整数解.

(2)设 $x_0 \geqslant 0, y_0 \geqslant 0$ 是满足 $a_3 = a_1 x + a_2 y$ 的一组整数解,即 $a_3 = a_1 x_0 + a_2 y_0$.

显然,$(a_1, a_2) = 1, f(a_1, a_2)$ 存在.

假若 $f(a_1, a_2) + a_3$ 可表示为式(1),那么 $f(a_1, a_2) = a_1 [x + x_0(z-1)] + a_2 [y + y_0(z-1)]$,其中 $x + x_0(z-1) \geqslant 1, y + y_0(z-1) \geqslant 1$,这是不可能的. 所以 $f(a_1, a_2) + a_3$ 不可表示为式(1).

又若 $n > f(a_1, a_2) + a_3, n - a_3 > f(a_1, a_2)$,则 $n - a_3$ 可表示为 $a_1 x + a_2 y (x, y \geqslant 1)$,即可推出 n 可表示为式(1). 所以

$$f(a_1, a_2) + a_3 = f(a_1, a_2, a_3)$$

证毕.

命 $(a_1, a_2) = p, (a_2, a_3) = g, (a_3, a_1) = r$,由 $(a_1, a_2, a_3) = 1$,可知 $(p, q) = (q, r) = (r, p) = 1$;又由 $p \mid a_1, r \mid a_1$,所以 $pr \mid a_1, a_1 = pra$;同样有 $a_2 = pqb, a_3 = qrc$,这里 $(a, b) = (b, c) = (c, a) = 1$.

由引理 1(1)知,$p \mid f(a_1, a_2, a_3), q \mid f(a_1, a_2, a_3), r \mid f(a_1, a_2, a_3)$,所以 $f(a_1, a_2, a_3) = pqrK$.

这里 K 满足:

①不可经 $ax + by + cz (x, y, z \geqslant 1)$ 表出;

②若 $n > K$,则 n 可经 $ax + by + cz (x, y, z \geqslant 1)$ 表出(因 $pqrn > f(a_1, a_2, a_3)$).因此,$K = f(a, b, c)$,即 $f(a_1, a_2, a_3) = pqrf(a, b, c)$.

对于 $f(a,b,c)$，我们设不定方程 $a = bx + cy$，$b = cx + ay$，$c = ax + by(x,y \geq 0)$ 都无整数解. 若不然，依引理 1(2)，$f(a,b,c)$ 的问题已宣告解决.

由 $f(a,b)$，$f(b,c)$，$f(c,a)$ 存在，一定存在 K，使：

（Ⅲ）$k_j > 1(j = a,b,c)$，$ak_a = bx + cy$，$bk_b = cx + ay$，$ck_c = ax + by(x,y \geq 0)$ 都有整数解.

（Ⅳ）若 $k_j > k'_j \neq 0(j = a,b,c)$，则 $ak'_a = bx + cy$，$bk'_b = cx + ay$，$ck'_c = ax + by(x,y \geq 0)$ 都无整数解. 故 k_j（最小性）$(j = a,b,c)$ 必唯一.

在（Ⅲ）中，不妨令 $x_j \geq 0$，$y_j \geq 0(j = a,b,c)$ 为一组解，即

$$ak_a = bx_a + cy_a$$
$$bk_b = cx_b + ay_b$$
$$ck_c = ax_c + by_c \qquad (2)$$

引理 2　（1）$k_a < \min\{b,c\}$，$k_b < \min\{c,a\}$，$k_c < \min\{a,b\}$；

（2）$0 < x_c,y_b < k_a$，$0 < x_a,y_c < k_b$，$0 < x_b,y_a < k_c$.

证明　在（1）中设 $b < c$，在模 b 的非负最小完全剩余系中，一定有一个 $y_0(0 \leq y_0 < b)$，使

$$ay_0 = c(\bmod b)$$
$$c = ay_0 + b(-x_0) \quad (x_0 > 0)$$

或写为 $ay_0 = bx_0 + c$，由（Ⅳ）知，$k_a \leq y_0 < b$.

其余结果，均可分别施以轮换：$a \rightarrow b \rightarrow c \rightarrow a$ 而得出.

（2）如果 $y_b = 0$，在（1）中有 $bk_b = cx_b$，$c \mid k_b$，此与 $k_b < c$ 相矛盾，所以 $y_b > 0$. 同理 $x_c > 0$.

又如果 $x_c \geq k_a$，则由（1），知 $b(k_b - y_c) = c(x_b - k_c) + a(x_c + y_b)$，其中 $k_b > k_b - y_c > 0$，这是不可能的，所以 $x_c < k_a$.

相仿可得

$$y_b < k_a$$

其余结果，分别施以轮换：$a \to b \to c \to a$ 而得出. 证毕.

应该注意到，由引理 2（2），知 $x_j, y_j (j = a, b, c)$ 是唯一的.

今考虑如下之 M（这种 M 是存在的，如 $f(a, b, c)$）：

（V）$M = ax + by, M = bx + cy, M = cx + ay(x, y \geq 1)$ 都有整数解. 设 $x_i \geq 1, y_i \geq 1(i = 1, 2, 3)$ 为其一组整数解，即

$$M = ax_1 + by_1 = bx_2 + cy_2 = cx_3 + ay_3 \tag{3}$$

同时有

（VI）$M = ax + by + cz(x, y, z \geq 1)$ 无整数解.

在下面一节里，我们将看到适合（V），（VI）的整数 M 有且仅有两个.

由（V），（VI）及引理 2 所用的证明方法，则不难得到

$$1 \leq x_1, y_3 \leq k_a, 1 \leq x_2, y_1 \leq k_b, 1 \leq x_3, y_2 \leq k_c \tag{4}$$

另外，又有：

引理 3 （1）$x_1 = k_a \to y_1 \neq k_b, x_2 = k_b \to y_2 \neq k_c, x_3 = k_c \to y_3 \neq k_a$；

（2）$x_1 = k_a$ 或 $y_2 = k_c, x_2 = k_b$ 或 $y_3 = k_a, x_3 = k_c$ 或

108

$y_1 = k_b$,但每一组两等式不能同时成立.

证明　(1)先任证其一. 若 $x_2 = k_b$,则 $y_2 \neq k_c$.

假若 $y_2 = k_c$,则 $bk_b = bx_2 \xrightarrow{\text{见式(3)}} cx_3 + ay_3 - cy_2 = c(x_3 - y_2) + ay_3 = c(x_3 - k_c) + ay_3$.

由式(4)及引理 2(1)知,$0 < y_3 < b$,与(1)相比,所以 $y_3 = y_b, x_3 - k_c = x_b > 0$,此与(3)中 $1 \leqslant x_3, y_2 \leqslant k_c$ 相矛盾,故 $y_2 \neq k_c$.

其余,对足标施以轮换:$1 \to 2 \to 3 \to 1, a \to b \to c \to a$ 即得.

(2)对于 y_2, x_3,或 $y_2 \leqslant x_3$ 或 $y_2 > x_3$,有且仅有之一成立.

若 $y_2 \leqslant x_3$,则由 $bx_2 = c(x_3 - y_2) + ay_3, x_3 - y_2 \geqslant 0$,$y \geqslant 1$,就有 $x_2 \geqslant k_b$,由式(4)即得 $x_2 = k_b$.

若 $y_2 > x_3$,则由 $ay_3 = bx_2 + c(y_2 - x_3), y_2 - x_3 \geqslant 0$,$x_2 \geqslant 1$,就有 $y_3 \geqslant k_a$,由式(4)即得 $y_3 = k_a$. 从而 $x_2 = k_b$ 或 $y_3 = k_a$,但不能同时成立.

其余,对足标施以轮换:$1 \to 2 \to 3 \to 1, a \to b \to c \to a$ 即得.

由引理 3,立即可引出

$$x_1 = k_a \to y_1 \neq y_b \to x_3 = k_c \to y_3 \neq k_a \to x_2 = k_b$$

则取其中

$$x_1 = k_a \to x_2 = k_b, x_3 = k_c \qquad (5)$$

又,$x_1 \neq k_a \to y_2 = k_c \to x_2 \neq k_3 \to y_3 = k_a \to x_3 \neq k_c - y_1 = k_b$,则也取其中

$$x_1 \neq k_a \to y_1 = k_b, y_2 = k_c, y_3 = k_a \qquad (6)$$

2　一个定理

由上面的一点工作,我们有:

定理 1　(ⅰ)$k_c = y_a + x_b, k_a = y_b + x_c, k_b = y_c + x_a$;
(ⅱ)$f(a, b, c) = ck_c + \max\{bx_a, ay_b\}$.

证明　(ⅰ)若 $x_1 = ka$,由上节式(3)(5)得

$$M = ak_a + by_1 = bk_b + cy_2 = ck_c + ay_3$$

于是

$$ak_a = b(k_b - y_1) + cy_2, k_b - y_1 \geqslant 0, y_2 \geqslant 0$$

$$bk_b = c(k_c - y_2) + ay_3, k_c - y_2 \geqslant 0, y_3 \geqslant 0$$

$$ck_c = a(k_a - y_3) + by_1, k_a - y_3 \geqslant 0, y_1 \geqslant 0$$

与式(1)相比而得,$k_b - y_1 = x_a, y_2 = y_a; k_c - y_2 = x_b,$
$y_3 = y_b; k_a - y_3 = x_c, y_1 = y_c.$ 所以,$k_b = y_c + x_a, k_c = y_a +$
$x_b, k_a = y_b + x_c,$且 $M = ak_a + by_c.$

倘若 $x_1 \neq k_a$,由上节(3),(6)得

$$M = ax_1 + bk_b = bx_2 + ck_c = cx_3 + ak_a$$

于是

$$ak_a = bx_2 + c(k_c - x_3), x_2 \geqslant 0, k_c - x_3 \geqslant 0$$

$$bk_b = cx_3 + a(k_a - x_1), x_3 \geqslant 0, k_a - x_1 \geqslant 0$$

$$ck_c = ax_1 + b(k_b - x_2), x_1 \geqslant 0, k_b - x_2 \geqslant 0$$

同样与式(1)相比可得,$x_2 = x_a, k_c - x_3 = y_a; x_3 = x_b,$
$k_a - x_1 = y_b; x_1 = x_c, k_b - x_2 = y_c.$ 所以,$k_a = y_b + x_c, k_b =$
$y_c + x_a, k_c = y_a + x_b,$且 $M = ax_c + bk_b.$

(ⅱ)命 $M' = ak_a + by_c,$由(ⅰ)的结果

$$M' = a(y_b + x_c) + by_c$$

$$= ay_b + ax_c + by_c$$

$$= ay_b + ck_c$$
$$= ay_b + c(y_a + x_b)$$
$$= cx_b + ay_b + cy_a$$
$$= bk_b + cy_a$$

所以 M' 满足条件（Ⅴ）.

假若 M' 能表为 $ax + by + cz (x, y, z \geqslant 1)$ 之型,则

$$a(k_a - x) = b(y - y_c) + cz \qquad (7)$$

如果 $ka - x = 0$,那么 $cz = b(y_c - y) > 0, c \mid y_c - y$; 但由（ⅰ）及引理 $2(1)$ 知 $y_c \leqslant k_b < c, c > y_c - y > 0$. 所以 $ka - x \neq 0$.

显然,$ka - x < ka$,依上节（Ⅳ）,$a(k_a - x)$ 不能表为 $bx + cy (x, y \geqslant 0)$ 之型,故 $y - y_c < 0$.

将式（7）写成 $b(y_c - y) = a(x - k_a) + cz$,有 $x - k_a < 0$.

再将式（7）写成 $cz = a(k_a - x) + b(y_c - y), k_a - x > 0, y_c - y > 0$,所以 $k_c \leqslant z, z = k_c + z', z' \geqslant 0$,依（1）及（ⅰ）,上式可写成

$$a(k_a - x_c - x) = by + cz' \quad (y > 0, z' \geqslant 0)$$

$0 < k_a - x_c - x < k_a$,此与（Ⅵ）矛盾,所以 M' 又满足条件（Ⅴ）.

若再命 $M'' = ax_c + bk_b$,同样可让 M'' 为既满足条件（Ⅴ）又满足条件（Ⅵ）的整数,故有且仅有 M', M'' 满足（Ⅲ）,（Ⅵ）.

由

$$M' = a(y_b + x_c) + by_c = ck_c + ay_b$$
$$M'' = ax_c + b(y_c + x_a) = ck_c + bx_a$$

即可取

$$f(a,b,c) = \max\{M',M''\} = ck_c + \max\{ay_b, bx_a\}$$

证毕.

3 极 大 解

上一节,即定理 1,给出 $f(a,b,c)$ 的一个表达式,下面我们来求它的具体计算问题.

引理 4 设 $(a',b') = (b',c') = (c',a') = 1, a',b' > 1, 0 < z < \min\{a',b'\}$,则 $c'z$ 不可经 $a'x + b'y(x,y \geq 0)$ 表出的充分必要条件是

$$\left[\frac{x_1}{b'}c'z\right] = \left[\frac{y_1}{a'}c'z\right]$$

其中 $a'x_1 - b'y_1 = 1$ 或 $-1, x_1, y_1 \geq 1$.

证明 我们只对 $a'x_1 - b'y_1 = 1$ 的情形证明,对于 $a'x_1 - b'y_1 = -1$ 可类似证得.

若 $\left[\frac{x_1}{b'}c'z\right] = \left[\frac{y_1}{a'}c'z\right] = k$,可命

$$\begin{cases} x = x_1(c'z) - b'k \\ y = y_1(c'z) - a'k \end{cases}$$

于是

$$c'z = a'x - b'y \quad (b' > x > 0, a' > y > 0)$$

即 $c'z$ 不可经 $a'x + b'y(x,y \geq 0)$ 表出.

反之,若 $\left[\frac{x_1}{b'}c'z\right] \neq \left[\frac{y_1}{a'}c'z\right]$,则 $k = \left[\frac{x_1}{b'}c'z\right] = \left[\frac{y_1}{a'}c'z\right] + \alpha, \alpha$ 是大于 0 的整数. 同样可命

$$\begin{cases} x = x_1(c'z) - b'k \\ y = -y_1(c'z) + a'k \end{cases}$$

于是

$$c'z = a'x + b'y \quad (x,y \geqslant 0)$$

即 $c'z$ 可经 $a'x + b'y(x,y \geqslant 0)$ 表出. 证毕.

定义 1　如果 $0 \leqslant z \leqslant n$, z 为整数, 都有 $f(z) = g(z)$, 但 $f(n+1) \neq g(n+1)$, 那么 n 称为 $f(z) = g(z)$ 的一个极大解.

例如, 设 $\dfrac{a}{b}$ 的最后两个渐近分数是 $\dfrac{p_{s-1}}{q_{s-1}}, \dfrac{p_s}{q_s}$. 因 $p_s q_{s-1} - p_{s-1} q_s = 1$ 或 -1, 而当 $0 < z \leqslant k_c - 1$ 时, cz 不可经 $ax + by$ 表出, 据引理 4 可知

$$k_c - 1 \text{ 是} \left[\frac{p_{s-1}}{p_s} cz \right] = \left[\frac{q_{s-1}}{q_s} cz \right] \text{的极大解} \qquad (8)$$

定义 2　函数 $[x)$ 是对于一切实数 x 都有定义的函数, $[x)$ 的值等于不小于 x 的最小整数, 即

$$[x) - 1 < x \leqslant [x) \quad (x \text{ 为任意实数})$$

显然, 当 x 为整数时, $[x) = [x] = x$; 当 x 为非整数时, $[x) = [x] + 1$.

引理 5　设 $b' > a' > 0$, z, r 为整数, 则

$$\left[\frac{a'}{b'} z \right] = r \leftrightarrows \left[\frac{b'}{a'} r \right] \leqslant z \leqslant \left[\frac{b'}{a'} (r+1) \right) - 1 \qquad (9)$$

$$\left[\frac{a'}{b'} z \right) = r \leftrightarrows \left[\frac{b'}{a'} (r-1) \right] + 1 \leqslant z \leqslant \left[\frac{b'}{a'} r \right] \qquad (10)$$

证明　可看出 $\left[\dfrac{a'}{b'} z \right] = r \leftrightarrows r \leqslant \dfrac{a'}{b'} z < r+1 \leftrightarrows \dfrac{b'}{a'} r \leqslant$

$z < \dfrac{b'}{a'} (r+1) \leftrightarrows \left[\dfrac{b'}{a'} r \right] \leqslant z \leqslant \left[\dfrac{b'}{a'} (r+1) \right) - 1.$

又有 $\left[\dfrac{a'}{b'} z \right) = r \leftrightarrows r - 1 < \dfrac{a'}{b'} z \leqslant r \leftrightarrows \dfrac{b'}{a'} (r-1) < z <$

$\dfrac{b'}{a'}r \xrightarrow{\leftarrow} \left[\dfrac{b'}{a'}(r-1)\right] + 1 \leqslant z \leqslant \left[\dfrac{b'}{a'}r\right]$. 证毕.

引理 6 设 $(a',b') = (a'',b'') = 1, b' > a' > 0, b'' > a'' > 0$.

(1) 如果 $n_1 (0 < n_1 < \min\{b', b''\})$ 是 $\left[\dfrac{a'}{b'}z\right] = \left[\dfrac{a''}{b''}z\right]$ 的极大解，命 $\left[\dfrac{a'}{b'}n_1\right] = \left[\dfrac{a''}{b''}n_1\right] = n_2$，则 $n_2 (0 \leqslant n_2 < \min\{a', a''\})$ 是 $\left[\dfrac{b'}{a'}z\right) = \left[\dfrac{b''}{a''}z\right)$ 的极大解；

(2) 如果 $m_1 (0 < m_1 < \min\{b', b''\})$ 是 $\left[\dfrac{a'}{b'}z\right) = \left[\dfrac{a''}{b''}z\right)$ 的极大解. 命 $\left[\dfrac{a'}{b'}m_1\right) = \left[\dfrac{a''}{b''}m_1\right) = m_2 + 1$，则 m_2 $(0 \leqslant m_2 < \min\{a', a''\})$ 是 $\left[\dfrac{b'}{a'}z\right] = \left[\dfrac{b''}{a''}z\right]$ 的极大解.

证明 (1) 令 $H = \min\left\{\left[\dfrac{b'}{a'}(n_2+1)\right) - 1,\right.$ $\left.\left[\dfrac{b''}{a''}(n_2+1)\right) - 1\right\}$，由式(9)知 $n_1 \leqslant H$.

其中 $n_1 < H$ 可以排除，从而有 $n_1 = H$.

这是因为，若 $n_1 < H, n_1 < n_1 + 1 \leqslant H$，则

$$n_2 = \left[\dfrac{a'}{b'}n_1\right] \leqslant \left[\dfrac{a'}{b'}(n_1+1)\right] \leqslant \left[\dfrac{a'}{b'}H\right] = n_2$$

所以 $\left[\dfrac{a'}{b'}(n_1+1)\right] = n_2$，同样，$\left[\dfrac{a''}{b''}(n_1+1)\right] = n_2$，此与 n_1 为极大解矛盾，所以 $n_1 = H$.

今证明 n_2 是 $\left[\dfrac{b'}{a'}z\right] = \left[\dfrac{b''}{a''}z\right)$ 的极大解. 取 $z = z_0$，$0 \leqslant z_0 \leqslant n_2$，若 $k = \left[\dfrac{b'}{a'}z_0\right) = \left[\dfrac{b''}{a''}z_0\right) - \alpha, \alpha \neq 0$，不妨设

$\alpha > 0$，则据式（10）知

$$z_0 \leqslant \left[\frac{a'}{b'}k\right],\ \left[\frac{a''}{b''}k\right] \leqslant z_0 - 1$$

所以

$$\left[\frac{a'}{b'}k\right] \neq \left[\frac{a''}{b''}k\right]$$

而 $0 \leqslant k = \left[\frac{b'}{a'}z_0\right) \leqslant \left[\frac{b'}{a'}n_2\right) \leqslant n_1$，此与 n_1 为

$\left[\frac{a'}{b'}z\right] = \left[\frac{a''}{b''}z\right]$ 的极大解相矛盾.

又，如果 $\left[\frac{b'}{a'}(n_2 + 1)\right) = \left[\frac{b''}{a''}(n_2 + 1)\right) = H + 1 =$

$n_1 + 1$，那么 $\left[\frac{a'}{b'}(n_1 + 1)\right] = n_2 + 1 = \left[\frac{a''}{b''}(n_1 + 1)\right]$，此

式也不能成立. 同样可证（2）也成立. 证毕.

当 $n_2 = 0$ 时

$$n_1 = H = \min\left\{\left[\frac{b'}{a'}\right) - 1, \left[\frac{b''}{a''}\right) - 1\right\} = \min\left\{\left[\frac{b'}{a'}\right], \left[\frac{b''}{a''}\right]\right\}$$

$$（11）$$

当 $n_2 > 0$ 时

$$\left[\frac{b'}{a'}(n_2 + 1)\right) - 1 = \left[\frac{b'}{a'}n_2\right] + \left[\frac{b'}{a'}\right] + \alpha \quad （\alpha = 0 \text{ 或 } 1）$$

$$\left[\frac{b''}{a''}(n_2 + 1)\right) - 1 = \left[\frac{b''}{a''}n_2\right] + \left[\frac{b''}{a''}\right] + \beta \quad （\beta = 0 \text{ 或 } 1）$$

其中 $\alpha \neq \beta, \min\{\alpha, \beta\} = 0$，于是

$$n_1 = H = \left[\frac{b'}{a'}n_2\right] + \left[\frac{b'}{a'}\right]$$

$$= \left[\frac{b''}{a''}n_2\right] + \left[\frac{b''}{a''}\right] \qquad （12）$$

4 标 法

本节将采用如下的一些记号:

设 $(a',b')=(a'',b'')=1,a',b',a'',b''>0,n$ 为

$\left[\dfrac{a'}{b'}z\right]=\left[\dfrac{a''}{b''}z\right]$ 的极大解,$0<n<\min\{b',b''\}$.

$\dfrac{a'}{b'}=[C_0,C_1,\cdots,C_t],\dfrac{a''}{b''}=[C'_0,C'_1,\cdots,C'_{t'}]$ 为

$\dfrac{a'}{b'},\dfrac{a''}{b''}$ 的有限简单连分数表示,即有

$\gamma_{i-1}=C_{i-1}\gamma_i+\gamma'_{i+1},\gamma_0=a',\gamma_1=b',1\leqslant i\leqslant t,\gamma_{t+1}=1$

$\gamma'_{i-1}=C'_{i-1}\gamma'_i+\gamma_{i+1},\gamma'_0=a'',\gamma'_1=b'',1\leqslant i\leqslant t',$

$\gamma'_{t'+1}=1$

其中,$0\leqslant\gamma_{i+1}<\gamma_i,0\leqslant\gamma'_{i+1}<\gamma'_i$.

不妨设 $t<t'$,并令 $(1\leqslant j\leqslant t+1)$

$$n_j=\begin{cases}n,\text{当} j=1 \text{时}\\[2mm]\left[\dfrac{\gamma_j}{\gamma_{j-1}}n_{j-1}\right],\text{当} j \text{为偶数时}\\[2mm]\left[\dfrac{\gamma_j}{\gamma_{j-1}}n_{j-1}\right)-1,\text{当} j \text{为奇数时}\end{cases}\quad(13)$$

显然 $n_j<\gamma_j$,所以 $n_{t+1}<\gamma_{t+1}=1,n_{t+1}\leqslant0$. 设使 $n_j\leqslant0$ 的最小的 j 为 $L+1$,即有 $n_{L+1}\leqslant0$,自然 L 应满足:$1\leqslant L\leqslant t$,且 $n_L>0$. 在式(13)中可知 $n_{L+1}\geqslant0$,于是

$$n_1>n_2\cdots>n_L>n_{L+1}=0\qquad(14)$$

因为当 $z\leqslant j\leqslant L+1$ 时,$r_{j-1}\nmid r_jn_{j-1}$,所以

$\left[\dfrac{\gamma_j}{\gamma_{j-1}}n_{j-1}\right)-1=\left[\dfrac{\gamma_j}{\gamma_{j-1}}n_{j-1}\right]$.

于是,当 $z\leqslant j\leqslant L+1$ 时,$n_j=\left[\dfrac{\gamma_j}{\gamma_{j-1}}n_{j-1}\right]$.

定理 2　（1）$C_i = C'_i, i = 0, 1, \cdots, L-1$，但 $C_L \neq C'_L$；

（2）设 $n'_i = n_i + 1$，那么 $1 \leqslant i \leqslant L-1$ 时，$n'_i = C_i n'_{i+1} + n'_{i+2}$；$n'_L = \min\{K_L, K'_L\} + 1, n'_{L+1} = 1$.

证明　（1）由引理 6，用数学归纳法可证得（$1 \leqslant j \leqslant L+1$）：

①n_j（当 j 为奇数时）是 $\left[\dfrac{\gamma_{j-1}}{\gamma_j}z\right] = \left[\dfrac{\gamma'_{j-1}}{\gamma'_j}z\right]$ 的极大解；

②n_j（当 j 为偶数时）是 $\left[\dfrac{\gamma_{j-1}}{\gamma_j}z\right) = \left[\dfrac{\gamma'_{j-1}}{\gamma'_j}z\right)$ 的极大解.

又由式（14）得 $n_i > 0 (1 \leqslant i \leqslant L)$，所以

$$C_{i-1} = \left[\frac{\gamma_{i-1}}{\gamma_i}\right] = \left[\frac{\gamma'_{i-1}}{\gamma'_i}\right] = C'_{i-1}, n_{L+1} = 0$$

所以 $C_L = \left[\dfrac{\gamma_L}{\gamma_{L+1}}\right] \neq \left[\dfrac{\gamma'_L}{\gamma'_{L+1}}\right] = C'_L$.

（2）由①，②，式（12）及（13）推出

$$n_i = \left[\frac{\gamma_i}{\gamma_{i+1}}n_{i+1}\right] + C_i$$

$$= C_i(n_{i+1} + 1) + \left[\frac{\gamma_{i+2}}{\gamma_{i+1}}n_{i+1}\right]$$

$$= C_i(n_{i+1} + 1) + n_{i+2}$$

所以

$$n_i + 1 = C_i(n_{i+1} + 1) + (n_{i+2} + 1)$$

即

$$n'_i = C'_i n_{i+1} + n'_{i+2} \tag{15}$$

又因 $n_{L+1}=0$，$n_L=\min\{K_L,K'_L\}$，所以 $n'_{L+1}=1$，$n'_L=\min\{K_L,K_{L'}\}+1$. 证毕

求 n'_1. 应用递推公式（15），计算过程可直观地表为：

C_0	C_1	$\cdots$	C_i	C_{i+1}	C_{i+2}	$\cdots$	C_L	$\cdots$
n'_1	$\cdots$		n'_i $\underline{\underline{\triangleleft}}$	$n'_{i+1}+$	n'_{i+2}	$\cdots$	n'_L	

而连分数 $[C_0,C_1,\cdots,C_L]=\dfrac{p_L}{q_L}$ 的分子 $p_L=C_Lp_{L-1}+p_{L-2}$ 的计算过程可表为：

	C_0	C_1	$\cdots$	C_{i-2}	C_{i-1}	C_i	$\cdots$	C_L
1	C_0	p_1	$\cdots$	$p_{i-2}+$	p_{i-1} $\underline{\underline{\triangleleft}}$	p_i	$\cdots$	p_L

这样，就可把 n'_1 的计算归于连分数的分子计算图示：

	n'_L	C_{L-1}	$\cdots$	C_{i+2}	C_{i+1}	C_i	$\cdots$	C_1
1	n'_L	n'_{L-1}	$\cdots$	n'_{i+2}	n'_{i+1}	n'_i	$\cdots$	$n'_1(=p)$

算出连分数 $[n'_L,C_{L-1},\cdots,C_1]=\dfrac{p}{q}$，则分子 $p=n'_1$.

推论 设 $\dfrac{p_{s-1}}{q_{s-1}},\dfrac{p_s}{q_s}$ 是 $\dfrac{a}{b}$ 的最后两个渐近分数，且

$$\frac{Cp_{s-1}}{p_s}=[C_0,C_1,\cdots,C_{L-1},C'_L,\cdots,C'_t],C'_t>1$$

$$\frac{Cq_{s-1}}{q_s}=[C_0,C_1,\cdots,C_{L-1},C''_L,\cdots,C''_{t'}],C''_{t'}>1$$

$C'_L\neq C''_L,1\leqslant L\leqslant\min\{t,t'\}$，令 $C_L=\min\{C'_L,C''_L\}$，$[C_L,C_{L-1},\cdots,C_1]=\dfrac{p}{q}$，$(p,q)=1$，则 $K_c=p+q$.

证明　由式（8）可知

$$K_{c-1} 是 \left[\frac{cp_{s-1}}{p_s} z \right] = \left[\frac{cq_{s-1}}{q_s} z \right] 的极大解$$

其 $(K_c - 1) + 1 = n'_1 = p'$，这里 p' 是连分数 $[n'_L, C_{L-1}, \cdots,$

$C_1] \dfrac{p'}{q'}, (p', q') = 1$ 的分子. 而 $n'_L - 1 = C_L$，所以 $[C_L,$

$C_{L-1}, \cdots, C_1] = \dfrac{p}{q}, (p, q) = 1$，所以 $K_c = p + q$. 证毕.

最后，我们来求一下线性型

$$65\,536 X_1 + 19\,683 X_2 + 3\,125 X_3$$

的最大不可表数 $g(a, b, c)$.

这里

$$a = 65\,536, b = 19\,683, c = 3\,125$$

$$\frac{a}{b} = \frac{p_s}{q_s} = [3, 3, 29, 4, 1, 1, 7, 1, 2]$$

$$\frac{p_{s-1}}{q_{s-1}} = [3, 3, 29, 4, 1, 1, 7, 1] = \frac{22\,731}{6\,827}$$

$$\frac{cp_{s-1}}{p_s} = [1\,083, 1, 8, 1, 5, 1, 31, 1, 8, 1, 2]$$

$$\frac{cq_{s-1}}{q_s} = [1\,083, 1, 8, 1, 5, 1, 22, 2]$$

由 $[22, 1, 5, 1, 8, 1] = \dfrac{1\,577}{69}$，所以

$$K_c = 1\,577 + 69 = 1\,646$$

又

$$\frac{b}{c} = \frac{p_s}{q_s} = [6, 3, 2, 1, 6, 4, 11]$$

119

$$\frac{p_{s-1}}{q_{s-1}} = [0,3,2,1,6,4] = \frac{1\ 751}{278}$$

$$\frac{ap_{s-1}}{p_s} = [5\ 830,11,1,22,1,5,1,9]$$

$$\frac{aq_{s-1}}{q_s} = [5\ 830,12,8,1,8,1,2]$$

由 $[11] = \dfrac{11}{1}$，所以

$$K_a = 11 + 1 = 12$$

再由 $ak_a = bx_a + cy_a, ck_c = ax_c + by_c$ 求得 $x_a = 29$，$x_c = 1$，所以

$$y_b = K_a - x_c = 11$$

$$f(a,b,c) = cK_c + \max\{bx_a, ay_b\}$$

$$= 5\ 143\ 750 + \max\{570\ 807, 720\ 896\}$$

$$= 5\ 864\ 646$$

所以

$$g(a,b,c) = f(a,b,c) - a - b - c = 5\ 776\ 302$$

参 考 文 献

[1] 华罗庚. 数论导引 [M]. 北京：科学出版社，1957.

[2] 柯君，孙琦. 谈谈不定方程 [M]. 上海：上海教育出版社，1980.

关于三元一次不定方程的 Frobenius 问题

设 a,b,c 为正整数,且 $(a,b,c)=1$,以 $g(a,b,c)$ 表示不能由 $ax+by+cz(x\geq 0, y\geq 0, z\geq 0)$ 表出的最大整数,求 $g(a,b,c)$ 的表达式的问题称为 Frobenius 问题. 柯召[1]证明了

$$g(a,b,c) \leq \frac{ab}{(a,b)} + c(a,b) - a - b - c \tag{1}$$

且当 $c > \dfrac{ab}{(a,b)^2} - \dfrac{a}{(a,b)} - \dfrac{b}{(a,b)}$ 时,有

$$g(a,b,c) = \frac{ab}{(a,b)} + c(a,b) - a - b - c$$

宁夏大学数学系 80 级毕业生王兴全于 1984 年证明了如下两个定理,这里 N, M 分别表示

$$N = \frac{ab}{(a,b)} + c(a,b) - a - b - c, M = N - a$$

定理 1 (1)当 $ax + by = c(a,b)$ 有非负整数解时,有 $g(a,b,c) = N$;

(2) 当 $ax + by = c(a,b)$ 无非负整数解且 $b \geq a, c \geq a$ 时, 有 $g(a,b,c) \leq M$.

定理 2 设 $ax + by = c(a,b)$ 无非负整数解, 且 $b \geq a, c \geq a$, 则:

(1) 当 $c > \dfrac{ab}{(a,b)^2} - \dfrac{2a}{(a,b)} - \dfrac{b}{(a,b)}$ 时, 有 $g(a, b, c) = M$;

(2) 当 $c \leq \dfrac{ab}{(a,b)^2} - \dfrac{2a}{(a,b)} - \dfrac{b}{(a,b)} < 2$ 时, 若 $b \mid (a + c(a,b))$, 则 $g(a,b,c) = M$; 若 $b \nmid (a + c(a,b))$, 则 $g(a,b,c) < M$;

(3) 当 $2c \leq \dfrac{ab}{(a,b)^2} - \dfrac{2a}{(a,b)} - \dfrac{b}{(a,b)}$ 时, $g(a, b,c) < M$.

引理 设 a, c, n 为正整数, $(a,b) = 1$, 则方程 $ax + by = n$ 无非负整数解的充要条件是存在两个正整数, 使得

$$n = ab - \mu_1 a - \mu_2 b$$

其中 $1 \leq \mu_1 \leq b - 1, 1 \leq \mu_2 \leq n - 1$.

证明 充分性显然成立. 现设 x_0, y_0 为方程 $ax + by = n$ 的一组整数解, 则其通解为 $x = x_0 - bt, y = y_0 + at$ (t 为任意整数). 因方程无非负整数解, 故不存在整数 t, 使得 $t \leq \dfrac{x_0}{b}$ 同时 $t \geq -\dfrac{y_0}{a}$, 注意到 $\dfrac{x_0}{b} > -\dfrac{y_0}{a}$, 故必存在整数 A, 使 $\dfrac{x_0}{b} < A$, 同时 $-\dfrac{y_0}{a} > A - 1$, 于是必存在正整数 μ_1, μ_2, 使得

$$x_0 = Ab - \mu_1, y_0 = -Aa + a - \mu_2$$

其中 $1 \leqslant \mu_1 \leqslant b - 1, 1 \leqslant \mu_2 \leqslant a - 1$. 于是得

$$a(Ab - \mu_1) + b(-Aa + a - \mu_2) = n$$

所以

$$n = ab - \mu_1 a - \mu_2 b$$

引理证毕.

以下均设 $d = (a, d), a = da_1, b = db_1$. 则 $(a_1, b_1) = 1, (c, d) = 1$.

定理 1 的证明　（1）设 $ax + by = c(a, b)$，即 $a_1 x + b_1 y = c$ 有非负整数解，即存在 $x_0 \geqslant 0, y_0 \geqslant 0$，使得

$$c = a_1 x_0 + b_1 y_0 \quad (x_0, y_0 \text{ 为整数}) \tag{2}$$

因方程

$$ax + by + cz = N \tag{3}$$

等价于不定方程组

$$\begin{cases} a_1 x + b_1 y = u & (4) \\ du + cz = (a_1 b_1 - a_1 - b_1)d + (d - 1)c & (5) \end{cases}$$

显然，不定方程（5）的通解为

$$u = a_1 b_1 - a_1 - b_1 - ct \quad (t \text{ 为整数})$$

将式（2）代入上式即得

$$u = a_1 b_1 - (x_0 t + 1)a_1 - (y_0 t + 1)b_1$$

由引理知，对于方程（5）的任意整数解 u，方程（4）无非负整数解，故不定方程（3）也无非负整数解，利用柯召证明的式（1）可知，$g(a, b, c) = N$.

（2）设 $a \leqslant b, a \leqslant c, a_1 x + b_1 y = c$ 无非负整数解，而 $n > M$. 方程

$$ax + by + cz = n \tag{6}$$

123

等价于不定方程组

$$\begin{cases} a_1 x + b_1 y = u & (7) \\ du + cz = n & (8) \end{cases}$$

设 u_0, z_0 是方程(8)的一组整数解,则方程(8)的通解为 $u = u_0 - ct, z = z_0 + dt$($t$ 为任意整数).

取 $-\dfrac{z_0}{d} \leqslant t_1 \leqslant -\dfrac{z_0}{d} + 1$,则 $0 \leqslant z_0 + dt \leqslant d - 1$,于是

$$du = n - c(z_0 + dt_1) > \frac{ab}{(a,b)} = 2a - b$$

所以

$$\begin{aligned} u_1 &> a_1 b_1 - 2a_1 - b_1 \\ &\geqslant a_1 b_1 - a_1 - b_1 - c \\ &\geqslant 0 \end{aligned} \tag{9}$$

(i)若 u_1 不能表为

$$u_1 = a_1 b_1 - \mu_1 a_1 - \mu_2 b_1 \tag{10}$$
$$(1 \leqslant \mu_1 \leqslant b_1 - 1)$$
$$(1 \leqslant \mu_2 \leqslant a_1 - 1)$$

的形式,则由引理知方程(7)有非负整数解,故方程(6)有非负整数解.

(ii)若 u_1 不能表为式(10)的形式,则由式(9)得

$$u_1 = a_1 b_1 - \mu_1 a_1 - \mu_2 b_1 > a_1 b_1 - 2a_1 - b_1$$

所以

$$(\mu_1 - 2)a_1 + (\mu_2 - 1)b_1 < 0$$

所以,只能有 $\mu_1 = 1, \mu_2 = 1$,因而

$$u_1 = a_1 b_1 - a_1 - b_1, z = z_0 + dt_1$$

是方程(8)的一组非负整数解,故方程(8)的通解为

$$u = a_1 b_1 - a_1 - b_1 - ct$$

$$z = z_0 + dt_1 + dt$$

因 $\dfrac{a_1 b_1 - a_1 - b_1}{c} \geqslant 1$，故可取 $t = 1$，得到方程（8）的

一组非负整数解

$$u_2 = a_1 b_1 - a_1 - b_1 - c, z = z_0 + d(t_1 + 1)$$

显然，u_2 不能表示成式（10）的形式，否则，将有

$$c = (\mu_1 - 1)a_1 + (\mu_2 - 1)b_1$$

这与 $a_1 x + b_1 y = c$ 无非负整数解矛盾. 故由引理知，对

于 u_2，方程（7），可得方程（6）有非负整数解. 定理

证毕.

定理 2 的证明　显然，下面方程（11）与方程（12）

（13）等价

$$ax + by + cz = M \qquad (11)$$

$$\begin{cases} a_1 x + b_1 y = u & (12) \\ du + cz = (a_1 b_1 - 2a_1 - b_1)d + (d-1)c & (13) \end{cases}$$

易知方程（13）的通解为 $u = a_1 b_1 - 2a_1 - b_1 - ct, z = d -$

$1 + dt$（t 为整数），为使 $u \geqslant 0, z \geqslant 0$ 就必须有

$$0 \leqslant t \leqslant \dfrac{a_1 b_1 - 2a_1 - b_1}{c} \qquad (14)$$

（1）若 $c > a_1 b_1 - 2a_1 - b_1$，则式（14）中的整数 t 只

能取 0，故方程（13）只有一组非负整数解

$$u = a_1 b_1 - 2a_1 - b_1, z = d - 1 \qquad (15)$$

由引理知，此时方程（12），进而方程（11）无非负整数

解，联系定理 1 的结论（2），即知 $g(a,b,c) = M$.

（2）若 $c \leqslant a_1 b_1 - 2a_1 - b_1 < 2c$，则式（14）中的整数

125

t 只能取 0 或 1, 当 $t = 0$ 时, 方程 (13) 的解也是式 (15), 故式 (12) 无非负整数解. 只需讨论 $t = 1$ 时, 即 (13) 的解

$$u_1 = a_1 b_1 - 2a_1 - b_1 - c, z = 2d - 1 \qquad (16)$$

(i) 当 $b \mid (a + c(a, b))$ 即 $b_1 \mid (a_2 - c)$ 时, 令 $a_1 + c = kb_1$, 即 $c = kb_1 - a_1 (k \geqslant 1)$, 代入式 (16), 得

$$u_1 = a_1 b_1 - a_1 - (k + 1) b_1$$

由引理知对于 u_1, 方程 (12) 无非负整数解. 故方程 (11) 也无非负整数解, 联系定理 1 即得 $g(a, b, c) = M$.

(ii) 当 $b \nmid (a + c(a, b))$ 即 $b_1 \mid (a_1 + c)$ 时, 则式 (16) 中的 u_1 不能表示成式 (10) 的形式. 否则, 若 $u_1 = a_1 b_1 - 2a_1 - b_1 - c = a_1 b_1 - \mu_1 a_1 - \mu_2 b_1$, 则

$$(\mu_1 - 2) a_1 + (\mu_2 - 1) b_1 = c$$

因 $a_1 x + b_1 y = c$ 无非负整数解, 故只有 $\mu_1 = 1$, 于是 $a_1 + c = (\mu_2 - 1) b_1$, 与 $b_1 \nmid (a_1 + c)$ 矛盾, 故由引理知, 对此 u_1, 方程 (12), 进而方程 (11) 也有非负整数解. 联系定理 1 的结论 (2), 即得 $g(a, b, c) < M$.

(3) 若 $2c \leqslant a_1 b_1 - 2a_1 - b_1$, 则式 (14) 中的整数 t 至少可取 $t = 1$ 及 $t = 2$, 此时方程 (13) 有非负整数解 (16) 及

$$u_2 = a_1 b_1 - 2a_1 - b_1 - 2c, z_2 = 3d - 1 \qquad (17)$$

可以证明, u_1 与 u_2 不能同时表示为式 (10) 的形式. 事实上, 若

$$u_1 = a_1 b_1 - \mu_1 a_1 - \mu_2 b_1$$
$$1 \leqslant \mu_1 \leqslant b_1 - 1$$

$$1 \leqslant \mu_2 \leqslant a_1 - 1$$
$$u_2 = a_1 b_1 - \mu'_1 a_1 - \mu'_2 b_1$$
$$1 \leqslant \mu'_1 \leqslant b_1 - 1$$
$$1 \leqslant \mu'_2 \leqslant a_1 - 1$$

则得

$$\begin{cases} (\mu_1 - 2) a_1 + (\mu_2 - 1) b_1 = c & (18) \\ (\mu'_1 - 2) a_1 + (\mu'_2 - 1) b_1 = 2c & (19) \end{cases}$$

因方程 $a_1 x + b_1 y = c$ 无非负整数解,故只有 $\mu_1 = 1$,将
式(18)代入式(19),得 $\mu'_1 a_1 = (2\mu_2 - \mu'_2 - 1) b_1$,故得
$b_1 \mid \mu'_1$,此与 $1 \leqslant \mu'_1 \leqslant b_1 - 1$ 相矛盾. 这样,由引理可知
式(11)有非负整数解,再由定理 1 的结论(2)知 $g(a,$
$b,c) < M$. 定理证毕.

参 考 文 献

[1]柯召. 关于方程 $ax + by + cz = n$ [J]. 四川大学
学报(自然科学版),1955(1):1-4.

关于三元线性型的 Frobenius 问题

设 $a_i > 0, i = 1, 2, \cdots, k, (a_1, a_2, \cdots, a_k) = 1, M_k$ 表示线性型 $f_k = \sum_{i=1}^{k} a_i x_i (x_i \geq 0, i = 1, 2, \cdots, k)$ 的最大不可表数.

关于如何求 M_k 的问题,即 k 元线性型的 Frobenius 问题,是一个至今尚未完全解决的问题. 当 $k = 2$ 时,$M_2 = a_1 a_2 - a_1 - a_2$,Frobenius 问题已经完全解决了;对于 $k \geq 3$,虽然人们已经找到了某些算法,但至今还没有找到类似于 $M_2 = a_1 a_2 - a_1 - a_2$ 的公式,即用固定的有限次代数运算来表示 M_k 的"公式".关于如何求 M_3 的问题,华罗庚在《数论导引》中指出:此乃一未经解决之问题".1955 年,柯召给出了 M_3 在一般情况下的上限,而在特殊情况下才给出了求 M_3 的公式;1957 年,陆文端、吴昌玖给出了计算 M_3 的一般方法,他们有两个定理(定理 3 和定理 5):记

$$D_i = (a_1, a_2, \cdots, a_i)$$

$$G_i = \sum_{j=2}^{i} a_j \frac{D_{j-1}}{D_j} - \sum_{j=1}^{i} a_j$$

$$\lambda_1 = (a_2, a_3)$$

$$\lambda_2 = (a_1, a_3)$$

$$\lambda_3 = (a_1, a_2)$$

$$\overline{f_2} = \sum_{i=1}^{2} b_i x_i \quad (x_i \geqslant 0, i = 1, 2)$$

定理 1　$M_k = G_k$ 的充分必要条件是：$a_i \dfrac{D_{i-1}}{D_i}$ 可经

线性型 $f_{i-1}(i = 2, 3, \cdots, k)$ 表出，

定理 2　若 $b_3, 2b_3, \cdots, lb_3$ 不能经线性型 $\overline{f_2}$ 表出，

且设 $t_1, t_2, \cdots, t_l$ 是 $1, 2, \cdots, l$ 的一个排列，使得

$$t_i b_3 = b_1 b_2 - b_1 \xi_i - b_2 \eta_i \quad (i = 1, 2, \cdots, l)$$

其中 $1 \leqslant \xi_1 < \xi_2 < \cdots < \xi_l, \eta_1 > \eta_2 > \cdots > \eta_l \geqslant 1$，又若

$(l+1) b_3$ 可经 $\overline{f_2}$ 表出，令 $\xi_0 = \eta_{l+1} = 0$，则

$$M_3 = G_3 - \min_{0 \leqslant i \leqslant l} \{ \lambda_1 a_1 \xi_i + \lambda_2 a_2 \eta_{i+1} \} \tag{1}$$

在定理 1 中，当 $k = 3$ 时，显然可以用"b_3 可经 $\overline{f_2}$ 表出"

代替条件"$a_i \dfrac{D_{i-1}}{D_i}$ 可经 $f_{i-1}(i = 2, 3)$ 表出". 因此，当 b_3

可经 $\overline{f_2}$ 表出时，已有所期望的公式求 M_3. 当 b_3 不可经

$\overline{f_2}$ 表出时，定理 2 虽然给出了计算 M_3 的方法，但式

(1)还不是所期望的公式. 因为定理 2 并没有指出 l 怎

样确定？排列 $t_1, t_2, \cdots, t_l$ 具有怎样的一般规律？因而

未能找出 $\min_{0 \leqslant i \leqslant l} \{ \lambda_1 a_1 \xi_i + \lambda_2 a_2 \eta_{i+1} \}$ 的具体表示式. 因

此，求 M_3 的问题并未完全解决.

湖北民族大学的袁俊伟教授于 1986 年改进了定理 2，我们得到一个完美的求 M_3 的公式. 这样一来，当 $k=3$ 时，Frobenius 问题就被完全解决了.

1 主要结果

以下，除另行说明外，仍沿用前面的记号，记 b_3 不能经 f_2 表出. 首先，我们引入所谓 b_3 关于有序对 $\{b_1, b_2\}$ 的最简表示式的概念. 显然，$(b_1, b_2)=1$，因此方程 $b_1 x + b_2 y = b_3$ 有唯一解：$x = -\varepsilon_1, y = \sigma_1, 0 < \varepsilon_1 < b_2, 0 < \sigma_1 < b_1$. 根据行列式的定义和性质，有

$$b_3 = -b_1 \varepsilon_1 + b_2 \sigma_1 = \begin{vmatrix} \sigma_i & \alpha_{i-1} \\ \varepsilon_i & \beta_{i-1} \end{vmatrix} = \begin{vmatrix} \sigma_i & \alpha_i \\ \varepsilon_i & \beta_i \end{vmatrix}$$

$$= \begin{vmatrix} \sigma_{i+1} & \alpha_i \\ \varepsilon_{i+1} & \beta_i \end{vmatrix} \quad (i = 1, 2, \cdots, n) \tag{2}$$

其中

$$\left. \begin{array}{l} \alpha_0 = b_1, k_i = \left[\dfrac{a_{i-1} - 1}{\sigma_i} \right] \\[2mm] \alpha_{i-1} = k_i \sigma_i + \alpha_i \quad (1 \leqslant a_i \leqslant \sigma_i) \\[2mm] \beta_0 = b_2, \beta_{i-1} = k_i \varepsilon_i + \beta_i \quad (\text{显然}, \beta_i \geqslant 1) \\[2mm] h_i = \left[\dfrac{\varepsilon_i - 1}{\beta_i} \right], \varepsilon_i = h_i \beta_i + \varepsilon_{i+1} \quad (1 \leqslant \varepsilon_{i+1} \leqslant \beta_i) \\[2mm] \sigma_i = h_i \alpha_i + \sigma_{i+1} \quad (\text{显然}, \sigma_{i+1} \geqslant 1) \end{array} \right\} \tag{3}$$

$[x]$ 表示不大于 x 的最大整数.

因为当 $k_i \neq 0$ 时，$\alpha_{i-1} > \alpha_i, \beta_i \geqslant 1$；当 $h_i \neq 0$ 时，$\varepsilon_i >$

$\varepsilon_{i+1}, \sigma_{i+1} \geqslant 1$, 故经过上述固定的有限次代数运算后, 必有 $n(>0)$ 存在, 使当 $k_1, h_1, k_2, h_2, \cdots, k_{n-1}, h_{n-1}, k_n$ 都不为零时, $\varepsilon_n \leqslant \beta_n$, 从而 $h_n = 0$; 或当 $k_1, h_1, k_2, h_2, \cdots, k_n, h_n$ 都不为零时 $\alpha_n \leqslant \sigma_{n+1}$, 从而 $k_{n+1} = 0$, 这时我们定义 $\begin{vmatrix} \sigma_{n'} & \alpha_n \\ \varepsilon_{n'} & \beta_n \end{vmatrix} (n>0, n'=n \text{ 或 } n+1)$ 为 b_3 关于有序对 $\{b_1, b_2\}$ 的最简表达式.

我们有

定理　若 b_3 关于有序对 $\{b_1, b_2\}$ 的最简表示式为 $\begin{vmatrix} \sigma'_n & \alpha_n \\ \varepsilon'_n & \beta_n \end{vmatrix} (n>0, n'=n \text{ 或 } n+1)$, 则

$$M_3 = \begin{vmatrix} \lambda_1 a_1 & \alpha_n \\ \lambda_2 a_2 & \beta_n \end{vmatrix} + \begin{vmatrix} \sigma_{n'} & \lambda_1 a_1 \\ \varepsilon_{n'} & \lambda_2 a_2 \end{vmatrix} +$$

$$\max\{\lambda_1 a_1 \varepsilon_{n'}, \lambda_2 a_2 \alpha_n\} - \sum_{i=1}^{3} a_i \qquad (4)$$

例　求线性型 $21x + 22y + 30z (x \geqslant 0, y \geqslant 0, z \geqslant 0)$ 的最大不可表数 M_3.

解　取 $a_1 = 21, a_2 = 22, a_3 = 30$, 则 $\lambda_1 = 2, \lambda_2 = 3$, $\lambda_3 = 1, b_1 = 7, b_2 = 11, b_3 = 5$. 容易得到

$$11 \times 3 \equiv 5 (\mathrm{mod}\ 7), 5 = -7 \times 4 + 11 \times 3$$

由式(2)(3)得

$$5 = \begin{vmatrix} 3 & 7 \\ 4 & 11 \end{vmatrix} = \begin{vmatrix} 3 & 1 \\ 4 & 3 \end{vmatrix} = \begin{vmatrix} 2 & 1 \\ 1 & 3 \end{vmatrix}$$

$$k_2 = \left[\frac{1-1}{2}\right] = 0$$

故 b_3 关于有序对 $\{b_1, b_2\}$ 的最简表示式为 $\begin{vmatrix} 2 & 1 \\ 1 & 3 \end{vmatrix}$. 根

据定理,得

$$M_3 = \begin{vmatrix} 2 \times 21 & 1 \\ 3 \times 22 & 3 \end{vmatrix} + \begin{vmatrix} 2 & 2 \times 21 \\ 1 & 3 \times 22 \end{vmatrix} +$$

$$\max\{2 \times 21 \times 1, 3 \times 22 \times 1\} - 21 - 22 - 30$$

$$= 143$$

2 定理之证

在本节,我们先给出三条引理,再给出定理的证明. 若 b_3 关于有序对 $\{b_1, b_2\}$ 的最简表示式为 $\begin{vmatrix} \sigma_{n'} & \alpha_n \\ \varepsilon_{n'} & \beta_n \end{vmatrix}$ ($n > 0, n' = n$ 或 $n + 1$),由式(2)(3),有

$$\left. \begin{aligned} u_i b_3 &= \begin{vmatrix} \sigma_i & b_1 \\ \varepsilon_i & b_2 \end{vmatrix} & (i = 1, 2, \cdots, n') \\ v_i b_3 &= \begin{vmatrix} b_1 & \alpha_i \\ b_2 & \beta_i \end{vmatrix} & (i = 1, 2, \cdots, n) \end{aligned} \right\} \tag{5}$$

其中

$$u_1 = 1, v_1 = k_1, u_{i+1} = u_i + h_i v_i, v_{i+1} = v_i + k_{i+1} u_{i+1} \tag{6}$$

记 $L = \sum_{i=1}^{n} (k_i u_i + h_i v_i)$,当 $n' = n$ 时,$k_i \neq 0$ ($i = 1, 2, \cdots, n$),$h_i \neq 0$ ($i = 1, 2, \cdots, n - 1$),而 $h_n = 0$,容易推出,此时 $L + 1 = v_n + u_n$;当 $n' = n + 1$ 时,$k_i \neq 0, h_i \neq 0$ ($i = 1, 2, \cdots, n$),而 $k_{n+1} = 0$,容易推出此时 $L + 1 = u_{n+1} + v_n$. 以下引理和定理的证明,我们将只针对后一情况进行. 对于前一情况,证明完全是类似的. 我们有:

引理 1 $t(1 \leqslant t \leqslant L)$ 总可以表成如下形式

$$t = \sum_{i=1}^{n} (p_i u_i + g_i v_i) \qquad (7)$$

其中 $1 \leq p_1 \leq k_1$, $0 \leq p_i \leq k_i (i = 2,3,\cdots,n)$; $0 \leq g_i \leq h_i$ $(i = 1,2,\cdots,n)$.

证明 当 $t = 1$ 时,引理 1 显然成立. 假设当 $1 \leq t = k < L$ 时引理 1 成立,即 k 可表示成式(7)的形式,则此时在式(7)中必有 $p_i < k_i$ 或 $g_i < h_i$,不妨设满足这一条件的 p_i 或 g_i 中最前面(当 $i < j$ 时,称 $p_i(g_i)$ 在 $p_j(g_j)$ 的前面,当 $i = j$ 时,称 p_i 在 g_i 的前面)的一个为 $p_{i'}$. 由式(6),得

$$k + 1 = \sum_{i=1}^{i'-1} k_i u_i + (p_{i'} + 1) u_{i'} +$$
$$g_{i'} v_{i'} + \sum_{i=i'+1}^{n} (p_i u_i + g_i v_i)$$

故当 $t = k + 1$ 时引理 1 也成立. 证毕.

引理 2 当 $1 \leq t \leq L$ 时, tb_3 不能经 $\overline{f_2}$ 表出,而 $(L+1) b_3$ 可经 $\overline{f_2}$ 表出.

证明 当 $1 \leq t \leq L$ 时,由式(7)(5)和(3),得

$$tb_3 = \sum_{i=1}^{n} (p_i u_i b_3 + g_i v_i b_3)$$
$$= b_1 b_2 - b_1 \xi_t - b_2 \eta_t \qquad (8)$$

其中

$$g_t = \sum_{i=1}^{n} (p_i \varepsilon_i - g_i \beta_i)$$
$$= (p_1 - 1) \varepsilon_1 + (h_1 - g_1) \beta_1 +$$
$$\sum_{i=2}^{n} \{ p_i \varepsilon_i + (h_i - g_i) \beta_i \} + \varepsilon_{n+1}$$

133

$$\geqslant 1$$

$$\eta_t = \alpha_0 - \sum_{i=1}^{n} (p_i\sigma_i - g_i\alpha_i)$$

$$= \sum_{i=1}^{n} \{(k_i - p_i)\sigma_i + g_i\alpha_i\} + \alpha_n$$

$$\geqslant 1$$

故当 $1 \leqslant t \leqslant L$ 时，tb_3 不能经 $\bar{f}_2$ 表出. 由式(5)，得

$$(L+1)b_3 = (u_{n+1} + v_n)b_3$$

$$= b_1(\beta_n - \varepsilon_{n+1}) + b_2(\sigma_{n+1} - \alpha_n)$$

而由式(3)，知 $\beta_n - \varepsilon_{n+1} \geqslant 0$，又因 $k_{n+1} = 0$，得 $\sigma_{n+1} - \alpha_n \geqslant 0$，故 $(L+1)b_3$ 可经 $\bar{f}_2$ 表出.

引理 3 若 b_3 关于有序对 $\{b_1, b_2\}$ 的最简表示式

为 $\begin{vmatrix} \sigma_{n'} & \alpha_n \\ \varepsilon_{n'} & \beta_n \end{vmatrix}$ $(n > 0, n' = n$ 或 $n+1)$，$t_1, t_2, \cdots, t_L$ 是 1，

$2, \cdots, L$ 的一个排列，使得

$$t_i b_3 = b_1 b_2 - b_1 \xi_i - b_2 \eta_i \quad (i = 1, 2, \cdots, L)$$

其中 $1 \leqslant \xi_1 < \xi_2 < \cdots < \xi_L$，$\eta_1 > \eta_2 > \cdots > \eta_L \geqslant 1$，命 $\xi_0 = \eta_{L+1} = 0$，则

$$\min_{0 \leqslant i \leqslant L} \{b_1\xi_i + b_2\eta_{i+1}\} \tag{9}$$

$$= b_1 b_2 - Lb_3 - \max\{b_1\varepsilon_{n'}, b_2\alpha_n\}$$

证明 记 $p = u_{n+1}, g = v_n$，式(5)可以解得 $b_1 = p\alpha_n + g\sigma_{n+1}, b_2 = p\beta_n + g\varepsilon_{n+1}$. 因此，$(p, g) \mid (b_1, b_2) = 1$，故 $(p, g) = 1$.

显然，$p > g$，排出如下一列数：

$$\left.\begin{array}{cccc} g & 2g & \cdots & s_1 g \\ s_1 g - p & (s_1+1)g - p & \cdots & (s_1+s_2)g - p \\ (s_1+s_2)g - 2p & (s_1+s_2+1)g - 2p & \cdots & (s_1+s_2+s_3)g - 2p \\ \vdots & \vdots & & \vdots \\ \left(\sum_{i=1}^{g-1} s_i\right)g - (g-1)p & \left(\sum_{i=1}^{g-1} s_i\right)g - (g-1)p + g & \cdots & \left(\sum_{i=1}^{g} s_i\right)g - (g-1)p \end{array}\right\}$$

（10）

其中

$$(s_1 + s_2 + \cdots + s_i - 1)g - (i-1)p < p \qquad (11)$$
$$\leqslant (s_1 + s_2 + \cdots + s_i)g - (i-1)p$$

我们来证明，式（10）中的数满足：（ⅰ）共有 L 个；（ⅱ）每个数不大于 L；（ⅲ）任意两个数不相等；（ⅳ）每个数均大于零.

事实上，由式（11）知

$$(s_1 + s_2 + \cdots + s_g - 1)g - (g-1)p < p$$
$$\leqslant (s_1 + s_2 + \cdots + s_g)g - (g-1)p$$

由此得

$$s_1 + s_2 + \cdots + s_g - 1 < p$$
$$\leqslant s_1 + s_2 + \cdots + s_g$$

因此

$$s_1 + s_2 + \cdots + s_g = p$$

式（10）中数的个数为

$$s_1 + (s_2 + 1) + \cdots + (s_g + 1)$$
$$= (s_1 + s_2 + \cdots + s_g) + g - 1$$
$$= p + q - 1 = L$$

这就证明了（ⅰ）；

式（10）中每一行都是递增数列，而由式（11）可知

$$(s_1 + s_2 + \cdots + s_i)g - (i-1)p$$
$$= \{(s_1 + s_2 + \cdots + s_i - 1)g - (i-1)p\} + g < p + g$$
$$= L + 1 \quad (i = 1, 2, \cdots, g)$$

这就证明了（ⅱ）；

式（10）中的数形如 $xg - yg$，$1 \leqslant x \leqslant p, 0 \leqslant y \leqslant g - 1$. 如果 $x_1 g - y_1 p = x_2 g - y_2 p (1 \leqslant x_1, x_2 \leqslant p, 0 \leqslant y_1, y_2 \leqslant g - 1)$，则 $(x_1 - x_2)g = (y_1 - y_2)p$，设 $(x_1 - x_2, p) = d$，则 $\dfrac{p}{d} \Big| g, \dfrac{p}{d} \Big| (p, g) = 1$，故 $d = p$，从而 $p \mid (x_1 - x_2)$，但 $|x_1 - x_2| < p$，故 $x_1 = x_2$，从而 $y_1 = y_2$，这就证明了（ⅲ）；

式（10）中的数除了

$$(s_1 + s_2 + \cdots + s_i)g - ip \geqslant 0 \quad (i = 1, 2, \cdots, g-1)$$

以外，其余数显然都大于零. 仿上易证 $(s_1 + s_2 + \cdots + s_i)g - ip \neq 0, i = 1, 2, \cdots, g-1$. 这就证明了（ⅳ）.

因此，在式（10）中可令 $t_L = g, t_{L-1} = 2g, \cdots, t_1 = (s_1 + s_2 + \cdots + sg)g - (g-1)p = p$，则 $t_1, t_2, \cdots, t_L$ 是 $1, 2, \cdots, L$ 的一个排列. 补充 $t_0 = t_{L+1} = 0$，它们显然满足

$$t_{i+1} - t_i = p \text{ 或 } -g \quad (i = 0, 1, 2, \cdots, L) \quad (12)$$

在式（8）中补充 $t_0 b_3 = b_1 b_2 - b_1 \cdot 0 - b_2 \alpha_0$ 和 $t_{L+1} b_3 = b_1 b_2 - b_1 \beta_0 - b_2 \cdot 0$ 以后，将 $t b_3$ 按 $t_0, t_1, t_2, \cdots, t_L, t_{L+1}$ 顺序排列，由式（12）和式（5），有

$$t_{i+1} b_3 - t_i b_3 = p b_3$$

或

$$-g b_3 = -b_1 \varepsilon_{n+1} + b_2 \sigma_{n+1} \text{ 或 } -b_1 \beta_n + b_2 \alpha_n$$

从而有

$$\xi_{i+1}-\xi_i=\varepsilon_{n+1}\text{ 或 }\beta_n,\eta_i-\eta_{i+1}=\sigma_{n+1}\text{ 或 }\alpha_n\quad(13)$$
$$(i=0,1,2,\cdots,L)$$

这里 t_i,ξ_i,η_i 满足 $t_ib_3=b_1b_2-b_1\xi_i-b_2\eta_i$,于是 $1\leqslant\varepsilon_{n+1}=\xi_1<\xi_2<\cdots<\xi_L,\eta_1>\eta_2>\cdots>\eta_L=\beta_n\geqslant1$,故 $t_1,t_2,\cdots,t_L$ 是满足引理 3 的条件的一个排列.

显然,$1\leqslant L-g<p$,因此 $(L-g)$ 是 $t_1,t_2,\cdots,t_L$ 中的一个数,设 $L-g=tj_{+1}$,根据我们构造式(10)的方法,它的下一数即 $t_j=L$,但 $L\geqslant p$,故 t_j 的下一数即 $t_{j-1}=L-p$(若 $L-p=0$,则 $t_{j-1}=t_0$).

当 $\max\{b_1\varepsilon_{n+1},b_2\alpha_n\}=b_2\alpha_n$ 时,由式(7)(13)和式(12),有

$$(b_1\xi_i+b_2\eta_{i+1})-(b_1\xi_j+b_2\eta_{j+1})$$
$$=\{(b_1\xi_i+b_2\eta_i-b_2(\eta_i-\eta_{i+1})\}-\{b_1\xi_j+b_2\eta_j-b_2(\eta_j-\eta_{j+1})\}$$
$$=\{(b_1b_2-t_ib_3)-b_2(\eta_i-\eta_{i+1})\}-\{(b_1b_2-Lb_3)-b_2\alpha_n\}$$
$$=(L-t_i)b_3+b_2\alpha_n-b_2(\eta_i-\eta_{i+1})\quad(0\leqslant i\leqslant L)$$

若 $\eta_i-\eta_{i+1}=\alpha_n$,显然上式右端大于或等于 0;若 $\eta_i-\eta_{i+1}=\sigma_{n+1}$,则相应有 $t_{i+1}-t_i=p$,上式右端 $=(L-t_{i+1})b_3+(b_2\alpha_n-b_1\varepsilon_{n+1})\geqslant0$,故 $\min\limits_{0\leqslant i\leqslant L}\{b_1\xi_i+b_2\eta_{i+1}\}=b_1\xi_j+b_2\eta_{j+1}=b_1b_2-Lb_3-b_2\alpha_n$;

当 $\max\{b_1\varepsilon_{n+1},b_2\alpha_n\}=b_1\varepsilon_{n+1}$ 时,同理可证:$\min\limits_{0\leqslant i\leqslant L}\{b_1\xi_i+b_2\eta_{i+1}\}=b_1\xi_{j-1}+b_2\eta_j=b_1b_2-Lb_3-b_1\varepsilon_{n+1}$.证毕.

定理的证明　由式(1),有

$$M_3=\lambda_1\lambda_2\lambda_3(b_1b_2+b_3-\min\limits_{0\leqslant i\leqslant L}\{b_1\xi_i+b_2\eta_{i+1}\})-\sum_{i=1}^{3}a_i$$

137

由引理 3,将式(9)代入上式,得

$$M_3 = \lambda_1 \lambda_2 \lambda_3 \left[(L+1) b_3 + \max\{ b_1 \varepsilon_{n'}, b_2 \alpha_n \} \right] - \sum_{i=1}^{3} a_i$$

$$= \lambda_1 \lambda_2 \lambda_3 \left(\begin{vmatrix} b_1 & \alpha_n \\ b_2 & \beta_n \end{vmatrix} + \begin{vmatrix} \sigma_{n'} & b_1 \\ \varepsilon_{n'} & b_2 \end{vmatrix} + \max\{ b_1 \varepsilon_{n'}, \right.$$

$$\left. b_2 \alpha_n \} \right) - \sum_{i=1}^{3} a_i$$

$$= \begin{vmatrix} \lambda_1 a_1 & \alpha_n \\ \lambda_2 a_2 & \beta_n \end{vmatrix} + \begin{vmatrix} \sigma_{n'} & \lambda_1 a_1 \\ \varepsilon_{n'} & \lambda_2 a_2 \end{vmatrix} + \max\{ \lambda_1 a_1 \varepsilon_{n'},$$

$$\lambda_2 a_2 \alpha_n \} - \sum_{i=1}^{3} a_i$$

证毕.

附注 我们指出,若 b_3 可经 $\overline{f_2}$ 表出,即有 $b_3 = b_1 x_1 + b_2 x_2 (x_i \geq 0, i = 1, 2)$,记 $\alpha_0 = b_1, \beta_0 = b_2, \sigma_0 = x_2$, $\varepsilon_0 = -x_1$,并且规定此时 $k_1 = 0, n = 0$,当我们定义 $\begin{vmatrix} \sigma_0 & \alpha_0 \\ \varepsilon_0 & \beta_0 \end{vmatrix}$ 为 b_3 关于有序对 $\{b_1, b_2\}$ 的最简表示式以后,根据定理 1 易证本章定理此时(即 $n = 0$ 时)仍然成立.

参 考 文 献

[1]柯召,孙琦. 谈谈不定方程[M]. 上海:上海教育出版社,1980.

[2]华罗庚. 数论导引[M]. 北京:科学出版社,1957.

[3]柯召.关于方程 $ax + by + cz = n$[J].四川大学学报(自然科学版),1955(1):1-4.

[4]陆文端,吴昌玖.关于整系数线性型的两个问题[J].四川大学学报(自然科学版),1957(2):151-157.

关于一次不定方程的 Frobenius 问题的探讨

引理 1[1,2]　设 $(a_1, a_2, a_3) = 1$，$(a_1, a_2) = d$，$a_1 = da'_1$，$a_2 = da'_2$，三元一次不定方程

$$a_1 x_1 + a_2 x_2 + a_3 x_3 = n \qquad (1)$$

的全部解可表示为

$$\begin{cases} x_1 = x_1^0 + a'_2 t_1 - \mu_1 a_3 t_2 \\ x_2 = x_2^0 - a'_1 t_1 - \mu_2 a_3 t_2 \\ x_3 = x_3^0 + d t_2 \end{cases}$$

其中 x_1^0, x_2^0, x_3^0 是式 (1) 的一组解，t_1, t_2 为任意整数，μ_1, μ_2 满足 $a'_1 \mu_1 + a'_2 \mu_2 = 1$.

引理 2　设 $(a_1, a_2, a_3, a_4) = 1$，$(a_1, a_2, a_3) = d$，$a_1 = da'_1$，$a_2 = da'_2$，$a_3 = da'_3$，$(a'_1, a'_2) = d'$，$a'_1 = d'a''_1$，$a'_2 = d'a''_2$，四元一次不定方程

$$a_1 x_1 + a_2 x_2 + a_3 x_3 + a_4 x_4 = n \qquad (2)$$

的全部解可表示为

$$\begin{cases} x_1 = x_1^0 + a''_2 t_1 - \mu'_1 a'_3 t_2 - \mu_1 a_4 t_3 \\ x_2 = x_2^0 - a''_1 t_1 - \mu'_2 a'_3 t_2 - \mu_2 a_4 t_3 \\ x_3 = x_3^0 + d' t_2 - \mu_3 a_4 t_3 \\ x_4 = x_4^0 + d t_3 \end{cases} \qquad (3)$$

其中 $x_1^0, x_2^0, x_3^0, x_4^0$ 是四元一次不定方程（2）的一组解，t_1, t_2, t_3 为任意整数，μ_1, μ_2, μ_3，满足 $a'_1 \mu_1 + a'_2 \mu_2 + a'_3 \mu_3 = 1$，$\mu'_1, \mu'_2$ 满足 $a''_1 \mu'_1 + a''_2 \mu'_2 = 1$.

证明　对于任意的整数 t_1, t_2, t_3，将式（3）代入式（2），易知是式（2）的一组解.

反之，设 x_1, x_2, x_3, x_4 是式（2）的任意一组解，由 $a_1 x_1^0 + a_2 x_2^0 + a_3 x_3^0 + a_4 x_4^0 = n$ 和 $a_1 x_1 + a_2 x_2 + a_3 x_3 + a_4 x_4 = n$ 可得

$$d \left[a'_1 (x_1 - x_1^0) + a'_2 (x_2 - x_2^0) + a'_3 (x_3 - x_3^0) \right]$$
$$= - a_4 (x_4 - x_4^0) \qquad (4)$$

由 $(d, a_4) = 1$，所以存在整数 t_3，使得

$$x_4 = x_4^0 + d t_3 \qquad (5)$$

将式（5）代入式（4），消去 d 得

$$a'_1 (x_1 - x_1^0) + a'_2 (x_2 - x_2^0) + a'_3 (x_3 - x_3^0)$$
$$= - a_4 t_3 \qquad (6)$$

由于 $(a'_1, a'_2, a'_3) = 1$，$(a'_1, a'_2) = d'$，$a'_1 = d' a''_1$，$a'_2 = d' a''_2$，而且 $-\mu_1 a_4 t_3$，$-\mu_2 a_4 t_3$，$-\mu_3 a_4 t_3$ 是 $a'_1 X_1 + a'_2 X_2 + a'_3 X_3 = -a_4 t_3$ 的一组解，由式（6），根据引理 1，存在整数 t_1, t_2，使

$$x_1 - x_1^0 = -\mu_1 a_4 t_3 + a''_2 t_1 - \mu'_1 a'_3 t_2$$

141

$$x_2 - x_2^0 = -\mu_2 a_4 t_3 - a''_1 t_1 - \mu'_2 a'_3 t_2$$

$$x_3 - x_3^0 = -\mu_3 a_4 t_3 + d' t_2$$

即

$$x_1 = x_1^0 + a''_2 t_1 - \mu'_1 a'_3 t_2 - \mu_1 a_4 t_3$$

$$x_2 = x_2^0 - a''_1 t_1 - \mu'_2 a'_3 t_2 - \mu_2 a_4 t_3$$

$$x_3 = x_3^0 + d' t_2 - \mu_3 a_4 t_3$$

这就证明了式(2)的任一组解可表示为形式(3). 证毕.

定理 对于式(2),设 $a_1 \geqslant a_2$,$a'_1 \geqslant a_4$,则

$$g(a_1, a_2, a_3, a_4)$$

$$\leqslant \frac{2a_1 a_2 a_3}{(a_1, a_2, a_3)^2} + a_4(a_1, a_2, a_3) - a_1 - a_2 - a_3 - a_4$$

$$(7)$$

且当

$$a_4 > \frac{4a_1 a_2 a_3}{(a_1, a_2, a_3)^3} - \frac{a_1}{(a_1, a_2, a_3)} -$$

$$\frac{2a_2}{(a_1, a_2, a_3)} - \frac{2a_3}{(a_1, a_2, a_3)} \qquad (8)$$

时有

$$g(a_1, a_2, a_3, a_4)$$

$$= \frac{2a_1 a_2 a_3}{(a_1, a_2, a_3)^2} + a_4(a_1, a_2, a_3) - a_1 - a_2 - a_3 - a_4$$

$$(9)$$

证明 由引理 2 知,$a_1 x_1 + a_2 x_2 + a_3 x_3 + a_4 x_4 = n$ 的全部解可表示为形式(3),其中 $x_1^0, x_2^0, x_3^0, x_4^0$ 是式(2)的一组解,$(a_1, a_2, a_3, a_4) = 1$,$(a_1, a_2, a_3) = d$,

$a_1 = da'_1, a_2 = da'_2, a_3 = da'_3, \mu_1, \mu_2, \mu_3$ 满足 $a'_1\mu_1 + a'_2\mu_2 + a'_3\mu_3 = 1, t_1, t_2$ 为任意整数. 不难知道可取整数 t_3, 使

$$0 \leqslant x_4 = x_4^0 + dt_3 \leqslant d-1$$

对于这样的 t_3, 可取适当的 t_1, t_2, 使得

$$0 \leqslant x_1 = x_1^0 + a''_2 t_1 - \mu'_1 a'_3 t_2 - \mu_1 a_4 t_3$$
$$\leqslant a'_2 a'_3 - 1$$
$$0 \leqslant x_2 = x_2^0 - a''_1 t_1 - \mu'_2 a'_3 t_2 - \mu_2 a_4 t_3$$
$$\leqslant a'_2 a'_3 - 1$$

对于上面选定的 t_1, t_2, t_3, 在

$$n > \frac{2a_1 a_2 a_3}{(a_1, a_2, a_3)^2} + a_4(a_1, a_2, a_3) - a_1 - a_2 - a_3 - a_4$$

时, 由 $a_1 \geqslant a_2$, 有

$$a_3 x_3 = n - a_1 x_1 - a_2 x_2 - a_4 x_4$$
$$\geqslant n - a_1 a'_2 a'_3 - a_2 a'_2 a'_3 - a_4 d + a_1 + a_2 + a_4$$
$$\geqslant n - 2a_1 a'_2 a'_3 - a_4 d + a_1 + a_2 + a_4$$
$$= n - \frac{2a_1 a_2 a_3}{(a_1, a_2, a_3)^2} - a_4(a_1, a_2, a_3) + a_1 + a_2 + a_4$$
$$> -a_3$$

即得 $x_3 > -1$ 或 $x_3 = x_3^0 + d't_2 - \mu_3 a_4 t_3 \geqslant 0$. 这就证明了式 (7).

下面证明由式 (8) 可推出式 (9).

由于

$$\frac{2a_1 a_2 a_3}{(a_1, a_2, a_3)^2} = 2da'_1 a'_2 a'_3, a_4(a_1, a_2, a_3) = a_4 d$$

若设 $g(a_1, a_2, a_3, a_4)$ 可表, 即

$$g(a_1, a_2, a_3, a_4) = 2da'_1 a'_2 a'_3 + a_4 d - a_1 - a_2 - a_3 - a_4$$
$$= a_1 x_1 + a_2 x_2 + a_3 x_3 + a_4 x_4$$

$$d(2a'_1 a'_2 a'_3 + a_4)$$
$$= da'_1(x_1 + 1) + da'_2(x_2 + 1) + da'_3(x_3 + 1) + a_4(x_4 + 1) \tag{10}$$

由于 $(d, a_4) = 1$，所以 $d \mid (x_4 + 1)$，令 $x_4 + 1 = kd$，由 $x_4 \geqslant 0$，故 $k > 0$ 代入式(10)，并在两端消去 d，得

$$2a'_1 a'_2 a'_3 + a_4$$
$$= a'_1(x_1 + 1) + a'_2(x_2 + 1) + a'_3(x_3 + 1) + a_4 k$$

则有

$$2a'_1 a'_2 a'_3$$
$$= a'_1(x_1 + 1) + a'_2(x_2 + 1) + a'_3(x_3 + 1) + a_4(k - 1) \tag{11}$$

如果 $k = 1$，式(11)即为

$$2a'_1 a'_2 a'_3 = a'_1(x_1 + 1) + a'_2(x_2 + 1) + a'_3(x_3 + 1)$$

由于 $x_1 \geqslant 0, x_2 \geqslant 0, x_3 \geqslant 0$，知 $x_1 + 1 > 0, x_2 + 1 > 0, x_3 + 1 > 0$，故

$$2a'_1 a'_2 a'_3 \geqslant a'_1 + a'_2 + a'_3$$

两边同乘以 2，并由 $a'_1 \geqslant a_4$，得

$$4a'_1 a'_2 a'_3 \geqslant a'_1 + 2a'_2 + 2a'_3 + a_4$$

所以

$$a_4 \leqslant 4a'_1 a'_2 a'_3 - a'_1 - 2a'_2 - 2a'_3 \tag{12}$$

这时，式(12)与式(8)矛盾.

如果 $k > 1$，由 $x_1 + 1 > 0, x_2 + 1 > 0, x_3 + 1 > 0, k - 1 > 0$，得

$$2a'_1 a'_2 a'_3 \geqslant a'_1 + a'_2 + a'_3 + a_4$$

两边乘以 2，不妨设 $a_4>0$，得

$$4a'_1a'_2a'_3$$

$$\geqslant 2a'_1+2a'_2+2a'_3+2a_4>a'_1+2a'_2+2a'_3+a_4$$

所以

$$a_4<4a'_1a'_2a'_3-a'_1-2a'_2-2a'_3 \qquad (13)$$

这时，式（13）与式（8）矛盾.

故式（9）成立.

对于 s 元（$s\geqslant 2$）线性型 $a_1x_1+a_2x_2+\cdots+a_sx_s$，$a_i>0(i=1,2,\cdots,s)$，$(a_1,a_2,\cdots,a_s)=1$，存在一个仅与 $a_1,a_2,\cdots,a_s$ 有关的整数 $g(a_1,a_2,\cdots,a_s)$，凡大于 $g(a_1,a_2,\cdots,a_s)$ 的数必可表为 $a_1x_1+a_2x_2+\cdots+a_sx_s$（$x_i\geqslant 0,i=1,2,\cdots,s$）的形式，而 $g(a_1,a_2,\cdots,a_s)$ 不能表为 $a_1x_1+a_2x_2+\cdots+a_sx_s(x_i\geqslant 0,i=1,2,\cdots,s)$ 的形式，因此，称 $g(a_1,a_2,\cdots,a_s)$ 为所给线性型的最大不可表数. 求出 $g(a_1,a_2,\cdots,a_s)$ 的问题，即所谓一次不定方程的 Frobenius 问题. $n=2$ 时，$g(a_1,a_2)=a_1a_2-a_1-a_2$，$s=3$ 时已有部分结论[1]，本章的定理给出了 $s=4$ 时在一定条件下的 $g(a_1,a_2,a_3,a_4)$ 的一个结论.

参 考 文 献

[1] 柯召,孙琦. 谈谈不定方程[M]. 上海:上海教育出版社,1980.

[2] 华罗庚. 数论导引[M]. 北京:科学出版社,1979.

关于 Frobenius 问题 M_4 之一

云南师范大学数学系的杨训乾教授 1985 年接着文献［1］讨论 M_4 的算法问题. 在讨论 M_4 时, 为了醒目些, 采用了一些特殊符号.

1 通 解

对正整数系数的不定方程

$$Ax + By + Cz + Dw = N, (A, B, C, D) = 1$$

记

$$(B, C, D) = e_1$$
$$(A, C, D) = e_2$$
$$(A, B, D) = e_3$$
$$(A, B, C) = e_4$$

$A = ae_2e_3e_4$, $B = be_1e_3e_4$, $C = ce_1e_2e_4$, $D = de_1e_2e_3$. a, b, c, d 四个数中任何三个均是互素的.

记

$$(b, c) = d_1, (a, c) = d_2, (a, b) = d_3$$

$$a = \alpha d_2 d_3, b = \beta d_1 d_3, c = \gamma d_1 d_2$$

α, β, γ 三个数中任何两个均是互素的.

记

$$D(1) = \alpha\beta, D(2) = d_1 d_2 d_3, D(3) = e_1 e_2 e_3 e_4$$

这时方程的通解为

$$
\begin{cases}
x = x_0 + T'e_1 + T_1 d_1 e_1 + (-1) \cdot \beta d_1 e_1 \\
y = y_0 - s'e_2 - s_1 d_2 e_2 + (+1) \cdot \alpha d_2 e_2 \\
z = z_0 - s''e_3 + 1 \cdot d_3 e_3 \\
w = w_0 + 1 \cdot e_4
\end{cases}
$$

诸 T, s 满足方程

$$aT' - bs' - cs'' + d \cdot 1 = 0$$

$$\alpha T_1 - \beta s_1 + \gamma \cdot 1 = 0$$

并可限制

$$1 \leqslant s' \leqslant \alpha d_2, 1 \leqslant s'' \leqslant d_3, 1 \leqslant s_1 \leqslant \alpha$$

各级变换为

$$X_0 A_4 - X_0 = (T'e_1, -s'e_2, -s''e_3, 1 \cdot e_4)$$

简记为

$$A_4 = [T'e_1, -s'e_2, -s''e_3, 1 \cdot e_4]$$

$$X_0 A_3 - X_0 = (T_1 d_1 e_1, -s_1 d_2 e_2, 1 \cdot d_3 e_3, 0)$$

简记为

$$A_3 = [T_1 d_1 e_1, -s_1 d_2 e_2, 1 \cdot d_3 e_3, 0]$$

$$X_0 A_2 - X_0 = (-\beta d_1 e_1, \alpha d_2 e_2, 0, 0)$$

简记为

$$A_2 = [-\beta d_1 e_1, \alpha d_2 e_2, 0, 0]$$

于是 $Ax + By + Cz + Dw = N$ 上任一整点与其上某一整点 X_0 的关系可写为

$$X = X_0 A_4^{t_4} A_3^{t_3} A_2^{t_2}, t_2, t_3, t_4 \text{ 为参变整数}$$

下面分四种情形进行讨论:

（1）$T' \leqslant 0, T_1 \leqslant 0$，即 A_4 是降变换，A_3 是降变换.

（2）$T' \leqslant 0, T_1 > 0$，即 A_4 是降变换，A_3 是升变换.

（3）$T' > 0, T_1 \leqslant 0$，即 A_4 是升变换，A_3 是降变换.

（4）$T' > 0, T_1 > 0$，即 A_4 是升变换，A_3 是升变换.

定义 1 设 $X = (x, y, z, w)$ 为四维超平面 $Ax + By + Cz + Dw = N$ 上的一个整点，V 表示一个整点集合

$$V = \{ X \mid -\alpha d_2 e_2 \leqslant y \leqslant -1, 0 \leqslant z < \infty, 0 \leqslant w < \infty \}$$

若整点 $P \in V$，则称点 P 为临截点.

定义 2 若整点 $X = (x, y, z, w)$ 满足

$$-\alpha d_2 e_2 \leqslant y \leqslant -1, 0 \leqslant z < d_3 e_3 - 1, 0 \leqslant w < e_4 - 1$$

则称为初始临截点.

每一张四维超单面上有且只有一个初始临截点.

定义 3 V^* 表示一个整点集合

$$V^* = \{ X \mid x \geqslant 0, y \geqslant 0, z \geqslant 0, w \geqslant 0 \}$$

若整点 $X_0 \in V^*$，则称 X_0 在截口上.

极大点，先锋点见文[1].

2 分　　组

记 $\Delta' = D(1)D(2)D(3) + \gamma D(2)D(3) + dD(3)$，当 $N > \Delta'$ 时，N 就必能经 $Ax + By + Cz + Dw$（$x \geqslant 0, y \geqslant 0, z \geqslant 0, w \geqslant 0$）表示，在文[1]中已证明此情况. 现将从 Δ' 起以小的正整数进行分组，每组 A 个数，第 t 组的 A 个数是

$$A(\beta d_1 e_1 - t) + \gamma D(2)D(3) + dD(3) - r$$

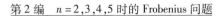

$$(0 \leqslant r \leqslant A - 1, t = 0,1,2,\cdots)$$

引理 1　截口上有整点的充分必要条件是极大点 $P = (x_p, y_p, z_p, w_p)$ 满足 $x_p \geqslant \beta d_1 e_1$.

证明　若极大点 P 满足 $x_p \geqslant \beta d_1 e_1$，记

$$X_0 = PA_2 = (x_p - \beta d_1 e_1, y_p + \alpha d_2 e_2, z_p, w_p)$$

由于

$$x_p - \beta d_1 e_1 \geqslant 0 \text{（本引理假设）}$$

$$\begin{cases} y_p + \alpha d_2 e_2 \geqslant 0 \\ z_p \geqslant 0 \\ w_p \geqslant 0 \end{cases} \quad \text{（临截点定义）}$$

知 X_0 在截口上（或说 $X_0 \in V^*$）.

反之，设 $X = (x, y, z, w) \in V^*$，即 $x \geqslant 0, y \geqslant 0, z \geqslant 0, w \geqslant 0$，则存在一个正整数 l 使得

$$-\alpha d_2 e_2 \leqslant y - l\alpha d_2 e_2 \leqslant -1$$

记

$$Q = XA_2^{-l} = (x + l\beta d_1 e_1, y - l\alpha d_2 c_2, z, w)$$

则 $Q \in V$. 令 P 是极大点，即

$$x_P \geqslant x_Q = x + l\beta d_1 e_1 \geqslant \beta d_1 e_1$$

3　基 本 引 理

于 $Ax + By + Cz + Dw = N$ 上取定 $w = k$（常数）得一个三维平面，在此三维平面上定义 B 型变换如下

$$B_1 = A_3$$

$$B_2 = A_1 A_2 B_1^{n_1}$$

$$B_i = B_{i-1} A_2 B_1^{n_1} B_2^{n_2 - 1} \cdots B_{i-1}^{n_{i-1} - 1} \quad (3 \leqslant i \leqslant K + 1)$$

记

$$B_i = \left[T_i, -s_i, w_i \right] \quad (1 \leqslant i \leqslant K+1)$$

由第一套除法程序得 n_i

$$\alpha = n \cdot s_1 + r_1 \quad (1 \leqslant r_1 \leqslant s_1, s_2 = s_1 - r_1)$$

$$s_1 = n_2 \cdot s_2 + r_2 \quad (1 \leqslant r_2 \leqslant s_2, s_3 = s_2 - r_2)$$

再有

$$\left.\begin{array}{l}
T_1 = T_1, T_2 = -\beta + (n_1 + 1) T_1, \\
T_i = -T_{i-2} + (n_{i-1} + 1) T_{i-1}, \\
-s_1 = -s_1, -s_2 = \alpha - (n_1 + 1) s_1, \\
-s_i = s_{i-2} - (n_{i-1} + 1) s_{i-1}, \\
w_1 = 1, w_2 = (n_1 + 1) w_1, \\
w_i = -w_{i-2} + (n_{i-1} + 1) w_{i-1},
\end{array}\right\} \quad (3 \leqslant i \leqslant K+1)$$

K 这样来定义: $T_1, T_2, \cdots, T_k > 0$,而 $T_{K+1} \leqslant 0$.

定义 4 在一张超平面上,把整点集合 $D(k) = \{ X \mid -\alpha d_2 e_2 \leqslant y \leqslant -1, 0 \leqslant z < \infty, w = k \}$ 称为三维临截区,也就是临截区 V 与 $w = k$ 之交集就是三维临截区.

定义 5 在一张四维超平面上,$D(k)$ 中的临截点其 z 坐标最小者称为 $D(k)$ 上的初始临截点.

定义 6 对 $D(k)$ 上的初始临截点 Q 用 B_1,$B_2, \cdots, B_K$ 施行限区变换而达于 P,今对点 P 而言定义四个四维区域(图 1 中只划出三维区,三维区的定义见文[1]).

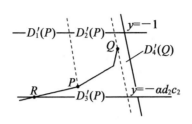

图 1　在 $w = k$ 上的图

$$V'_1(P) = [D'_1(P) \cup D'_2(P)]A'_4 \quad (0 \leqslant t < \infty)$$

$$V'_2(P)(本章没有,记为 V'_2(P) = \phi)$$

$$V'_3(P) = [D'_3(P) \cup D'_4(Q)]A'_4 \quad (0 \leqslant t < \infty)$$

其中

$$V'_4(P) = \{X \mid Q \leqslant w \leqslant w_P\}$$

$$D'_4(Q) = \{X \mid z < z_Q, w = w_Q\}$$

更规定　　　　$$V_1 = V'_1(P) \cap V$$

$$V_2(本章没有,记为 V_2 = \phi)$$

$$V_3 = V'_3(P) \cap V$$

$$V_4 = V'_4(P) \cap V$$

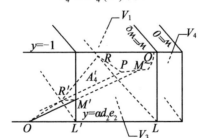

图 2　V_3 就是 $0\text{-}L'M'R'L'\text{-}LQRL$

引理 2　设 A_4 是一个降变换,$B_1, B_2, \cdots, B_K$ 为升变换,B_{K+1} 为降变换,对初始临截点 $Q = (x_Q, y_Q, z_Q,$

151

w_Q)在 $w = w_0$ 平面上,用 B_1,B_2,$\cdots$,B_K 施行限区变换而达于点 P,则 P 是 V 上的极大点.

证明 (1)P 是 V_1 上的极大点.

设 $X \in V_1$,则存在一个实数 t 使得 $X \in [D'_1(P) \cup D'_2(P)]A_4^t$.

记

$$H = PA_4^t, G = XA_4^{-t}$$

于是

$$x_H - x = x_P - x_G$$

因为 $x_P - x_G > 0$(由文[1]基本引理的证明可见:P 是 $D'_1(P) \cup D'_2(P)$ 上的极大点).

所以

$$x_H - x > 0$$

又

$$x_H \leqslant x_P \quad \text{(因为 } A_4 \text{ 是降变换)}$$

所以

$$x < x_P$$

此即 P 是 V_1 上的极大点.

(2)P 是 V_2 上的极大点(因为 $V_1 = \phi$).

(3)P 是 V_3 上的极大点.

因为 $[D'_3(P) \cup D'_4(Q)] \cap V$ 上无整点(这在文[1]基本引理的证明中可见,这里的 $[D'_3(P) \cup D'_4(Q)] \cap V$ 就是那里的 $D_3 \cup D_4$). 所以 $[D'_3(P) \cup D'_4(Q)]A_4 \cap V$ 上亦无整点(就本章 A_4 为降的情形,这里可用反证法来完成). 又 $[D'_3(P) \cup D'_4(Q)]A'_4 \cap$

$V(0 \le t \le 1)$ 上无整点. 继续用此法可证 V_3 上无整点.

(4) P 是 V_4 上的极大点.

P 与 Q 在同一个 $w = w_Q$ 平面上, 而 Q 是初始临截点, 所以 Q 是 V_4 上的极大点. 又 $x_P > x_Q$ (因 $B_1, \cdots, B_K$ 为升变换), 所以 P 是 V_4 上的极大点.

综合 (1) – (4) 知, P 是 V 上的极大点.

4　填　写　M_4

第 (1) 种情形: $T'_1 \le 0, T_1 \le 0$.

按引理 2, 此时的初始临截点都是各自所在四维超平面上的极大点. 再按文 [1] 中引理 3, 这组临截点的先锋点是 $P = (x_P, -1, d_3 e_3 - 1, e_4 - 1)$.

令

$$x_P = \beta d_1 e_1 - 1$$

写得

$$
\begin{aligned}
M_4 &= A(\beta d_1 e_1 - 1) + B(-1) + C(d_3 e_3 - 1) + D(e_4 - 1) \\
&= 1 \cdot D(1) D(2) D(3) + \beta \cdot D(2) D(3) + \\
&\quad c \cdot D(3) - A - B - C - D
\end{aligned}
$$

第 (2) 种情形: $T'_1 \le 0, T_1 > 0$. 即 A_4 为降变换, A_3 为升变换.

全组临截点分布在 $w = k (0 \le k \le e_4 - 1)$ 上, 共有 e_4 个这种三维临截区 $D(k)$. 对每一个 $D(k)$ 中的临截点用 $B_1, B_2, \cdots, B_K$ 施行限区变化法 (变换后如图 3 所示). 按引理 2, 此种点已是 V 上的极大点. 这时竞争先锋点者唯 P_1, P_2 两点而已. 所以 $M_4 = \max(\Delta_1, \Delta_2)$.

其中 s_K, r_K 是由 α, s_1 出发按第一套除法程序求得的. 令

$$x = \beta d_1 e_1 - 1$$

得

$$
\begin{aligned}
\Delta_1 &= A(\beta d_1 e_1 - 1) + B(-\alpha d_2 e_2 + s_K d_2 e_2 - 1) + \\
&\quad C[(w_{K+1} - w_K) d_3 e_3 - 1] + D(e_4 - 1) \\
&= B s_K d_2 e_2 + C(w_{K+1} - w_K) d_3 e_3 + D e_4 - A - B - C - D \\
\Delta_2 &= A(\beta d_1 e_1 - 1) + B(-\alpha d_2 e_2 + r_K d_2 e_2 - 1) + \\
&\quad C(w_{K+1} d_3 e_3 - 1) + D(e_4 - 1) \\
&= B r_K d_2 e_2 + C w_{K+1} d_3 e_3 + D e_4 - A - B - C - D
\end{aligned}
$$

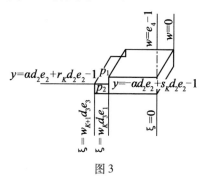

图 3

例 $\quad 35x + 100y + 12z + 182w = N$

$$A = 35, B = 100, C = 12, D = 182$$

$$e_1 = 2, e_2 = e_3 = e_4 = 1, a = 35, b = 50, c = 6, d = 91$$

$$d_1 = 2, d_2 = 1, d_3 = 5, \alpha = 7, \beta = 5, \gamma = 3$$

由 $a(-1) + b(-1) + c(-1) + d \cdot 1 = 0$(即 $T'_1 = -1$, $s' = 1, s'' = 1$),知 $A_4 = [-2, -1, -1, 1]$ 是降变换. 由 $\alpha \cdot 1 + \beta(-2) + \gamma \cdot 1 = 0$(即 $T_1 = 1, s_1 = 2$)知, $A_s = [4, -2, 5, 0]$ 是升变换.

因此按本章方法写 M_4.

对 $\alpha = 7, s_1 = 2$ 进行第一套除法程序

$$n_i \quad s_i \quad r_i$$

$$7 = 3 \times 2 + 1, s_2 = 2 - 1 = 1$$

$$2 = 1 \times 1 + 1$$

$$T_1 = 1, T_2 = -5 + (3 + 1) \times 1 = -1$$

$$w_1 = 1, w_2 = (3 + 1) \times 1 = 4$$

今用 $K = 1$,算得 $s_1 = 2, r_1 = 1$

$$\Delta_1 = Bs_K d_2 e_2 + C(w_{K+1} - w_K) d_3 e_3 + De_4 - A - B - C - D$$

$$= 100 \times 2 \times 1 \times 1 + 12 \times (4 - 1) \times 5 \times 1 + 182 \times 1 -$$

$$35 - 100 - 12 - 182$$

$$= 233$$

$$\Delta_2 = Br_K d_2 e_2 + Cw_{K+1} d_3 e_3 + De_4 - A - B - C - D$$

$$= 100 \times 1 \times 1 \times 1 + 12 \times 4 \times 5 \times 1 +$$

$$182 \times 1 - 35 - 100 - 12 - 182$$

$$= 193$$

$$M_4 = \max(\Delta_1, \Delta_2) = 233$$

参考文献

[1]杨训乾. 关于线性型的最大不可表数问题[J].西南师范学院学报(自然科学版),1984(1):68-81.

第 三 编

一般情形的
Frobenius 问题

关于整系数线性型的一个定理

在四川大学学报第一期上柯召教授证明了下面的一个定理.

定理 设 a, b, c 为正整数, $(a, b, c) = 1$, x, y, z 取非负整数, $ax + by + cz$ 所不能表出的最大整数为 M. 当

$$C > \frac{ab}{(a,b)^2} - \frac{a}{(a,b)} - \frac{b}{(a,b)}$$

时

$$M = \frac{ab}{(a,b)} + c(a,b) - a - b - c$$

西南师范大学陈重穆教授 1955 年推广这个定理到更普遍的情形, 即:

定理 设 $a_1, a_2, \cdots, a_K$ 为正整数, 且 $(a_1, a_2, \cdots, a_K) = 1$, 则线性型

$$f = a_1 x_1 + a_2 x_2 + \cdots + a_K x_K \qquad (1)$$

当诸 x 取非负整数值时, f 不能表出的最大整数 M 有

第

1

章

$$M \leqslant a_2 \frac{a_1}{d_2} + a_3 \frac{d_2}{d_3} + \cdots + a_{K-1} \frac{d_{K-2}}{d_{K-1}} +$$

$$a_K d_{K-1} - a_1 - a_2 - \cdots - a_K \qquad (2)$$

其中 $d_j = (a_1, a_2, \cdots, a_j)(j = 2, 3, \cdots, K-1)$，且当

$$a_i > \frac{d_i}{d_{i-1}} (a_2 \frac{a_1}{d_2} + a_3 \frac{d_2}{d_3} + \cdots +$$

$$a_{i-1} \frac{d_{i-2}}{d_{i-1}} - a_1 - a_2 - \cdots - a_{i-1})$$

$$(i = 2, 3, \cdots, K) \qquad (3)$$

时，（2）之等号成立.

证明 对 K 用数学归纳法. 当 $K = 2$ 时定理显然正确.

设对 $K-1$ 个变数的情形定理正确，再证明对 K 个变数的情形也是正确的. 令 n 表大于

$$a_2 \frac{a_1}{d_2} + a_3 \frac{d_2}{d_3} + \cdots + a_{K-1} \frac{d_{K-2}}{d_{K-1}} +$$

$$a_K d_{K-1} - a_1 - a_2 - \cdots - a_K$$

的任一整数. 以 x_K^0 表同余式

$$a_K x_K \equiv n \pmod{d_{K-1}}$$

的非负最小整数解

$$0 \leqslant x_K^0 \leqslant d_{K-1} - 1$$

讨论不定方程

$$a'_1 x_1 + \cdots + a'_{K-1} x_{K-1} = \frac{n - a_K x_K^0}{d_{K-1}}$$

其中 $a'_j = \frac{a_j}{d_{K-1}}(j = 1, \cdots, K-1)$. 由于

$$\frac{n - a_K x_K^0}{d_{K-1}} \geqslant \frac{n - a_K(d_{K-1} - 1)}{d_{K-1}}$$

$$> \frac{1}{d_{K-1}} \left[\left(a_2 \frac{a_1}{d_2} + a_3 \frac{d_2}{d_3} + \cdots + a_{K-1} \frac{d_{K-2}}{d_{K-1}} + \right.\right.$$

$$\left.\left. a_K d_{K-1} - a_1 - \cdots - a_K \right) - a_K(d_{K-1} - 1) \right]$$

$$= a'_2 \frac{a'_1}{d'_2} + a'_3 \frac{d'_2}{d'_3} + \cdots + a'_{K-2} \frac{d'_{K-3}}{d'_{K-2}} +$$

$$a'_{K-1} d'_{K-2} - a'_1 - a'_2 - \cdots - a'_{K-1}$$

其中 $d'_i = \dfrac{d_i}{d_{K-1}} (i = 2, \cdots, K-1)$.

又

$$(a'_1, \cdots, a'_i) = \left(\frac{a_1}{d_{K-1}}, \cdots, \frac{a_i}{d_{K-1}} \right) = \frac{d_i}{d_{K-1}} = d'_i$$

由归纳法假设,存在非负整数 $x_1^0, x_2^0, \cdots, x_{K-1}^0$,使

$$a'_1 x_1^0 + a'_2 x_2^0 + \cdots + a'_{K-1} x_{K-1}^0 = \frac{n - a_K x_K^0}{d_{K-1}}$$

或

$$a_1 x_1^0 + a_2 x_2^0 + \cdots + a_{K-1} x_{K-1}^0 + a_K x_K^0 = n$$

即 n 能为 f 所表出,定理的第一部分已经证明.

若有

$$a_1 x_1 + \cdots + a_{K-1} x_{K-1} + a_K x_K$$

$$= a_2 \frac{a_1}{d_2} + a_3 \frac{d_2}{d_3} + \cdots + a_K d_{K-1} - a_1 - a_2 - \cdots - a_K$$

则

$$a_1 x_1 + \cdots + a_{K-1} x_{K-1} + a_K(x_K + 1)$$

$$= a_2 \frac{a_1}{d_2} + a_3 \frac{d_2}{d_3} + \cdots + a_K d_{K-1} - a_1 - a_2 - \cdots - a_{K-1}$$

显然有 $d_{K-1} \mid (x_K + 1)$，令 $x_K + 1 = d_{K-1} t \, (t \geqslant 1)$，则上式变为

$$a'_1 x_1 + \cdots + a'_{K-1} x_{K-1} + a_K (t - 1)$$

$$= a'_2 \frac{a'_1}{d'_2} + a'_3 \frac{d'_2}{d'_3} + \cdots +$$

$$a'_{K-1} d'_{K-2} - a'_1 - \cdots - a'_{K-1} \tag{4}$$

而条件(3)，两端以 d_{K-1} 除后，得

$$a'_i > \frac{d'_i}{d'_{i-1}} \left(a'_2 \frac{a'_1}{d'_2} + a'_3 \frac{d'_2}{d'_3} + \cdots + a'_{i-1} \frac{d'_{i-2}}{d'_{i-1}} - a'_1 - \right.$$

$$\left. a'_2 - \cdots - a'_{i-1} \right) \quad (i = 2, \cdots, K-1)$$

由归纳法假定，(4)之右端不能表为 $a'_1 x_1 + \cdots + a'_{K-1} x_{K-1}$，因而 $t > 1$，故由 $x_i \geqslant 0$ 得出

$$a_K \leqslant a'_2 \frac{a'_1}{d'_2} + a'_3 \frac{d'_2}{d'_3} + \cdots +$$

$$a'_{K-1} d'_{K-2} - a'_1 - \cdots - a'_{K-1}$$

即

$$a_K \leqslant \frac{1}{d_{K-1}} \left(a_2 \frac{a_1}{d_2} + a_3 \frac{d_2}{d_3} + \cdots + a_{K-1} \frac{d_{K-2}}{d_{K-1}} - \right.$$

$$\left. a_1 - \cdots - a_{K-1} \right)$$

与假设条件(3)矛盾.

定理至此完全证毕.

关于整系数线性型的两个问题

第 2 章

设 $a_1, a_2, \cdots, a_k$ 是正整数, $(a_1, a_2, \cdots, a_k) = 1$. 线性型

$$f_k = a_1 x_1 + a_2 x_2 + \cdots + a_k x_k$$

($x_1, x_2, \cdots, x_k$ 取非负整数)

所不能表出的最大整数及 f_k 不能表出的正整数的个数分别以 M_k 及 N_k 表示.

关于如何求出 M_k 是一个尚未完全解决的问题,柯召[1]教授首先讨论了 $k = 3$ 的一个情形. 在柯召教授的指导下,陆文端教授[2][3]又讨论了 $k = 3$ 的另外一些情形. J. B. Roberts[4] 对 $a_1, a_2, \cdots, a_k$ 成算术级数的情形得出了 M_k 的公式. 陈重穆教授[5]推广柯召教授的结果证明了下面的一个定理:

定理 命 $D_i = (a_1, a_2, \cdots, a_i), i = 1, 2, \cdots, k$ 及

$$G_i = \sum_{j=2}^{i} a_j - \frac{D_{j-1}}{D_j} - \sum_{j=1}^{i} a_j \quad (i = 2, 3, \cdots, k)$$

163

则

$$M_k \leqslant G_k$$

且当 $a_i \dfrac{D_{i-1}}{D_i} > G_{i-1}, i = 3, 4, \cdots, k$ 时

$$M_k = G_k$$

陆文端、吴昌玖两位教授 1957 年推广了上面这一个定理，得出了 $M_k = G_k$ 的充分且必要的条件，这一个结果也是陆文端关于 $k = 3$ 的一个定理[2]的普遍化；对于不满足这种条件的情形，定理 4 给出了一个 M_k 的比 G_k 更小的上限，虽然我们还没有找出计算 M_k 的一般公式，但是定理 2 已经告诉我们 M_k 一般具有什么样的形式，它也证实了柯召教授关于 M_3 的形式所作的估计是完全正确的. 至于 $k = 3$ 的情形，我们的问题已经完全解决了，定理 3 及定理 5 给出了求 M_3 的一般公式.

关于求出线性型 f_k 所不能表出的正整数的个数是我们这章要讨论的第二个问题. 下面的定理 6 确定了 N_k 所在的范围，即不等式 $\dfrac{M_k + 1}{2} \leqslant N_k \leqslant \dfrac{G_k + 1}{2}$ 成立，并由此推出了 N_2 的公式. 定理 8 证明了定理 3 的条件也是 $N_k = \dfrac{G_k + 1}{2}$ 的充分且必要的条件，对于 $k = 2$ 的情形，这一问题也完全解决了，求 N_3 的一般公式可以在定理 8 及定理 9 里面找到.

在这章的讨论中，我们还要采用下面一些记号

$$f_i = a_1 x_1 + a_2 x_2 + \cdots + a_i x_i \quad (i = 2, 3, \cdots, k)$$

式中 $x_1, x_2, \cdots, x_i$ 取非负整数

$$\lambda_i = (a_1, a_2, \cdots, a_{i-1}, a_{i+1}, \cdots, a_k) \quad (i = 1, 2, \cdots, k)$$

因为 $(a_1, a_2, \cdots, a_k) = 1$，所以

$$(a_i, \lambda_i) = 1 \quad (i = 1, 2, \cdots, k)$$

$$(\lambda_i, \lambda_j) = 1 \quad (i, j = 1, 2, \cdots, k, i \neq j)$$

命

$$a_i = b_i \lambda_1 \lambda_2 \cdots \lambda_{i-1} \lambda_{i+1} \cdots \lambda_k \quad (i = 1, 2, \cdots, k)$$

于是 $b_1, b_2, \cdots, b_k$ 中每 $k-1$ 个是互素的. 又命

$$d_i = (b_1, b_2, \cdots, b_i) \quad (i = 1, 2, \cdots, k)$$

于是有 $d_k = d_{k-1} = 1$ 及

$$D_i = (a_1, a_2, \cdots, a_i) = \lambda_{i+1} \lambda_{i+2} \cdots \lambda_k d_i \quad (i = 1, 2, \cdots, k)$$

再命

$$\overline{G}_i = \sum_{j=2}^{i} b_j \frac{d_{j-1}}{d_j} - \sum_{j=1}^{i} b_j \quad (i = 2, 3, \cdots, k)$$

显然 $\overline{G}_{k-1} = \overline{G}_k$.

以 $\overline{M}_i$ 与 $\overline{N}_i$ 分别表示线性型

$$\overline{f}_i = b_1 x_1 + b_2 x_2 + \cdots + b_i x_i \quad (x_1, x_2, \cdots, x_i \text{ 取非负整数})$$

所不能表出的最大整数与 $\overline{f}_i$ 不能表出的正整数的个数, $i = 2, 3, \cdots, k$.

对一个整数 n, 以 $r_i (0 \leqslant r_i \leqslant \lambda_i - 1)$ 表示同余式

$$a_i x_i \equiv n (\bmod \lambda_i)$$

的非负最小整数解, $i = 1, 2, \cdots, k$, 由同余式性质知

$$S = \frac{n - \sum_{i=1}^{k} a_i r_i}{\lambda_1 \lambda_2 \cdots \lambda_k}$$

是一个整数.

引理 1　整数 n 可经线性型 f_k 表出的充要条件是 S 可经线性型 $\bar{f}_k$ 表出.

证明　由同余式性质,可设

$$x_i = r_i + \lambda_i t_i \quad (t_i \geqslant 0, i = 1, 2, \cdots, k) \qquad (1)$$

若 n 可经线性型 f_k 表出,即

$$a_1 x_1 + a_2 x_2 + \cdots + a_k x_k = n$$

以式(1)代入化简后得

$$b_1 t_1 + b_2 t_2 + \cdots + b_k t_k = S$$

即 S 可经线性型 $\bar{f}_k$ 表出.

反之,若 S 可经线性型 $\bar{f}_k$ 表出,即

$$b_1 x_1 + b_2 x_2 + \cdots + b_k x_k = S = \frac{n - \sum_{i=1}^{k} a_i r_i}{\lambda_1 \lambda_2 \cdots \lambda_k}$$

化简后得

$$a_1 (\lambda_1 x_1 + r_1) + a_2 (\lambda_2 x_2 + r_2) + \cdots + a_k (\lambda_k x_k + r_k) = n$$

即 n 可经线性型 f_k 表出,因为 $\lambda_i x_i + r_i \geqslant 0, i = 1, 2, \cdots, k$.

定理 1　$M_k = \bar{M}_k \lambda_1 \lambda_2 \cdots \lambda_k + \sum_{i=1}^{k} a_i (\lambda_i - 1)$.

证明　设 $M = \bar{M}_k \lambda_1 \lambda_2 \cdots \lambda_k + \sum_{i=1}^{k} a_i (\lambda_i - 1)$. 我们来证明 $M_k = M$.

先证明 M 不能经线性型 f_k 表出,同余式

$$a_i x_i \equiv M (\bmod \lambda_i)$$

显然有非负最小整数解 $\lambda_i - 1, i = 1, 2, \cdots, k,$ 而

$$\frac{M - \sum\limits_{i=1}^{k} a_i(\lambda_i - 1)}{\lambda_1 \lambda_2 \cdots \lambda_k} = \overline{M}_k$$

不能经线性型 $\overline{f}_k$ 表出，由引理 1 知 M 不能经线性型 f_k
表出.

再证明当 $n > M$ 时 n 一定可以经线性型 f_k 表出.
由 $n > M$ 得出

$$S = \frac{n - \sum\limits_{i=1}^{k} a_i r_i}{\lambda_1 \lambda_2 \cdots \lambda_k} \geqslant \frac{n - \sum\limits_{i=1}^{k} a_i(\lambda_i - 1)}{\lambda_1 \lambda_2 \cdots \lambda_k} > \overline{M}_k$$

故 S 可经线性型 $\overline{f}_k$ 表出，由引理 1 知 n 可经线性型 f_k
表出.

综合上面两段所述，得出 $M_k = M$.

引理 2　(1) $\overline{M}_k \leqslant \overline{M}_{k-1}$.

(2) 当 b_k 可经线性型 $\overline{f}_{k-1}$ 表出时，$\overline{M}_k = \overline{M}_{k-1}$.

证明　(1) 几个大于 $\overline{M}_{k-1}$ 的数都可经线性型 $\overline{f}_{k-1}$
表出，当然也就可经线性型 $\overline{f}_k$ 表出，所以 $\overline{M}_k \leqslant \overline{M}_{k-1}$.

(2) 我们只需证明 $\overline{M}_{k-1}$ 不可经线性型 $\overline{f}_k$ 表出就够
了. 如果 $\overline{M}_{k-1}$ 可经 $\overline{f}_k$ 表出，即

$$b_1 x_1 + b_2 x_2 + \cdots + b_k x_k = \overline{M}_{k-1}$$

由条件 $b_k = b_1 u_1 + b_2 u_2 + \cdots + b_{k-1} u_{k-1}$，$u_j(j = 1, 2, \cdots,$
$k - 1)$ 为非负整数，代入上式得

$$b_1(x_1 + u_1 x_k) + b_2(x_2 + u_2 x_k) + \cdots +$$

$$b_{k-1}(x_{k-1} + u_{k-1} x_k) = \overline{M}_{k-1}$$

这就与假设 $\overline{M}_{k-1}$ 不可经线性型 $\bar{f}_{k-1}$ 表出矛盾.

引理 3 $a_i \dfrac{D_{i-1}}{D_i}$ 可经线性型 f_{i-1} 表出的充要条件

是 $b_i \dfrac{d_{i-1}}{d_i}$ 可经线性型 $\bar{f}_{i-1}$ 表出.

证明 如果 $a_i \dfrac{D_{i-1}}{D_i}$ 可经线性型 f_{i-1} 表出,即

$$a_i \frac{D_{i-1}}{D_i} = a_1 x_1 + a_2 x_2 + \cdots + a_{i-1} x_{i-1}, x_1 \geqslant 0, \cdots, x_{i-1} \geqslant 0$$

把 $a_j = b_j \lambda_1 \cdots \lambda_{j-1} \lambda_{j+1} \cdots \lambda_k$ 及 $D_j = \lambda_{j+1} \lambda_{j+2} \cdots \lambda_k d_j$ 代入
上式得

$$b_i \frac{d_{i-1}}{d_i} \lambda_1 \lambda_2 \cdots \lambda_{i-1}$$

$$= b_1 \lambda_2 \lambda_2 \cdots \lambda_{i-1} x_1 + b_2 \lambda_1 \lambda_3 \cdots \lambda_{i-1} x_2 + \cdots +$$

$$b_{i-1} \lambda_1 \lambda_2 \cdots \lambda_{i-2} x_{i-1}$$

由可除性理论知 $\lambda_j \mid x_j, j = 1, 2, \cdots, i-1$,故可命 $x_j = \lambda_j t_j, t_j \geqslant 0$ 代入上式化简后得

$$b_i \frac{d_{i-1}}{d_i} = b_1 t_1 + b_2 t_2 + \cdots + b_{i-1} t_{i-1}$$

即 $b_i \dfrac{d_{i-1}}{d_i}$ 可经线性型 $\bar{f}_{i-1}$ 表出.

反之,若 $b_i \dfrac{d_{i-1}}{d_i}$ 可经线性型 $\bar{f}_{i-1}$ 表出,即

$$b_i \frac{d_{i-1}}{d_i} = b_1 t_1 + b_2 t_2 + \cdots + b_{i-1} t_{i-1}, t_1 \geqslant 0, \cdots, t_{i-1} \geqslant 0$$

两端同乘 $\lambda_1 \lambda_2 \cdots \lambda_i$ 后,再以 $\dfrac{d_{i-1}}{d_i} = \dfrac{D_{i-1}}{D_i} \cdot \dfrac{1}{\lambda_i}$ 代入得

$$a_i \frac{D_{i-1}}{D_i} = a_1 x_1 + a_2 x_2 + \cdots + a_{i-1} x_{i-1}$$

其中 $x_j = t_j \lambda_j \geqslant 0, j = 1, 2, \cdots, i-1$，即 $a_i \dfrac{D_{i-1}}{D_i}$ 可经线性型 f_{i-1} 表出.

引理 4　线性型 f_k 所不能表出的整数都可以表示成下面的形式

$$\sum_{i=2}^{k} a_i \frac{D_{i-1}}{D_i} - \sum_{i=1}^{k} h_i a_i, h_i \geqslant 1$$

证明　我们用数学归纳法来证明.

$k = 2$ 时，设 n 不能经 f_2 表出，命 $h_1 (1 \leqslant h_1 \leqslant a_2)$ 表同余式

$$a_1 x \equiv -n (\operatorname{mod} a_2)$$

的最小正整数解，则可设 $a_1 h_1 = -n + a_2 t$. 今证 $t < a_1$.
否则由 $t \geqslant a_1$ 得出 $n = a_1 (a_2 - h_1) + a_2 (t - a_1), a_2 - h_1 \geqslant 0, t - a_1 \geqslant 0$，这就与 n 不能经 f_2 表出的假设矛盾.
由 $t < a_1$ 得出

$$n = a_1 a_2 - a_1 h_1 - a_2 h_2$$

其中 $h_1 \geqslant 1, h_2 = a_1 - t \geqslant 1$.

设引理对 $k = 1$ 个变数的线性型是正确的.

若 n 不可经线性型 f_k 表出，由引理 1 知 S 不可经线性型 $\bar{f}_k$ 表出. 显然 S 也不可经 $\bar{f}_{k-1}$ 表出，由归纳假设得

$$S = \sum_{i=2}^{k-1} b_i \frac{d_{i-1}}{d_i} - \sum_{i=1}^{k-1} g_i b_i, g_i \geqslant 1$$

于是

169

$$n = S\lambda_1\lambda_2\cdots\lambda_k + \sum_{i=1}^{k} a_i r_i$$

$$= \left(\sum_{i=2}^{k-1} b_i \frac{d_{i-1}}{d_i} - \sum_{i=1}^{k-1} g_i b_i \right)\lambda_1\lambda_2\cdots\lambda_k + \sum_{i=1}^{k} a_i r_i$$

$$= \sum_{i=2}^{k-1} a_i \frac{D_{i-1}}{D_i} - \sum_{i=1}^{k-1} g_i\lambda_i a_i + \sum_{i=1}^{k} a_i r_i$$

$$= \sum_{i=2}^{k} a_i \frac{D_{i-1}}{D_i} - \sum_{i=1}^{k-1} (g_i\lambda_i - r_i)a_i - (\lambda_k - r_k)a_k$$

$$= \sum_{i=2}^{k} a_i \frac{D_{i-1}}{D_i} - \sum_{i=1}^{k} h_i a_i$$

其中 $h_i = g_i\lambda_i - r_i \geqslant \lambda_i - r_i \geqslant 1, i = 1, 2, \cdots, k-1, h_k = \lambda_k - r_k \geqslant 1$.

定理 2　M_k 一般有下面的形式

$$M_k = G_k - \sum_{i=1}^{k-1} t_i\lambda_i a_i$$

其中 $t_i \geqslant 0, i = 1, 2, \cdots, k-1$.

证明　因为 $\overline{M}_k$ 不能经线性型 $\overline{f}_k$ 表出,也就不能经线性型 $\overline{f}_{k-1}$ 表出,由引理 4 得

$$\overline{M}_k = \sum_{i=2}^{k-1} b_i \frac{d_{i-1}}{d_i} - \sum_{i=1}^{k-1} g_i b_i, g_i \geqslant 1$$

再由定理 1 得

$$M_k = \overline{M}_k\lambda_1\lambda_2\cdots\lambda_k + \sum_{i=1}^{k} a_i(\lambda_i - 1)$$

$$= \left(\sum_{i=2}^{k-1} b_i \frac{d_{i-1}}{d_i} - \sum_{i=1}^{k-1} g_i b_i \right)\lambda_1\lambda_2\cdots\lambda_k + \sum_{i=1}^{k} a_i(\lambda_i - 1)$$

$$= G_k - \sum_{i=1}^{k-1} t_i\lambda_i a_i$$

式中 $t_i = g_i - 1 \geqslant 0$.

定理 3 $M_k = G_k$ 的充分且必要条件是 $a_i \dfrac{D_{i-1}}{D_i}$ 可经线性型 f_{i-1} 表出，$i = 3, 4, \cdots, k$.

证明 当 $k = 3$ 时定理是正确的[2].

设对 $k-1$ 个变数的线性型，定理是正确的，今证明对 k 个变数的线性型 f_k，定理也是正确的.

先证明条件是充分的. 设 $a_i \dfrac{D_{i-1}}{D_i}$ 可经线性型 f_{i-1} 表出，$i = 3, 4, \cdots, k$. 由引理 3 知 $b_i \dfrac{d_{i-1}}{d_i}$ 可经线性型 $\bar{f}_{i-1}$ 表出，$i = 3, 4, \cdots, k$，即线性型 $\bar{f}_{k-1}$ 满足定理的条件，由归纳假设知 $\overline{M}_{k-1} = \overline{G}_{k-1}$. 因 $b_k \dfrac{d_{k-1}}{d_k} = b_k$ 可经 $\bar{f}_{k-1}$ 表出，由引理 2(2) 知 $\overline{M}_k = \overline{M}_{k-1}$. 于是 $\overline{M}_k = \overline{G}_{k-1}$，而

$$
\begin{aligned}
M_k &= \overline{M}_k \lambda_1 \lambda_2 \cdots \lambda_k + \sum_{i=1}^{k-1} a_i(\lambda_i - 1) \\
&= \Big(\sum_{i=2}^{k-1} b_i \frac{d_{i-1}}{d_i} - \sum_{i=1}^{k-1} b_i \Big) \lambda_1 \lambda_2 \cdots \lambda_k + \sum_{i=1}^{k} a_i(\lambda_i - 1) \\
&= \sum_{i=2}^{k} a_i \frac{D_{i-1}}{D_i} - \sum_{i=1}^{k} a_i = G_k
\end{aligned}
$$

再证明条件是必要的. 设 $M_k = G_k$，由定理 1 得

$$
M_k = \overline{M}_k \lambda_1 \lambda_2 \cdots \lambda_k + \sum_{i=1}^{k} a_i(\lambda_i - 1)，于是
$$

$$
\sum_{i=2}^{k} a_i \frac{D_{i-1}}{D_i} - \sum_{i=1}^{k} a_i = \overline{M}_k \lambda_1 \lambda_2 \cdots \lambda_k + \sum_{i=1}^{k} a_i(\lambda_i - 1)
$$

解出 M_k 得

$$\overline{M}_k = \sum_{i=2}^{k-1} b_i \frac{d_{i-1}}{d_i} - \sum_{i=1}^{k-1} b_i = \overline{G}_k$$

由定理 2，$\overline{M}_{k-1} = \overline{G}_{k-1} - \sum_{i=1}^{k-2} t_i b_i \leqslant \overline{G}_{k-1} = \overline{G}_k = \overline{M}_k$，又由

引理 2(1) 知 $\overline{M}_{k-1} \geqslant \overline{M}_k$，这样一来，我们得出了

$$\overline{M}_{k-1} = \overline{M}_k = \overline{G}_{k-1}$$

由归纳法假设知线性型 $\overline{f}_{k-1}$ 满足定理的条件，再由引

理 3 知 $a_i \dfrac{D_{i-1}}{D_i}$ 可经 f_{i-1} 表出的条件对 $i = 3, 4, \cdots, k-1$

是正确的.

我们再证明 b_k 可经 $\overline{f}_{k-1}$ 表出就够了. 若 b_k 不可经

$\overline{f}_{k-1}$ 表出，由引理 4，b_k 可以表成下面的形式

$$b_k = \sum_{i=2}^{k-1} b_i \frac{d_{i-1}}{d_i} - \sum_{i=1}^{k-1} g_i b_i$$

$$g_i \geqslant 1 \quad (i = 1, 2, \cdots, k-1)$$

于是

$$\begin{aligned}
\overline{M}_k &= \sum_{i=2}^{k-1} b_i \frac{d_{i-1}}{d_i} - \sum_{i=1}^{k-1} b_i \\
&= \sum_{i=1}^{k-1} b_i (g_i - 1) + b_k
\end{aligned}$$

可经线性型 $\overline{f}_k$ 表出，这是一个矛盾.

对于不满足定理 3 的条件的情形，下面的定理给

出了 M_k 的一个上限.

定理 4 设 $b_k, 2b_k, \cdots, lb_k$ 都不可经线性型 $\overline{f}_{k-1}$ 表

出，且

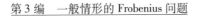

$$tb_k = \sum_{i=2}^{k-1} b_i \frac{d_{i-1}}{d_i} - \sum_{i=2}^{k-1} h_{it} b_i \quad (t = 1,2,\cdots,l) \quad (2)$$

对每一 $t(t = 1,2,\cdots,l)$，满足 $h_i \geqslant 1, i = 1,2,\cdots,k-1$ 但不全满足 $k-1$ 个不等式

$$h_i \leqslant h_{it}, t = 1,2,\cdots,k-1 \qquad (3)$$

的形如 $\sum_{i=1}^{k-1} h_i b_i$ 的数中最小的一个以 $\sum_{i=1}^{k-1} \overline{h_i b_i}$ 表示,则

$$M_k \leqslant G_k - \sum_{i=1}^{k-1} (h_i - 1)\lambda_i a_i$$

证明　先证明 $\overline{M}_k \leqslant \sum_{i=2}^{k-1} b_i \frac{d_{i-1}}{d_i} - \sum_{i=1}^{k-1} \overline{h_i b_i}$. 如果 n 不可经线性型 $\overline{f}_k$ 表出,因而也就不能经 $\overline{f}_{k-1}$ 表出,由引理 4,设

$$n = \sum_{i=2}^{k-1} b_i \frac{d_{i-1}}{d_i} - \sum_{i=1}^{k-1} \beta_i b_i, \beta_i \geqslant 1 \quad (i = 1,2,\cdots,k-1)$$

将式(2)代入得

$$n = \sum_{i=1}^{k-1} (h_{it} - \beta_i) b_i + tb_k$$

由于 n 不可经线性型 $\overline{f}_k$ 表出,故对每一个 $t(t = 1, 2,\cdots,l)$,下列 $k-1$ 个不等式不能同时成立

$$\beta_i \leqslant h_{it}, i = 1,2,\cdots,k-1$$

由 $\sum_{i=1}^{k-1} \overline{h_i b_i}$ 的定义可知

$$\sum_{i=1}^{k-1} \beta_i b_i \geqslant \sum_{i=1}^{k-1} \overline{h_i b_i}$$

因此

$$n = \sum_{i=2}^{k-1} b_i \frac{d_{i-1}}{d_i} - \sum_{i=1}^{k-1} \beta_i b_i$$

$$\leqslant \sum_{i=2}^{k-1} b_i \frac{d_{i-1}}{d_i} - \sum_{i=1}^{k-1} h_i b_i$$

这就证明了,凡是不可经线性型 $\bar{f}_k$ 表示的数 n 都满足上面的不等式,也就是说

$$\overline{M}_k \leqslant \sum_{i=2}^{k-1} b_i \frac{d_{i-1}}{d_i} - \sum_{i=1}^{k-1} h_i b_i$$

再由定理 1 知

$$M_k = \overline{M}_k \lambda_1 \lambda_2 \cdots \lambda_k + \sum_{i=1}^{k} a_i (\lambda_i - 1)$$

$$\leqslant \left(\sum_{i=2}^{k-1} b_i \frac{d_{i-1}}{d_i} - \sum_{i=1}^{k-1} h_i b_i \right) \lambda_1 \lambda_2 \cdots \lambda_k + \sum_{i=1}^{k} a_i (\lambda_i - 1)$$

$$= G_k - \sum_{i=1}^{k-1} (h_i - 1) \lambda_i a_i$$

引理 5 设 $k = 3$. 若 $b_3, 2b_3, \cdots, lb_3$ 都不能经线性型 $\bar{f}_2$ 表出,则有 $1, 2, \cdots, l$ 的一个排列 $t_1, t_2, \cdots, t_l$ 存在,使得

$$t_i b_3 = b_1 b_2 - \xi_i b_1 - \eta_i b_2 \quad (i = 1, 2, \cdots, l)$$

且其中 $1 \leqslant \xi_1 < \xi_2 < \cdots < \xi_l, \eta_1 > \eta_2 > \cdots > \eta_l \geqslant 1$.

证明 因 $tb_3 (1 \leqslant t \leqslant l)$ 不能经线性型 $\bar{f}_2$ 表出,由引理 4 有

$$tb_3 = b_1 b_2 - \alpha_t b_1 - \beta_t b_2 \quad (\alpha_t \geqslant 1, \beta_t \geqslant 1) \quad (4)$$

由假设条件,当 $1 \leqslant j < i \leqslant l$ 时,$(i-j) b_3$ 不能经线性型 $\bar{f}_2$ 表出,但由上式有

$$(i-j) b_3 = (\alpha_j - \alpha_i) b_1 + (\beta_j - \beta_i) b_2$$

故有 $\alpha_j - \alpha_i < 0$ 或 $\beta_j - \beta_i < 0$,又因 $(i-j) b_3$ 是一个正数,故当 $\alpha_j < \alpha_i$ 时 $\beta_j > \beta_i$,而当 $\beta_j < \beta_i$ 时 $\alpha_j > \alpha_i$.

这样一来,如果我们把数 $b_3, 2b_3, \cdots, lb_3$ 按式(4)中的 $\alpha_1, \alpha_2, \cdots, \alpha_l$ 的递增次序排列成 $t_1 b_3, t_2 b_3, \cdots, t_l b_3$,并命 $\alpha_{t_i} = \xi_i, \beta_{t_i} = \eta_i, i = 1, 2, \cdots, l$,则我们的引理得到证明.

定理 5　设 $k = 3$. 若 $b_3, 2b_3, \cdots, lb_3$ 都不能经线性型 $\overline{f}_2$ 表出,且设 $t_1, t_2, \cdots, t_l$ 是 $1, 2, \cdots, l$ 的一个排列,使得

$$t_i b_3 = b_1 b_2 - \xi_i b_1 - \eta_i b_2 \quad (i = 1, 2, \cdots, l) \qquad (5)$$

其中 $1 \leqslant \xi_1 < \xi_2 < \cdots < \xi_l, \eta_1 > \eta_2 > \cdots > \eta_l \geqslant 1$. 又若 $(l+1)b_3$ 可经 $\overline{f}_2$ 表出,命 $\xi_0 = \eta_{l+1} = 0$,则

$$M_3 = G_3 - \min_{0 \leqslant i \leqslant l} \{ \xi_i \lambda_1 a_1 + \eta_{i+1} \lambda_2 a_2 \}$$

证明　命 $\min\limits_{0 \leqslant i \leqslant l} \{ \xi_i b_1 + \eta_{i+1} b_2 \} = \xi_j b_1 + \eta_{j+1} b_2$ 及

$$(\xi_j + 1) b_1 + (\eta_{j+1} + 1) b_2 = h_1 b_1 + h_2 b_2$$

我们先证明

$$\overline{M}_3 = b_1 b_2 - h_1 b_1 - h_2 b_2$$

如果我们能够证明 $h_1 b_1 + h_2 b_2$ 满足定理 4 的条件,那么由定理 4 的证明就知道 $\overline{M}_3 \leqslant b_1 b_2 - h_1 b_1 - h_2 b_2$. 事实上,$h_1 b_1 + h_2 b_2$ 对每一 $t (1 \leqslant t \leqslant l)$ 不全满足不等式(3),因为

$$h_1 = \xi_j + 1 > \xi_j > \xi_{j-1} > \cdots > \xi_1$$

$$h_2 = \eta_{j+1} + 1 > \eta_{j+1} > \eta_{j+2} > \cdots > \eta_1$$

我们还需证明 $h_1 b_1 + h_2 b_2$ 是具有这种性质的最小数,也就是说,如果 $h'_1 b_1 + h'_2 b_2 (h'_1 \geqslant 1, h'_2 \geqslant 1)$ 对每一 t $(1 \leqslant t \leqslant l)$ 不全满足式(3),就有 $h'_1 b_1 + h'_2 b_2 \geqslant h_1 b_1 + h_2 b_2$. 如果 $h'_1 > \xi_l$,则已有

175

$$h'_1 b_1 + h'_2 b_2 \geqslant (\xi_l + 1) b_1 + b_2$$
$$= b_1 + b_2 + \xi_l b_1 + \eta_{l+1} b_2$$
$$\geqslant b_1 + b_2 + \xi_j b_1 + \eta_{j+1} b_2$$
$$= h_1 b_1 + h_2 b_2$$

如果 $\xi_l \geqslant h'_1 \geqslant 1 > \xi_0 = 0$，由于 $\xi_l > \xi_{l-1} > \cdots > \xi_1 > \xi_0$，故可设 $\xi_{v+1} \geqslant h'_1 > \xi_v (0 \leqslant v \leqslant l-1)$，因对 $t = v+1$，式 (3) 不全满足，故有 $h'_2 > \eta_{v+1}$，于是

$$h'_1 b_1 h'_1 b_2 \geqslant (\xi_v + 1) b_1 + (\eta_{v+1} + 1) b_2$$
$$\geqslant b_1 + b_2 + \xi_j b_1 + \eta_{j+1} b_2$$
$$= h_1 + b_1 + h_2 b_2$$

我们再证明 $b_1 b_2 - h_1 b_1 - h_2 b_2$ 不能经线性型 f_3 表出.

相反地，设

$$b_1 b_2 - h_1 b_1 - h_2 b_2 = b_1 x_1 + b_2 x_2 + b_3 x_3$$

因为 $(l+1) b_3$ 能经线性型 $\bar{f}_2$ 表出，故可设 $1 \leqslant x_3 \leqslant l$. 命 $t_i = x_3$，以式 (5) 代入上式得

$$b_1 b_2 - h_1 b_1 - h_2 b_2 = b_1 x_1 + b_2 x_2 + b_1 b_2 - \xi_i b_1 - \eta_i b_2$$

在上面已经证明对 $h_1 b_1 + h_2 b_2$，式 (3) 不完全成立，即有 $h_1 > \xi_i$ 或 $h_2 > \eta_i$. 不失其普遍性，设 $h_1 > \xi_i$，而上式可写成

$$(\eta_i - x_2 - h_2) b_2 = b_1 (h_1 + x_1 - \xi_i) > 0$$

故 $b_1 \mid (\eta_i - x_2 - h_2)$，且 $\eta_i - x_2 - h_2 > 0$，于是 $\eta_i - x_2 - h_2 \geqslant b_1$，因而

$$\eta_i \geqslant b_1 + h_2 + x_2 \geqslant b_1 + h_2$$
$$t_i b_3 = b_1 b_2 - \xi_i b_1 - \eta_i b_2$$
$$\leqslant b_1 b_2 - \xi_i b_i - (b_1 + h_2) b_2$$
$$= -\xi_i b_1 - h_2 b_2 < 0$$

这就和 t_i 与 b_3 都是正整数的假设矛盾了.

这就证明了 $\overline{M}_3 = b_1 b_2 - h_1 b_1 - h_2 b_2 = \overline{G} - \min_{0 \le i \le l} \{\xi_i b_1 + \eta_{i+1} b_2\}$.

再由定理 1 得

$$
\begin{aligned}
M_3 &= \overline{M}_3 \lambda_1 \lambda_2 \lambda_3 + \sum_{i=1}^{3} a_i (\lambda_i - 1) \\
&= b_1 b_2 \lambda_1 \lambda_2 \lambda_3 + a_3 \lambda_3 - a_1 - a_2 - a_3 - \\
&\quad \lambda_1 \lambda_2 \lambda_3 \min_{0 \le i \le l} \{\xi_i b_1 + \eta_{i+1} b_2\} \\
&= G_3 - \min_{0 \le i \le l} \{\xi_i \lambda_1 a_1 + \eta_{i+1} \lambda_2 a_2\}
\end{aligned}
$$

以下我们转入对 N_k 的讨论.

定理 6　$\dfrac{M_k + 1}{2} \le N_k \le \dfrac{G_k + 1}{2}$.

证明　如果 n 可经线性型 f_k 表出

$$
n = a_1 x_1 + a_2 x_2 + \cdots + a_k x_k \quad (x_1 \ge 0, \cdots, x_k \ge 0)
$$

则 $M_k - n$ 不可经线性型 f_k 表出. 否则, 设 $M_k - n$ 可经线性型 f_k 表出

$$
M_k - n = a_1 y_1 + a_2 y_2 + \cdots + a_k y_k, y_1 \ge 0, \cdots, y_k \ge 0
$$

于是

$$
M_k = a_1 (x_1 + y_1) + a_2 (x_2 + y_2) + \cdots + a_k (x_k + y_k)
$$

这就与 M_k 不可经线性型 f_k 表出矛盾. 这样一来, 在 0, $1, \cdots, M_k$ 共 $M_k + 1$ 个数当中, 如果有一个数可经线性型 f_k 表出, 就一定有一个不可经线性型 f_k 表出的数与之对应, 即其中不可经线性型 f_k 表出的数的个数不少于可经线性型 f_k 表出的数的个数, 也就是说

$$
N_k \ge \frac{M_k + 1}{2}.
$$

如果 n 不可经线性型 f_k 表出,由引理 4

$$n = \sum_{i=2}^{k} a_i \frac{D_{i-1}}{D_i} - \sum_{i=1}^{k} h_i a_i, h_i \geq 1, i = 1, 2, \cdots, k$$

于是

$$G_k - n = \sum_{i=1}^{k} (h_i - 1) a_i, h_i - 1 \geq 0, i = 1, 2, \cdots, k$$

可经线性型 f_k 表出,这就是说,在 $0, 1, \cdots, G_k$ 共 $G_k + 1$ 个数当中,有一个数不可经线性型 f_k 表出,就有一个可经线性型 f_k 表出,即其中不可经线性型 f_k 表出的数的个数不超过可经线性型 f_k 表出的数的个数,也就是说 $N_k \leq \dfrac{G_k + 1}{2}$.

推论 $N_2 = \dfrac{(a_1 - 1)(a_2 - 1)}{2}$.

证明 当 $k = 2$ 时,$M_2 = G_2 = a_1 a_2 - a_1 - a_2$. 由定理 6 就得出

$$N_2 = \frac{G_2 + 1}{2} = \frac{(a_1 - 1)(a_2 - 1)}{2}$$

引理 6 (i) $\overline{N}_k \leq \overline{N}_{k-1}$.

(ii)如果 b_k 可经线性型 $\overline{f}_{k-1}$ 表出,则 $\overline{N}_k = \overline{N}_{k-1}$.

证明 (i)如果 n 可经线性型 f_k 表出,那么 n 也可经线性型 $\overline{f}_k$ 表出,即是说,不可经线性型 $\overline{f}_k$ 表出的数一定不能经线性型 $\overline{f}_{k-1}$ 表出,这就得出了 $\overline{N}_k \leq \overline{N}_{k-1}$.

(ii)如果 n 可经线性型 $\overline{f}_k$ 表出,由于 b_k 可经线性型 $\overline{f}_{k-1}$ 表出,于是 n 也可经线性型 $\overline{f}_{k-1}$ 表出,这就是

说,不可经线性型 $\bar{f}_{k-1}$ 表出的数也不能经线性型 $\bar{f}_k$ 表出,因而 $\bar{N}_k \geqslant \bar{N}_{k-1}$. 再由(i)得出 $\bar{N}_k = \bar{N}_{k-1}$.

定理 6 告诉我们,如果 $0 \leqslant n \leqslant G_k$,而 n 不可经线性型 f_k 表出,则 $G_k - n$ 一定可经线性型 f_k 表出. 但是,反过来就不一定成立,有这样的数对 $n, G_k - n$ 存在,它们都可经线性型 f_k 表出,这样的数对我们把它们叫作线性型 f_k 的一对特别数.

引理 7　若线性型 f_k 有 p 对特别数,则

$$N_k = \frac{G_k + 1}{2} - p$$

证明　我们首先证明 G_k 一定是一个奇数. 用归纳法来证明. $k = 2$ 时,$M_2 = a_1 a_2 - a_1 - a_2 = (a_1 - 1)(a_2 - 1) - 1$ 一定是奇数,因为由 $(a_1, a_2) = 1$ 知 a_1, a_2 中至少有一个是奇数,即 $a_1 - 1, a_2 - 1$ 中至少有一个是偶数. 设对 $k - 1$ 个变数的线性型 f_{k-1},G_{k-1} 是一个奇数. 今证明 G_k 也是一个奇数,我们有等式

$$G_k = \bar{G}_{k-1} \lambda_1 \lambda_2 \cdots \lambda_k + \sum_{i=1}^{k} a_i (\lambda_i - 1) \qquad (6)$$

因为 $i \neq j$ 时 $(\lambda_i, \lambda_j) = 1$,所以 $\lambda_1, \lambda_2, \cdots, \lambda_k$ 中,或者全为奇数,或者有一个且仅有一个是偶数. 如果 $\lambda_1, \lambda_2, \cdots, \lambda_k$ 全为奇数,则 $\lambda_1 - 1, \lambda_2 - 1, \cdots, \lambda_k - 1$ 全为偶数,又由归纳法假设 $\bar{G}_{k-1}$ 是一个奇数,因此根据式 (6) 知 G_k 是一个奇数. 如果 $\lambda_1, \lambda_2, \cdots, \lambda_k$ 中有一个是偶数,设为 λ_1,其余 $k - 1$ 个数 $\lambda_2, \cdots, \lambda_k$ 都是奇数,由 $(a_1, \lambda_1) = 1$ 知 a_1 一定是奇数,而 $\lambda_1 - 1$ 也是奇数,$\lambda_2 - 1, \cdots, \lambda_k - 1$ 都是偶数,因此式 (6) 告诉我们 G_k 一

179

定是一个奇数.

在 $0,1,2,\cdots,G_k$ 中,除去 p 对特别数外,剩下的 G_k+1-2p 个数中,可经线性型 f_k 表出与不可经线性型 f_k 表出的数各占一半,所以

$$N_k = \frac{1}{2}(G_k+1-2p) = \frac{G_k+1}{2} - p$$

引理 8 如果线性型 $\bar{f}_k$ 有 $\bar{p}$ 对特别数,则线性型 f_k 有 $\bar{p}\lambda_1\lambda_2\cdots\lambda_k$ 对特别数,也就是说,如果

$$\overline{N}_k = \frac{\overline{G}_k+1}{2} - \bar{p}$$

则

$$N_k = \frac{G_k+1}{2} - \bar{p}\lambda_1\lambda_2\cdots\lambda_k$$

证明 设 S 与 $\overline{G}_k - S$ 是线性型 $\bar{f}_k$ 的一对特别数,由引理 1 知道,$n = S\lambda_1\lambda_2\cdots\lambda_k + \sum_{i=1}^{k} a_i r_i$ 与 $G_k - n = (\overline{G}_k - S)\lambda_1\lambda_2\cdots\lambda_k + \sum_{i=1}^{k} a_i(\lambda_i - r_i - 1)$ 是线性型 f_k 的一对特别数,式中 $0 \leqslant r_i \leqslant \lambda_i - 1$,因为 r_i 与 $\lambda_i - r_i - 1$ 分别是同余式

$$a_i x_i \equiv n \,(\mathrm{mod}\ \lambda_i)$$

与

$$a_i x_i \equiv G_k - n \,(\mathrm{mod}\ \lambda_i)$$

的非负最小整数解. 所以,对于线性型 f_k 的一对特别数 $S, \overline{G}_k - S$,每一对形如 $n = S\lambda_1\lambda_2\cdots\lambda_k + \sum_{i=1}^{k} a_i r_i$,

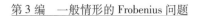

$G_k - n$ 的数都是线性型 f_k 的一对特别数,这样的数对总共有 $\lambda_1 \lambda_2 \cdots \lambda_k$ 对,因为 r_i 有 λ_i 种取法: $r_i = 0,1$, $2, \cdots, \lambda_i - 1 (i = 1,2,\cdots,k)$.

这样一来,如果线性型 $\bar{f}_k$ 有 $\bar{p}$ 对特别数,则线性型 f_k 就有 $\bar{p} \lambda_1 \lambda_2 \cdots \lambda_k$ 对特别数与之对应,而且容易证明这 $\bar{p} \lambda_1 \lambda_2 \cdots \lambda_k$ 对特别数是两两不相同的数对集合. 事实上,如果 $n = n'$,而

$$n = S\lambda_1 \lambda_2 \cdots \lambda_k + \sum_{i=1}^{k} a_i r_i, 0 \leqslant r_i \leqslant \lambda_i - 1$$

$$n' = S'\lambda_1 \lambda_2 \cdots \lambda_k + \sum_{i=1}^{k} a_i r'_i, 0 \leqslant r'_i \leqslant \lambda_i - 1$$

则

$$S\lambda_1 \lambda_2 \cdots \lambda_k + \sum_{i=1}^{k} a_i r_i$$
$$\equiv S'\lambda_1 \lambda_2 \cdots \lambda_k + \sum_{i=1}^{k} a_i r'_i (\bmod \lambda_i), i = 1,2,\cdots,\lambda_k$$

即

$$a_i r_i \equiv a_i r'_i (\bmod \lambda_i), i = 1,2,\cdots,k$$

故

$$r_i \equiv r'_i (\bmod \lambda_i), i = 1,2,\cdots,k$$

因为 $0 \leqslant r_i \leqslant \lambda_i - 1, 0 \leqslant r'_i \leqslant \lambda_i - 1$,因此 $r_i = r'_i, i = 1$, $2,\cdots,k$. 再由 $n = n'$ 得出 $S = S'$,也就是说,根据上面指出的对应规则,对于 $\bar{f}_k$ 的不同的特别级 S,对应的 f_k 的特别数 n 是不相同的,即使对于 $\bar{f}_k$ 的相同的特别数 S,只要所取的 $r_i (i = 1,2,\cdots,k)$ 不全相同,对应的 f_k 的特

别数也是不相同的. 再由引理 7 即得出定理中的等式.

定理 7　$N_k = \overline{N}_k \lambda_1 \lambda_2 \cdots \lambda_k + \dfrac{1}{2}\Big(\displaystyle\sum_{i=1}^{k} a_i(\lambda_i - 1) -$

$\lambda_1 \lambda_2 \cdots \lambda_k + 1 \Big)$.

证明　由引理 7 得

$$N_k = \frac{G_k + 1}{2} - \Big(\frac{G_{k-1} + 1}{2} - \overline{N}_k \Big) \lambda_1 \lambda_2 \cdots \lambda_k \qquad (7)$$

因为 $\overline{G}_k = \overline{G}_{k-1}$, 以式(6)代入上式就得出了定理中的等式.

定理 8　$N_k = \dfrac{G_k + 1}{2}$ 的充分且必要的条件是

$a_i \dfrac{D_{i-1}}{D_i}$ 可经线性型 f_{i-1} 表出, $i = 3, 4, \cdots, k$.

证明　先证明条件是充分的, 如果 $a_i \dfrac{D_{i-1}}{D_i}$ 可经线性型 f_{k-1} 表出, 由定理 3 知 $M_k = G_k$, 再由定理 6 就得出 $N_k = \dfrac{G_k + 1}{2}$.

再证明条件是必要的. 用数学归纳法来证明. $k = 2$ 时显然是正确的. 设对 $k-1$ 个变数的线性型定理的条件是必要的, 今证明对线性型 f_k 定理的条件也是必要的.

由 $N_k = \dfrac{G_k + 1}{2}$, 根据式(7)得出

$$\overline{N}_k = \frac{\overline{G}_{k-1} + 1}{2} \qquad (8)$$

由定理 6 得 $\overline{N}_{k-1} \leqslant \dfrac{\overline{G}_{k-1}+1}{2} = \overline{N}_k$，但由引理 6（ i ）有

$\overline{N}_k \leqslant \overline{N}_{k-1}$，故

$$\overline{N}_{k-1} = \overline{N}_k = \frac{\overline{G}_{k-1}+1}{2}$$

由归纳法假设知 $b_i \dfrac{d_{i-1}}{d_i}$ 可经线性型 $\overline{f}_{i-1}$ 表出，$i =$

$1,2,\cdots,k-1$，再由引理 3 知 $a_i \dfrac{D_{i-1}}{D_i}$ 可经线性型 f_{i-1} 表

出，$i = 3,4,\cdots,k-1$. 只需再证明 $a_k D_{k-1}$ 可经线性型

f_{k-1} 表出就够了. 如果 $a_k D_{k-1}$ 不可经线性型 f_{k-1} 表出，

则由引理 3 知 b_k 不可经线性型 $\overline{f}_{k-1}$ 表出，但 b_k 可经线

性型 $\overline{f}_k$ 表出，再由引理 6（ i ）的证明及定理 6 知

$$\overline{N}_k < \overline{N}_{k-1} = \frac{\overline{G}_{k-1}+1}{2}$$

这就与等式（8）相矛盾.

定理 9　设 $k = 3$. 如果线性型 $\overline{f}_2$ 不能表出 b_3，

$2b_3,\cdots,lb_3$，但能表出 $(l+1)b_3$，$t_1,t_2,\cdots,t_l$ 为 $1,2,\cdots,l$

的一个排列，使得

$$t_i b_3 = b_1 b_2 - \xi_i b_1 - \eta_i b_2, i = 1,2,\cdots,l \qquad (9)$$

其中 $1 \leqslant \xi_1 < \xi_2 < \cdots < \xi_l, \eta_1 > \eta_2 > \cdots > \eta_l \geqslant 1$. 则

$$N_3 = \frac{G_3+1}{2} - (a_1,a_2)(a_2,a_3)(a_3,a_1)\left(\sum_{i=1}^{l} \xi_i \eta_i - \sum_{i=1}^{l-1} \xi_i \eta_{i+1} \right)$$

183

证明 我们先证明 $\overline{N}_3 = \dfrac{\overline{G}_2 + 1}{2} - \sum\limits_{i=1}^{l} \xi_i \eta_i +$

$\sum\limits_{i=1}^{l-1} \xi_i \eta_{i+1}.$

由引理 4，凡是不能经线性型 $\overline{f}_2$ 表出的数都可以唯一地表示成下面的形式

$$b_1 b_2 - h_1 b_1 - h_2 b_2, h_1 \geqslant 1, h_2 \geqslant 1$$

这样形式的正整数的集合 $\mathcal{U}$ 总共包含 $\overline{N}_2 = \dfrac{\overline{G}_2 + 1}{2}$ 个数，因为不能经线性型 f_3 表出的正整数也不能经线性型 $\overline{f}_2$ 表出，因而它包含在集合 $\mathcal{U}$ 中. 如果我们能够证明 $\mathcal{U}$ 中恰有 $\sum\limits_{i=1}^{l} \xi_i \eta_i - \sum\limits_{i=1}^{l-1} \xi_i \eta_{i+1}$ 个数可经线性型 $\overline{f}_k$ 表出，那么我们就证明了 $\overline{N}_2 = \dfrac{\overline{G}_2 + 1}{2} - \sum\limits_{i=1}^{l} \xi_i \eta_i - \sum\limits_{i=1}^{l-1} \xi_i \eta_{i+1}.$

当 $1 \leqslant h \leqslant \xi_1, 1 \leqslant k \leqslant \eta_1$ 时，$b_1 b_2 - hb_1 - kb_2$ 是可经线性型 $\overline{f}_3$ 表出的，因为

$$b_1 b_2 - hb_1 - kb_2 = (\xi_1 - h)b_1 + (\eta_1 - k)b_2 + t_1 b_3$$

这样的数目总共有 $\xi_1 \eta_1$ 个，这 $\xi_1 \eta_1$ 个数是 $\mathcal{U}$ 中可经 $\overline{f}_3$ 表出的数.

当 $\xi_1 < h \leqslant \xi_2, 1 \leqslant k \leqslant \eta_2$ 时，同上面一样，$b_1 b_2 - hb_1 - kb_2$ 也可经线性型 $\overline{f}_2$ 表出，这些数与上面的 $\xi_1 \eta_1$

个数完全不同，即又有$(\xi_2 - \xi_1)\eta_2$ 个数是 $\mathfrak{U}$ 中可经 $\bar{f}_3$ 表出的数.

对于 $\xi_i < h \leqslant \xi_{i+1}, 1 \leqslant k \leqslant \eta_{i+1}, i = 2, 3, \cdots, l - 1$ 有与上面类似的结果. 这样一来，就有 $\xi_1\eta_1 + \sum_{i=1}^{l-1}(\xi_{i+1} - \xi_i)\eta_{i+1} = \sum_{i=1}^{l}\xi_i\eta_i - \sum_{i=1}^{l-1}\xi_i\eta_{i+1}$ 个数是 $\mathfrak{U}$ 中可经 $\bar{f}_3$ 表出的数.

我们还需证明，$\mathfrak{U}$ 中可经线性型 $\bar{f}_3$ 表出的数就只有上面所说的这些. 设 $b_1b_2 - hb_1 - kb_2, h \geqslant 1, k \geqslant 1$ 可经线性型 $\bar{f}_3$ 表出，即

$$b_1b_2 - hb_1 - kb_2 = b_1x_1 + b_2x_2 + b_3x_3, x_1 \geqslant 0, x_2 \geqslant 0, x_3 \geqslant 0$$

因为 $\bar{f}_2$ 可表出 $(l+1)c$，故在上式中可以假定 $0 \leqslant x_3 \leqslant l$，即 x_3 是 $t_1, t_2, \cdots, t_l$ 中的某一个. 设 $x_3 = t_j$，再把式 (5)代入上式得出

$$b_1b_2 - hb_1 - kb_2 = b_1b_2 - (\xi_j - x_1)b_1 - (\eta_j - x_2)b_2$$

于是

$$h = \xi_j - x_1 \leqslant \xi_j, z = \eta_j - x_2 \leqslant \eta_j$$

设 i 是满足 $h \leqslant \xi_j$ 的最小的 j，即 $\xi_{i-1} < h \leqslant \xi_i(\xi_0 = 0)$，$1 \leqslant k < \eta_j \leqslant \eta_i$. 这就是说，$b_1b_2 - hb_1 - kb_2$ 是前面所说的 $\sum_{i=1}^{l}\xi_i\eta_i - \sum_{i=1}^{l-1}\xi_i\eta_{i+1}$ 个数中的一个.

这就证明了 $\bar{N}_3 = \dfrac{\bar{G}_2 + 1}{2} - \sum_{i=1}^{l}\xi_i\eta_i + \sum_{i=1}^{l-1}\xi_i\eta_{i+1}$，把这个式子代入式(7)化简后得出

185

$$N_3 = \frac{G_3 + 1}{2} - \lambda_1 \lambda_2 \lambda_3 \Big(\sum_{i=1}^{l} \xi_i \eta_i - \sum_{i=1}^{l-1} \xi_i \eta_{i+1} \Big)$$

$$= \frac{G_3 + 1}{2} - (a_1, a_2)(a_2, a_3)(a_3, a_1) \Big(\sum_{i=1}^{t} \xi_i \eta_i -$$

$$\sum_{i=1}^{t-1} \xi_i \eta_{i+1} \Big)$$

最后,我们举出一个例子来说明定理的应用.

例 我们来求出线性型

$$f_3 = 21x_1 + 22x_2 + 30x_3, x_1 \geqslant 0, x_2 \geqslant 0, x_3 \geqslant 0$$

所不能表出的最大整数与不能表出的正整数的个数.

解 此时

$$\lambda_1 = (22, 30) = 2, \lambda_2 = (30, 21) = 3, \lambda_3 = (21, 22) = 1$$

$$b_1 = 7, b_2 = 11, b_3 = 5$$

$b_3, 2b_3, 3b_3, 4b_3$ 都不能经线性型 $\bar{f}_2 = 7x_2 + 11x_2 (x_1 \geqslant 0, x_2 \geqslant 0)$ 表出,且

$$5 = 7 \times 11 - 4 \times 7 - 4 \times 11$$

$$2 \times 5 = 7 \times 11 - 8 \times 7 - 1 \times 11$$

$$3 \times 5 = 7 \times 11 - 1 \times 7 - 5 \times 11$$

$$4 \times 5 = 7 \times 11 - 5 \times 7 - 2 \times 11$$

而 $5b_3$ 可经线性型 $\bar{f}_2$ 表出,因为 $5 \times 5 = 7 \times 2 + 11 \times 1$.

于是

$$\xi_0 = 0, \xi_1 = 1, \xi_2 = 4, \xi_3 = 5, \xi_4 = 8$$

$$\eta_1 = 5, \eta_2 = 4, \eta_3 = 2, \eta_4 = 1, \eta_5 = 0$$

这样一来

$$\min_{0 \le i \le 4} \left\{ \xi_i \lambda_1 a_1 + \eta_{i+1} \lambda_2 a_2 \right\}$$

$$= \min_{0 \le i \le 4} \left\{ 42\xi_i + 66\eta_{i+1} \right\}$$

$$= \min \left\{ 330, 306, 300, 276, 366 \right\}$$

$$= 276$$

$$\sum_{i=1}^{4} \xi_i \eta_i = 39, \quad \sum_{i=1}^{3} \xi_i \eta_{i+1} = 17$$

$$G_3 = \frac{21 \times 22}{(21, 22)} + 30(21, 22) - 21 - 22 - 30 = 419$$

于是

$$M_3 = G_3 - \min_{0 \le i \le 4} \left\{ \xi_i \lambda_1 a_1 + \eta_{i+1} \lambda_2 a_2 \right\} = 419 - 276 = 143$$

而

$$N_3 = \frac{G_3 + 1}{2} - \lambda_1 \lambda_2 \lambda_3 \left(\sum_{i=1}^{4} \xi_i \eta_i - \sum_{i=1}^{3} \xi_i \eta_{i+1} \right) = 78$$

参 考 文 献

[1]柯召. 关于方程 $ax + by + cz = n$[J]. 四川大学学报(自然科学版), 1955(1):1-4.

[2]陆文端. 论方程 $ax + by + cz = n$[J]. 四川大学学报(自然科学版), 1956(1):1-4.

[3]陆文端. 续论方程 $ax + by + cz = n$[J]. 四川大学学报(自然科学版), 1956(2).

[4]J. B. Roberts. Note on linear forms. Proc[J]. Amer. Math. Soc, 1956, 7(3):465-469.

［5］陈重穆. 关于整系数线性型的一个定理［J］. 四川大学学报(自然科学版),1956(1).

关于线性型的一个结果

J. B. Roberts 在[1]中证明了下面一个定理:

定理 $a_0, a_1, \cdots, a_s$ 是互素的正整数，$a_0 \geq 2d > 0$ 且 $a_j = a_0 + jd(j = 1, 2, \cdots, s)$，则线性型

$$F = a_0 x_0 + a_1 x_1 + \cdots + a_s x_s, x_0, x_1, \cdots, x_s$$

取非负整数能表出不小于 N 的所有正整数且不能表出 $N-1$，其中

$$N = \left(\left[\frac{a_0 - 2}{s} \right] + 1 \right) \cdot a_0 +$$

$$(a_0 - 1)(d - 1) \left[\frac{a_0 - 2}{s} \right]$$

表示 $\dfrac{a_0 - 2}{s}$ 的整数部分.

换言之，F 不能表出的最大整数

$$M = N - 1 = \left[\frac{a_0 - 2}{s} \right] a_0 + (a_0 - 1) d$$

四川大学的吴昌玖教授 1957 年以较简单的方法求出了 F 不能表出的所有正整数，当然也就求出了 M. 并且附带地得出

第 3 章

了 F 不能表出的正整数的个数.

由[1]中引理 1 直接可得出:

一个整数可经 F 表出的充要条件是它可经线性型

$$f = a_0 y + dz, sy \geq z, y, z \text{ 为非负整数}$$

表出.

定理 F 不能表出的正整数有且只有下面的两组:

(1): $a_0 d - ha_0 - kd, h \geq 1, k \geq 1$, 一共有 $\frac{1}{2}(a_0 - 1)(d - 1)$ 个;

(2): $d, 2d, \cdots, (s + 1)d, (s + 2)d, \cdots, (sa + 1)d, \cdots, (a_0 - 1)d, a_0 + (s + 1)d, a_0 + (s + 2)d, \cdots, a_0 + (sq + 1)d, \cdots, a_0 + (a_0 - 1)d, qa_0 + (sq + 1)d, \cdots, qa_0 + (a_0 - 1)d.$ 其中

$$a_0 - 2 = sq + r, 0 \leq r \leq s - 1$$

证明 F 不能表出的正整数,也就是 f 不能表出的正整数. 而 f 不能表出的正整数可分成不可经线性型

$$g + a_0 \xi + d\eta, \xi, \eta \text{ 为非负整数}$$

表出的与可经 g 表出的两类. 而前类由《关于整系数线性型的两个问题》(陆文瑞,吴昌玖. 四川大学学报(自然科学版),1957(2):151 – 171)知有且只有(1)中形式的正整数,一共有 $\frac{1}{2}(a_0 - 1)(d - 1)$ 个. (2)中的数显然是可经 g 表出,而且易证(2)中每两个是不相等的.

若 n 可经 g 表出但不可经 f 表出,则 n 一定在(2)

中. 事实上,由 n 可经 g 表出,总可设

$$n = a_0\alpha + d\beta, 0 \leqslant \beta \leqslant a_0 - 1$$

而 n 又不可经 f 表出,即 $s\alpha \geqslant \beta$ 不成立,即

$$s\alpha < \beta \leqslant \alpha_0 - 1$$

$$s\alpha \leqslant a_0 - 2$$

$$\alpha \leqslant q$$

因此,n 一定在(2)中.

(2)中的数都不可经 f 表出.

若 $n = a_0\alpha d + \beta$ 在(2)中,$s\alpha < \beta \leqslant a_0 - 1$,今假设 n 可经 f 表出

$$n = a_0\lambda + d\mu, s\lambda \geqslant \mu \geqslant 0$$

不失其普遍性,还可以假设 $\mu \leqslant a_0 - 1$. 由

$$a_0(\alpha - \lambda) = d(\mu - \beta)$$

显然,$a_0 \mid \mu - \beta$,但 $0 \leqslant \mu \leqslant \alpha_0 - 1, 0 \leqslant \beta \leqslant a_0 - 1$,所以 $\mu = \beta$,于是 $\alpha = \lambda$. 这与 $s\alpha < \beta$ 且 $s\lambda \geqslant \mu$ 相矛盾. 故 n 不可经 f 表出.

推论 1　F 不能表出的最大整数为

$$M = qa_0 + (a_0 - 1)d = \left[\frac{a_0 - 2}{s}\right]a_0 + (a_0 - 1)d$$

证明　显然 M 是(2)中最大的,$a_0 d - a_0 - d$ 是(1)中最大的. 而 $\alpha_0 \geqslant 2$,故 $M > a_0 d - a_0 - d$.

推论 2　F 不能表出的正整数的个数为

$$H = \frac{1}{2}(a_0 - 1)(d - 1) + \frac{1}{2}(q + 1)(a_0 + r)$$

证明(1)中一共有 $\frac{1}{2}(a_0 - 1)(d - 1)$ 个数. (2)中一共有 $\frac{1}{2}(q + 1)(a_0 + r)$ 个数.

所以

$$H = \frac{1}{2}(a_0 - 1)(d - 1) + \frac{1}{2}(q + 1)(a_0 + r)$$

例 讨论 $F = 9x_0 + 11x_1 + 13x_2 + 15x_3, x_0, x_1, x_2,$ x_3 为非负整数.

解 $a_0 = 9, d = 2, s = 3, a_0 - 2 = 7 = 2 \times 3 + 1$,所以
$$q = 2, r = 1$$

（A）：$2 \times 9 - 2 - 9 = 7, 2 \times 9 - 2 \times 2 - 9 = 5, 2 \times 9 - 3 \times 2 - 9 = 3, 2 \times 9 - 4 \times 2 - 9 = 1$.

（B）：$2, 2 \times 2 = 4, 3 \times 2 = 6, 4 \times 2 = 8, 5 \times 2 = 10,$ $6 \times 2 = 12, 7 \times 2 = 14, (9 - 1) \times 2 = 16, 9 + (3 + 1) \times 2 = 17, 9 + (3 + 2) \times 2 = 19, 9 + (3 + 3) \times 2 = 21, 9 + (3 + 4) \times 2 = 23, 9 + (3 + 5) \times 2 = 25, 2 \times 9 + (2 \times 3 + 1) \times 2 = 32, 2 \times 9 + (2 \times 3 + 2) \times 2 = 34.$

即 F 不能表出的所有正整数为 $1, 2, 3, 4, 5, 6, 7,$ $8, 10, 12, 14, 16, 17, 19, 21, 23, 25, 32, 34.$

所以

$$M = qa_0 + (a_0 - 1)d = 34$$

$$H = \frac{1}{2}(a_0 - 1)(d - 1) + \frac{1}{2}(q + 1)(a_0 + r) = 19$$

参 考 文 献

［1］J. B. Roberts. Nate on Linear Forms［J］. Proc. Amer. Math. Soc. , 1956,7(3):465-469.

［2］陆文端,吴昌玖. 关于整系数线型性的两个问题［J］. 四川大学学报(自然科学版),1957,2:151-171.

Frobenius 数的若干计算公式

1 引 言

在本章中我们用 $\mathbf{Z}, \mathbf{N}_+, \mathbf{N}$ 分别表示全体整数、全体非负整数和全体自然数的集合. 设 $r_1, \cdots, r_k \in \mathbf{N}$, 记 $S(r_1, \cdots, r_k) = \{a_1 r_1 + \cdots + a_k r_k \mid a_1, \cdots, a_k \in \mathbf{N}_+\}$ 为所有能表为 $r_1, \cdots, r_k$ 的非负整数倍之和的数的集合. 显然, 确定 $t \in S(r_1, \cdots, r_k)$ 的问题即为数论中确定不定方程 $r_1 x_1 + \cdots + r_k x_k = t$ 有非负整数解的 Frobenius 问题[1]. 由 Schur 的一个引理知: 若 $r_1, \cdots, r_k$ 的最大公约数 $\gcd(r_1, \cdots, r_k) = 1$, 则 $S(r_1, \cdots, r_k)$ 包含了 $\mathbf{N}_+$ 中除有限个之外的所有数, 即存在 $n_0 \in \mathbf{N}_0$, 使凡 $n \geqslant n_0$ 者均有 $n \in S(r_1, \cdots, r_k)$. 这样的 n_0 中的最小者称为 $r_1, \cdots, r_k$ 这组数的 Frobenius 数, 记作 $\varPhi(r_1, \cdots, r_k)$. 显然, $\varPhi(r_1, \cdots, r_k) - 1$ 是集合 $Z \setminus S(r_1, \cdots, r_k)$ 中的最大数.

在少数几种特殊情况下, Frobenius 数的值可以由一个具体的公式给出. 例如, 熟知当 $k=2$ 且 a,b 互素时, $\Phi(a,b)=(a-1)(b-1)$. 但当 $k\geqslant 3$ 时则并无这样的一般公式. 即使对 $k=3$, 也只是在 a,b,c 之间满足一些特殊关系时, 才有 $\Phi(a,b,c)$ 的表达式证明了当 $a_0,a_1,\cdots,a_s$ 构成算术序列 ($a_i=a_0+id$, a_0,d 互素) 时

$$\Phi(a_0,a_1,\cdots,a_s)=\left[\frac{a_0-2}{s}+1\right]\cdot a_0+(a_0-1)(d-1)$$

其中 $[x]$ 表 x 的整数部分. 除了上述几种特殊情形外, 其他情形一般都只能够给出 Frobenius 数的一些上界或具体计算的算法, 要给出明确的计算公式则比较困难.

Frobenius 数在数学的理论和应用两个方面都具有相当的价值. 在华罗庚[2]、柯召[1][3] 和孙琦[1] 等人的著作和文献中均有对 Frobenius 数的专门研究. 国外 Brauer[5], Johnson[6], Lewin[7], 和 Vitek[8] 等对此也有不少工作. Dumage 和 Mendelsohn 首先应用 Frobenius 数来研究本原矩阵和本原有向图的指数, 给出了估计和计算本原指数的一个较好方法. 他们还反过来用图论方法得到了下述诸公式 (但没有给出证明)

$$\Phi(n,n+1,n+2,n+4)$$
$$=\left[\frac{n}{4}\right](n+1)+\left[\frac{n+1}{4}\right]+2\left[\frac{n+2}{4}\right] \tag{1}$$

$$\Phi(n,n+1,n+2,n+5)$$
$$=n\cdot\left[\frac{n+1}{5}\right]+\left[\frac{n}{5}\right]+\left[\frac{n+1}{5}\right]+\left[\frac{n+2}{5}\right]+2\left[\frac{n+3}{5}\right] \tag{2}$$

194

$$\Phi(n, n+1, n+2, n+6)$$

$$= n \cdot \left[\frac{n}{6}\right] + 2\left[\frac{n}{6}\right] + 2\left[\frac{n+1}{6}\right] + 5\left[\frac{n+2}{6}\right] + \left[\frac{n+3}{6}\right] +$$

$$\left[\frac{n+4}{6}\right] + \left[\frac{n+5}{6}\right] \tag{3}$$

并且断言这些公式显然不能用图论以外的其他方法得到.

邵嘉裕教授 1988 年用直接的方法证明以下几个更为一般的 Frobenius 数的计算公式(4) ~ (8), 并由此而得到任一缺项算术序列(算术序列去掉其中任一项后的序列)的 Frobenius 数的计算公式. Dulmage-Mendelsohn 的公式(1) ~ (3)则分别是公式(4)和(5)中 $d=1, k=2, s=2,3,4$ 时的特殊情形. (此外, 当参数 d, s, k 取其他一些值时, 我们显然还可得到更多的 Frobenius 数的计算公式)

$$\Phi(n, n+d, \cdots, n+kd, n+(k+s)d)$$

$$= \left[\frac{n+s-2}{k+s}\right]n + (n-1)d + 1 +$$

$$\left(\left[\frac{n-2}{k+s}\right] - \left[\frac{n-1}{k+s}\right]\right) \cdot \min(d,n), 0 < s-1 \leqslant k \tag{4}$$

$$\Phi(n, n+d, \cdots, n+kd, n+(k+s)d) \tag{5}$$

$$= I_1 + I_2 + I_3, k < s-1 \leqslant 2k$$

其中

$$I_1 = \left(\left[\frac{n+s-k-2}{k+s}\right] + 1\right)n + \left(\left[\frac{n}{k+s}\right] + \left[\frac{n+1}{k+s}\right] + \cdots +\right.$$

$$\left.\left[\frac{n+s-3}{k+s}\right] + (k+2)\left[\frac{n+s-2}{k+s}\right] - 1\right)d + 1$$

$$I_2 = \left(\left[\frac{n-1}{k+s}\right] - \left[\frac{n-2}{k+s}\right]\right) \cdot (d - \min(d, 2n))$$

$$I_3 = \left(\left[\frac{n+s-2}{k+s} \right) - \left[\frac{n+k+s-2}{k+s} \right] \right) \cdot$$

$$\min \left(0, (k+s) \left[\frac{n-2}{k+s} \right] d(d-1)n \right)$$

当 $d=1$ 时,式(4)的等号右端中 $\min(d,n)=1$,
而式(5)中 $I_2 = I_3 = 0$. 故 $d=1$ 时式(4)和式(5)具有
如下的简单形式:

(1) $0 < s-1 \leqslant k$ 时

$$\Phi(n, n+1, \cdots, n+k, n+k+s)$$

$$= \left[\frac{n+s-2}{k+s} \right] n + n + \left[\frac{n-2}{k+s} \right] - \left[\frac{n-1}{k+s} \right] \quad (6)$$

(2) $k < s-1 \leqslant 2k$ 时

$$\Phi(n, n+1, \cdots, n+k, n+k+s) =$$

$$\left(\left[\frac{n+s-k-2}{k+s} \right] + 1 \right) n + \left[\frac{n}{k+s} \right] + \left[\frac{n+1}{k+s} \right] + \cdots +$$

$$\left[\frac{n+s-3}{k+s} \right] + (k+2) \left[\frac{n+s-2}{k+s} \right] \quad (7)$$

公式(1),(2)和(3)分别是(6)和(7)的特殊情
形,可以从下面的分析中看出. 由于

$$\left[\frac{n}{m} \right] + \left[\frac{n+1}{m} \right] + \cdots + \left[\frac{n+m-1}{m} \right] = n$$

对任意 $n, m \in \mathbf{N}$ 成立,(1)(2)(3)可分别写成

$$\Phi(n, n+1, n+2, n+4)$$

$$= \left[\frac{n}{4} \right] \cdot n + n + \left[\frac{n+2}{4} \right] - \left[\frac{n+3}{4} \right] \quad (1)'$$

$$\Phi(n, n+1, n+2, n+5)$$

$$= \left[\frac{n+1}{5} \right] \cdot n + n + \left[\frac{n+3}{5} \right] - \left[\frac{n+4}{5} \right] \quad (2)'$$

$$\Phi(n, n+1, n+2, n+6)$$

$$= \left[\frac{n}{6}\right]n + n + \left[\frac{n}{6}\right] + \left[\frac{n+1}{6}\right] + 4\left[\frac{n+2}{6}\right] \quad (3)'$$

在式(6)中取 $k=2, s=2$,即得(1)′,取 $k=2, s=3$,即得(2)′. 在式(7)中取 $k=2, s=4$,即得(3)′.

(3)当 $n \geqslant k > 1, s \geqslant k-1$ 时

$$\Phi(n, n+kd, n+(k+1)d, \cdots, n+(k+s)d)$$

$$= \left(\left[\frac{n+k-2}{k+s}\right] + d\right)n + (k-1)d + 1 \quad (8)$$

在第 5 章中我们推广 Roberts 的公式而得到了任一(互素的)缺项算术序列的 Frobenius 数的计算公式.

2 公式(4)和(5)的证明

在本节中我们假定 n, d, s, k 为给定的自然数,其中 $n \geqslant 2, n$ 和 d 互素,且我们总假定 $0 < s-1 \leqslant 2k$. 记 $S = S(n, n+d, \cdots, n+kd, n+(k+s)d)$ 及 $\Phi = \Phi(n, n+d, \cdots, n+kd, n+(k+s)d)$ 分别为相应的 Frobenius 集合和 Frobenius 数. 显然 S 中任一数可表为 n, d 的非负整数倍之和,即 $S \subseteq S(n, d)$. 以下我们均限制在集合 $S(n, d)$ 内考虑 Frobenius 集 S 和 Frobenius 数 Φ,这往往可使所考虑的问题变得容易处理. 我们定义

$$S_1(n, d) = S(n, d) \setminus S \quad (9)$$

因 n, d 互素,d 非 n 之倍数,故 $d \in S_1(n, d)$,于是 $S_1(n, d)$ 非空集. 记 M_1 为集合 $S_1(n, d)$ 的最大数,显然 $M_1 \leqslant \Phi - 1$.

若我们把自然数集 $n, n+d, \cdots, n+kd, n+(k+s)d$ 补上 $n+(k+1)d, \cdots, n+(k+s-1)d$ 使之成为算

术序列,并记

$$\tilde{S} = S(n, n+d, \cdots, n+kd, n+(k+1)d, \cdots,$$
$$n+(k+s)d)$$

及 $\tilde{\Phi} = \Phi(n, n+d, \cdots, n+kd, n+(k+1)d, \cdots,$
$$n+(k+s)d)$$

则由 1 节中 Roberts 的算术序列的 Frobenius 数的公式

知 $\tilde{\Phi} = \left(\left[\dfrac{n-2}{k+s}\right]+1\right)n + (n-1)(d-1) = un + (n-1)(d-1) = un + \Phi(n, d)$,其中 $u = \left[\dfrac{n+k+s-2}{k+s}\right]$. 注

意本文出现的 u 均指此数. 显然我们有 $S \subseteq \tilde{S} \subseteq S(n, d)$,从而 $\Phi \geqslant \tilde{\Phi} \geqslant \Phi(n, d)$. 下面的引理给出了 Frobenius 数 Φ 与集合 $S_1(n, d)$ 的最大数 M_1 及 $\tilde{\Phi}$ 的关系:

引理 1　若 $M_1 = \max S_1(n, d)$,则

$$\Phi = \max(M_1+1, \tilde{\Phi}) \tag{10}$$

证明　$M_1 \in S_1(n_1, d)$,故 $M_1 \notin S$. 又 $\tilde{\Phi}-1 \notin \tilde{S}$,故 $\tilde{\Phi}-1 \notin S$. 于是 $\max(M_1, \tilde{\Phi}-1) = \max(M_1+1, \tilde{\Phi}) - 1 \notin S$. 另一方面,对任意自然数 $m \geqslant \max(M_1+1, \tilde{\Phi})$,因 $m \geqslant \tilde{\Phi} \geqslant \Phi(n, d)$,故 $m \in S(n, d)$. 又因 $m \geqslant M_1+1$,故由 M_1 的定义知 $m \notin S_1(n, d)$,从而 $m \in S(n, d) \setminus S_1(n, d) = S$. 结合这两方面便得式(10).

为了后面的叙述方便起见,我们分别称满足下述条件之一的非负整数对 (x, y) 为具有性质 P_1, P'_2 或 P''_2:

$$P_1: 0 \leqslant y \leqslant (k+s)x \tag{11}$$

P'_2:对任意 $\varepsilon = 1, \cdots, s-1, y \neq (k+s)x - \varepsilon$　（12）

P''_2:对任意 $\delta = 1, \cdots, s-k-1, y \neq (k+s)(x-1) - \delta$　（13）

再分别令 D_1, D'_2, D''_2 为满足 P_1, P'_2, P''_2 的所有非负整数对构成的 $N_0 \times N_0$ 的子集,并记 $D_2 = D'_2 \cap D''_2$（容易看到,当 $0 < s-1 \leqslant k$ 时,不存在 $1 \leqslant \delta \leqslant s-k-1$,故条件 P'_2 自然满足,此时 $D''_2 = N_0 \times N_0$,从而 $D_2 = D'_2$）.

由引理 1 知,Φ 的值依赖于集合 $S_1(n, d)$ 的性状,即 $S(n, d)$ 中一个数属于 S 的条件. 若 $m \in S$,则存在 $a_0, a_1, \cdots, a_k, b \in \mathbf{N}_+$ 使 $m = a_0 n + a_1(n+d) + \cdots + a_k(n+kd) + b(n+(k+s)d) = (a_0 + a_1 + \cdots + a_k + b)n + (a_1 + 2a_2 + \cdots + ka_k + (k+s)b)d = xn + yd$,其中 $x, y \in \mathbf{N}_+$ 满足下列两个条件

$$x \geqslant a_1 + \cdots + a_k + b \qquad (14)$$
$$y = a_1 + 2a_2 + \cdots + ka_k + (k+s)b \qquad (15)$$

于是我们有:

性质 1　$m \in S$ 的充要条件是存在 $x, y, a_1, \cdots, a_k, b \in \mathbf{N}_+$,使式(14)和(15)均成立,且 $m = xn + yd$.

证明　必要性即前面之推断. 充分性. 取 $a_0 = x - (a_1 + \cdots + a_k + b) \in \mathbf{N}_+$,则 $m = xn + yd = (a_0 + a_1 + \cdots + a_k + b)n + (a_1 + 2b_2 + \cdots + ka_k + (k+s)b)d = a_0 n + a_1(n+d) + \cdots + a_k(n+kd) + b(n+(k+s)d) \in S$,证毕.

下面的引理给出了使(14),(15)成立的等价条件.

引理 2　设 $0 < s-1 \leqslant 2k, x, y \in \mathbf{N}_+$. 则存在 $a_1, \cdots, a_k, b \in \mathbf{N}_+$,使式(14)和式(15)成立的充要条件是（$x$,

$y) \in D_1 \cap D_2.$

证明 充分性. 记 $y = t(k+s) + h$, 其中 $0 \leqslant h \leqslant k + s - 1 \leqslant 3k$. 由 $(x,y) \in D_1$ 知 $t \leqslant x$. 若 $t = x$, 则 $h = 0$, 此时可取 $b = x, a_1 = \cdots = a_k = 0$ 使(14),(15)成立;若 $t = x - 1$, 则由 $(x,y) \in D'_2$ 知 $0 \leqslant h \leqslant k$, 此时可取 $b = t$, $a_h = 1$, 而其余的 a_i 均为 0 使(14),(15)成立;若 $t = x - 2$, 则可知 $h \leqslant 2k$(当 $0 < s - 1 \leqslant k$ 时, 由 $h \leqslant k + s - 1$ 直接知, 当 $k < s - 1 \leqslant 2k$ 时, 由 $(x,y) \in D''_2$ 知)时, $h = h_1 + h_2$, 其中 $0 \leqslant h_1, h_2 \leqslant k$, 取 $b = t, a_{h_1} = a_{h_2} = 1$, 而其余的 a_i 均为 0 可使式(14),(15)成立;若 $t \leqslant x - 3$, 因 $h \leqslant 3k$, 故 $h = h_1 + h_2 + h_3$, 其中 $0 \leqslant h_1, h_2, h_3 \leqslant k$. 此时取 $b = t, a_{h_1} = a_{h_2} = a_{h_3} = 1$, 而其余的 a_i 均为 0 可使式(14),(15)成立.

必要性. 式(14)两端乘 $(k+s)$ 并与式(15)比较即得 $0 \leqslant y \leqslant (k+s)x$, 从而 $(x,y) \in D_1$. 若 $(x,y) \notin D'_2$, 则有 $1 \leqslant \varepsilon \leqslant s - 1$ 使 $y = (k+s)x - \varepsilon = a_1 + 2a_2 + \cdots + ka_k + (k+s)b$, 从而 $x > b$ 且 $(k+s)(x-b) - \varepsilon = a_1 + 2a_2 + \cdots + ka_k \leqslant k(a_1 + \cdots + a_k)$, 故 $k(a_1 + \cdots + a_k - (x-b)) \geqslant s(x-b) - \varepsilon \geqslant s - \varepsilon > 0$, 于是 $a_1 + \cdots + a_k > x - b$, 这与式(14)矛盾, 因此 $(x,y) \in D'_2$. 最后当 $k < s - 1 \leqslant 2k$ 时, 若 $(x,y) \notin D''_2$, 则有 $1 \leqslant \delta \leqslant s - k - 1$, 使 $y = (k+s)(x-1) - \delta = a_1 + 2a_2 + \cdots + ka_k + (k+s)b$, 于是 $b \leqslant x - 2$. 此时 $k(a_1 + \cdots + a_k - (x-b)) \geqslant a_1 + 2a_2 + \cdots + ka_k - k(x-b) = s(x-b) - (k+s) - \delta \geqslant 2s - (k+s) - \delta > 0$, 从而 $a_1 + \cdots + a_k > x - b$ 又与式(14)矛盾. 故当 $k < x - 1 \leqslant 2k$ 时有 $(x,y) \in D''_2$. 结合上面分析便有 $(x,y) \in D_1 \cap D_2$, 必要性证毕.

由性质 1 和引理 2 我们容易得到:

推论 1 　当 $0 < x - 1 \leqslant 2k$ 时, $S = \{xn + yd \mid (x, y) \in D_1 \cap D_2\}$.

若 $m = xn + yd \in S(n, d)$, 则必存在 x_1, y_1 使 $m = xm + y_1 d$ 且 $0 \leqslant y_0 \leqslant n - 1$(记 $y = qn + y_1, 0 \leqslant y_1 \leqslant n - 1$, 则 $m = (x + qd)n + y_1 d)$. $S(n, d)$ 中一数表为 $xn + yd$ 时若满足 $0 \leqslant y \leqslant n - 1$, 则我们称 $xn + yd$ 为此数在 $S(n, d)$ 中的标准表达式. 若 $xn + yd = x'n + y'd$ 是数 m 的两个标准表达式, 则由 $0 \leqslant y, y' \leqslant n - 1$ 及 n, d 互素 $\Rightarrow y \equiv y' \pmod{n}$ 可知 $y = y'$, 从而 $x = x'$. 因此 $S(n, d)$ 中任一数的标准表达式是唯一的, 其系数 x, y 由 m 唯一确定, 我们分别记之为 $x(m), y(m)$. 于是, 由 $m \in S(n, d)$ 可得 $m = x(m)n + y(m)d$, 其中 $0 \leqslant y(m) \leqslant n - 1$.

下面的引理分别给出了 S 和 $S_1(n, d)$ 作为 $S(n, d)$ 的互补子集的特征.

引理 3 　设 $0 < s - 1 \leqslant 2k$, 则有:

(1)若 $m = x(m)n + y(m)d = x'n + y'd$, 则 $(x', y') \in D_1 \cap D_2 \Rightarrow (x(m), y(m)) \in D_1 \cap D_2$;

(2) $S = \{m \in S(n, d) \mid (x(m), y(m)) \in D_1 \cap D_2\}$; 　　　　　　(16)

(3) $S_1(n, d) = \{m \in S(n, d) \mid (x(m), y(m)) \notin D_1 \cap D_2\}$. 　　　　　　(17)

证明 　(1)若 $0 \leqslant u' \leqslant n - 1$, 则由标准表达式的唯一性知, 此时 $(x', y') = (x(m), y(m))$. 若 $y' \geqslant n$, 则由 $y' \equiv y(m) \pmod{n}$ 知 $y' \geqslant y(m) + n$, 从而 $x(m) \geqslant x' + d \geqslant x' + 1$. 又 $(x', y') \in D_1 \Rightarrow (k + s)x' \geqslant y' \geqslant y(m) +$

$n > 0$, 故 $x' > 0$ 而 $x(m) \geqslant 2$. 利用关系式 $y(m) \leqslant n - 1$ 及 $3k - s + 2 > 0$, 我们便有 $2y(m) < y(m) + n \leqslant y' \leqslant (k + s)x' \leqslant (k + s)(x(m) - 1) < (k + s)(x(m) - 1) + (3k - s + 2) = (k + s)x(m) - 2(s - k - 1) \leqslant 2(k + s) \cdot (x(m) - 1) - 2(s - k - 1)$, 故 $y(m) < (k + s)(x(m) - 1) - (s - k - 1)$, 从而 $(x(m), y(m)) \in D_1 \cap D_2$.

(2) 由 (1) 及推论 1 立得.

(3) 由 $S_1(n, d)$ 和 S 是 $S(n, d)$ 的互补子集即得. 证毕.

由公式 $\Phi = \max(M_1 + 1, \widetilde{\Phi})$ 可见, 为求 Φ 之值只需考虑 $S_1(n, d)$ 中不小于 $\widetilde{\Phi}$ 的那些数, 即集合 $S_1(n, d) \cap [\widetilde{\Phi}, \infty)$ 中的最大数. 这比集合 $S_1(n, d)$ 本身要容易处理. 为此, 我们定义

$$T(n, d) = \{m \in S(n, d) \mid x(m) \geqslant u, (x(m), y(m)) \notin D_2\} \tag{18}$$

其中 $u = \left[\dfrac{n + k + s - 2}{k + s}\right]$, 如前所定义. 显然 $T(n, d) \subseteq S_1(n, d)$.

性质 2 若 $m \in S(m, d), x(m) \geqslant u$, 则 $(x(m), y(m)) \in D_1$ (从而 $m \in T(n, d) \Rightarrow (x(m), y(m)) \in D_1 \setminus D_2$).

证明 因 $u = \left[\dfrac{n + k + s - 2}{k + s}\right] \geqslant \dfrac{n - 1}{k + s}$, 故 $(k + s)x(m) \geqslant (k + s)n \geqslant n - 1 \geqslant y(m)$, 即 $(x(m), y(m)) \in D_1$.

引理 4 $S_1(n, d) \cap [\widetilde{\Phi}, \infty) = T(n, d) \cap [\widetilde{\Phi}, \infty)$

$$\tag{19}$$

证明　因已有 $T(n,d) \subseteq S_1(n,d)$，故只需证 $S_1(n,d) \cap [\widetilde{\Phi},\infty) \subseteq T(n,d)$. 若 $m \in S_1(n,d) \cap [\widetilde{\Phi},\infty)$，则 $m \geqslant \widetilde{\Phi} = un + \Phi(n,d)$，$m - un \geqslant \Phi(n,d)$，即 $m - un = m_1 \in S(n,d)$，$m = un + x(m_1)n + y(m_1)d = (u + x(m_1))n + y(m_1)d$. 于是 $x(m) = u + x(m_1) \geqslant u$，再由性质 2 可知 $(x(m),y(m)) \in D_1$. 另一方面，$m \in S_1(n,d) \Rightarrow (x(m),y(m)) \notin D_1 \cap D_2$，故 $(x(m),y(m)) \notin D_2$，即 $m \in T(n,d)$，证毕.

定义 M_2 为集合 $T(n,d)$ 的最大数（当 $T(n,d)$ 为空集时取 $M_2 = 0$）. 数 M_2 的确定要比 M_1 容易很多. 而且，Φ 与 M_2（及 $\widetilde{\Phi}$）之间也具有与 Φ 与 M_1（及 $\widetilde{\Phi}$）之间完全类似的关系：

引理 5　若 $0 < s - 1 \leqslant 2k$，则

$$\Phi = \max(M_2 + 1, \widetilde{\Phi}) \tag{20}$$

证明　由引理 4 知，当 $M_1 \geqslant \widetilde{\Phi}$，即 $S_1(n,d) \cap [\Phi,\infty)$ 非空时，有 $M_1 = M_2$. 又由 $T(n,d) \subseteq S_1(n,d)$ 知 $M_2 \leqslant M_1$ 总成立，从而 $\max(M_2 + 1, \widetilde{\Phi}) = \max(M_1 + 1, \widetilde{\Phi}) = \Phi$ 总成立，引理证毕.

下面我们考虑 M_2 的计算. 为此，再把集合 $T(n,d)$ 划分为若干部分，我们定义

$$T_1(n,d) = \{m \in S(n,d) \mid x(m) = u, (x(m), y(m)) \notin D'_2\} \tag{21}$$

$$T_2(n,d) = \{m \in S(n,d) \mid x(m) = u + 1, (x(m), y(m)) \notin D''_2\} \tag{22}$$

$$T_3(n,d) = \{m \in S(n,d) \mid x(m) = u, (x(m),$$

$$y(m)) \notin D''_2\} \tag{23}$$

记 $I = [0, n-1], J_1 = [(k+s)u-(s-1), (k+s)u-1], J_2 = [(k+s)u-(s-1-k), (k+s)u-1]$ 及 $J_3 = [(k+s)(u-1)-(s-1-k), (k+s)(u-1)-1]$ 为四个闭区间. 容易验证 $T_1(n,d) = \{un + yd \mid 0 \leqslant y \leqslant u-1, (k+s)u-(s-1) \leqslant y \leqslant (k+s)u-1\} = \{un + yd \mid y \in I \cap J_1\}$, 同理 $T_2(n,d) = \{(u+1)n + yd \mid y \in I \cap J_2\}$, $T_3(n,d) = \{un + yd \mid y \in I \cap J_3\}$. 因 $J_1 \cap J_3$ 为空, 故 $T_i(n,d)(i=1,2,3)$ 两两不交. 此外当 $0 < s-1 \leqslant k$ 时, J_2 和 J_3 均为空集, 故此时 $T_2(n,d)$ 和 $T_3(n, d)$ 均为空集.

引理 6 $T(n,d) = \bigcup\limits_{i=1}^{s} T_i(n,d)$ (当 $0 < s-1 \leqslant k$ 时, 即 $T(n,d) = T_1(n,d)$).

证明 显然 $T_i(n,d) \subseteq T(n,d)(i=1,2,3)$. 反之, 若 $m \in T(n,d)$, 则由定义知 $(x(m), y(m)) \notin D_2 = D'_2 \cap D''_2$. 若 $(x(m), y(m)) \notin D'_2$, 则 $y(m) = (k+s)x(m) - \varepsilon(1 \leqslant \varepsilon \leqslant s-1)$, 于是 $(k+s)x(m) = y(m) + \varepsilon \leqslant n-1 + \varepsilon \leqslant n+s-2 \leqslant n+k+s-2$, 故 $x(m) \leqslant u_0$. 但 $m \in T(n,d) \Rightarrow a(m) \geqslant u$, 故 $x(m) = u$ 而 $m \in T_1(n,d)$. 若 $(x(m), y(m)) \notin D''_2$ (此时 $k < s-1 \leqslant 2k$), 则 $y(m) = (k+s)(x(m)-1) - \delta(1 \leqslant \delta \leqslant s-k-1)$, 故 $(k+s)(x(m)-1) = y(m) + \delta \leqslant n-1 + \delta \leqslant n-1+s-k-1 \leqslant n+s+k-2$, 从而 $x(m)-1 \leqslant u$. 结合 $x(m) \geqslant u$, 便知 $x(m) = u$ 或 $x(m) = u+1$. 当 $x(m) = u$ 时 $m \in T_3(n,d)$, 当 $x(m) = u+1$ 时, $m \in T_2(n,d)$. 于是我们总有 $T(n,d) \subseteq \bigcup\limits_{i=1}^{3} T_i(n,d)$, 证毕.

定义 β_i 为 $T_i(n,d)$ 的最大数,$i=1,2,3$(当 $T_i(n,d)$ 为空集时令 $\beta_i=0$). 则 $M_2=\max T(n,d)=\max(\beta_1,\beta_2,\beta_3)$. 当 $0<s-1\leqslant k$ 时,$\beta_2=\beta_3=0$,故此时 $M_2=\beta_1$. 于是我们的 Frobenius 数 $\varPhi$ 的计算便归结为诸 β_i 的计算与估计了. 我们再定义 $\beta'_i=$ 数集 $I\cap J_i$ 中的最大数,于是 $\beta_1=un+\beta'_1 d,\beta_3=un+\beta'_3 d$ 而 $\beta_2=(u+1)n+\beta'_2 d$(当 β'_i 不存在时我们认为 $\beta_i=0$). 诸 β'_i,从而诸 β_i 的值都不难直接求得.

由于 $u=\left[\dfrac{n-2}{k+s}\right]+1$,故我们有

$$(k+s)(u-1)+2\leqslant n\leqslant(k+s)u+1 \qquad (24)$$

区间 J_1,J_2 的上端均为 $(k+s)u-1\geqslant n-2$,故当 β'_1,β'_2 存在时,有 $n-2\leqslant\beta'_1=\beta'_2\leqslant n-1$. 而 J_3 的上端 $(k+s)(u-1)-1\leqslant n-3$,故当 $u=1$ 时 β'_3 不存在,而 $u\geqslant2$ 时 $\beta'_3=(k+s)(u-1)-1\leqslant n-3$. 从而当 β'_3 和 β'_1(或 β'_2)均存在时,总有 $\beta'_3\leqslant\beta'_1$(或 $\beta'_3\leqslant\beta'_2$). 同时,$\beta_3$ 的值也总由公式

$$\beta_3=\begin{cases}0 & u=1\\ un+((k+s)(u-1)-1)d & u\geqslant2\end{cases}$$

给出. 因此我们总有 $\beta_3<un+(n-2)d$.

下面我们再根据 n 和 u 的相互关系分以下四种情形来考虑诸 β'_i 和 β_i 之值:

情形 A $(k+s)(u-1)+2\leqslant n\leqslant(k+s)u-(s-1)$

$$\qquad(25)$$

情形 B $(k+s)u-(s-1)<n\leqslant(k+s)u-(s-1-k)$

$$\qquad(26)$$

情形 C $(k+s)u-(s-1-k)<n\leqslant(k+s)u$

$$\qquad(27)$$

情形 D $$n=(k+s)u+1 \qquad\qquad (28)$$

记 $(k+s)u-(n-1)=r$，则由式 (24) 知 $0 \leqslant r \leqslant k+s-1$. 由于 $u-1 \equiv -r(\bmod k+s)$，故上述各种情形事实上等价于：

情形 A $$n-1 \equiv -\zeta(\bmod(k+s)),s \leqslant \zeta \leqslant s+k-1$$
$$(29)$$

情形 B $$n-1 \equiv -\varepsilon(\bmod(k+s)),s-k \leqslant \varepsilon<s$$
$$(30)$$

情形 C $$n-1 \equiv -\delta(\bmod(k+s)),1 \leqslant \sigma<s-k$$
$$(31)$$

情形 D $$n-1 \equiv 0(\bmod(k+s)) \qquad\qquad (32)$$

对 β'_1 及 β_1 我们有：

情形 A 时：$(k+s)u-(s-1) \geqslant n$，故 $I \cap J_1$ 为空集，β'_1 不存在.

情形 B 及 C 时：$n-1 \in J_1$，故 $\beta'_1=n-1$.

情形 D 时：区间 J_1 的上端 $(k+s)u-1=n-2$，故 $\beta'_1=n-2$. 综合以上几种情形，我们便得 β_1 的如下的分段表达式

$$\beta_1=\begin{cases} 0 & n \text{ 为情形 } A \text{ 时} \\ un+(n-1)d & n \text{ 为情形 } B,C \text{ 时} \quad (33) \\ un+(n-2)d & n \text{ 为情形 } D \text{ 时} \end{cases}$$

而这也就是 $0<s-1 \leqslant k$ 时 M_2 的分段表达式.

在 $k<s-1 \leqslant 2k$ 时，我们还需考虑 β_2 及 β_3. 对情形 $A,I \cap J_2 \subseteq I \cap J_1$，两者均为空集，从而 $\beta_1=\beta_2=0$ 而 $M_2=\beta_3$. 对情形 $B,I \cap J_2$ 仍为空而 $\beta_2=0$. 此时 $\beta_3 \leqslant \beta_1$，故 $M_2=\beta_1=un+(n-1)d$. 对情形 $C,n-1 \in J_2$ 而 $\beta'_2=n-1$，此时 $M=\beta_2=(u+1)u+(n-1)d$. 对情形 D，

$\beta'_1 = \beta'_2 = n - 2$,此时 $M_2 = \beta_2 = (u+1)n + (n-2)d$.
综合以上几种情形,我们有

$$M_2 = \begin{cases} \beta_3 & \text{情形 } A \\ un + (n-1)d & \text{情形 } B \\ (u+1)n + (n-1)d & \text{情形 } C \\ (u+1)n + (n-2)d & \text{情形 } D \end{cases} \quad (34)$$

$$k < s - 1 \leqslant 2k$$

其中 $\beta_3 = un + ((k+s)(u-1) - 1)d$ $(u \geqslant 2)$ 或 $\beta_3 = 0$ $(u=1)$. 若在 $u \geqslant 2$ 时 β_3 的表达式中取 $u=1$,尽管所得之量 $un - d$ 与 $u=1$ 时 $\beta_3 = 0$ 之值不同,但两者均不超过 $\widetilde{\Phi} = un + \Phi(n,d)$. 从这个意义上说,我们所关心的 $\max(\beta_3 + 1, \widetilde{\Phi}) = \max(un + ((k+s)(u-1) - 1)d + 1, \widetilde{\Phi}$,对 $u=1$ 和 $u \geqslant 2$ 两种情况仍同样成立.

利用式(33)(34)及 $\Phi = \max(M_2 + 1, \widetilde{\Phi})$,我们不难得到 Frobenius 数 Φ 在情形 A, B, C, D 之下的分段表达式. 为了得到式(4)及(5)中的统一表达式,我们需要下述引理:

引理7　设 $m \in \mathbf{N}, 0 = h_{i+1} < h_i < \cdots < h_2 < h_1 = m$. 若 $f(n) = a_i(n)$,当 $n - 1 \equiv -\delta_j (\bmod m)$,$h_{i+1} \leqslant \delta_i < h_i$ 时$(i = 1, 2, \cdots, t)$,则函数 $f(n)$ 有统一表达式

$$f(n) = \sum_{j=1}^{t} a_j(n)\left(\left[\frac{n + h_j - 2}{m}\right] - \left[\frac{n + h_{j+1} - 2}{m}\right]\right)$$

$$(35)$$

证明　当 $h_{i+1} \leqslant \delta_i < h_i$ 时,有 $n - 2 = n + h_{i+1} - 2 \leqslant n + h + h_t - 2 \leqslant \cdots \leqslant n + h_{i+1} - 2 < n + \delta_i - 1 \leqslant n + h_t - 2 \leqslant \cdots \leqslant n + h_1 - 2 = n + m - 2$. 故当 $n - 1 \equiv -\delta_i (\bmod m)$

时，$n-1+\delta_i$ 是 $n-1$ 和 $n+m-2$ 之间的一个 m 的倍数，从而此时 $\left[\dfrac{n+h_j-2}{m}\right]-\left[\dfrac{n+h_{j+1}-2}{2}\right]=1\,(j=i)$ 或 0 $(j\neq i)$. 引理 7 得证.

下面我们给出两个主要定理.

定理 1 若 $0<s-1\leqslant k$，则：

$$(1)\quad \varPhi=\begin{cases}un+(n-1)(d-1) & \text{情形 } A\\ un+(n-1)d+1 & \text{情形 } B,C\\ un+(n-1)d+1-\min(d,n) & \text{情形 } D\end{cases}$$

$$(36)$$

$(2)\,\varPhi$ 的计算公式 (4) 成立.

证明 (1) 当 $0<s-1\leqslant k$ 时，$M_2=\beta_1$. 再由式 (33) 中 β_1 的表达式，$\varPhi=\max(M_2+1,\widetilde{\varPhi})$ 及 $\widetilde{\varPhi}=un+(n-1)(d-1)$ 经简单比较即得.

(2) 记 $f(n)=\varPhi-(un+(n-1)d+1)$，则由 (1) 知

$$f(n)=\begin{cases}-n & \text{情形 } A\\ 0 & \text{情形 } B,C\\ -\min(d,n) & \text{情形 } D\end{cases}$$

注意到式 $(29)\sim(32)$，可知情形 A,B 及 C,D 三种情况即相当于引理 7 中 $m=k+s,t=3,h_1=m,h_2=s,h_3=1,h_4=0$ 的情况. 由 $f(n)$ 的上述表达式又知 $a_1(n)=-n,a_2(n)=0,a_3(n)=-\min(d,n)$. 应用引理 7 即得

$$f(n)=-n\left(\left[\frac{n+k+s-2}{k+s}\right]-\left[\frac{n+s-2}{k+s}\right]\right)-\min(d,n)$$

将 $\left(\left[\dfrac{n-1}{k+s}\right]-\left[\dfrac{n-2}{k+s}\right]\right)$ 代入 $\varPhi=un+(n-1)d+1+$

$f(n)$,并利用 $u=\dfrac{n+k+s-2}{k+s}$ 即得式(4).

定理2　若 $k<s-1\leqslant 2k$,则:

$$(1)\varPhi=\begin{cases} un+((k+s)(u-1)-1)d+1-\min(0,(k+ \\ s)(u-1)d-(d-1)n)\quad 情形\ A \\ un+(n-1)d+1\quad 情形\ B \\ (u+1)n+(n-1)d+1\quad 情形\ C \\ (u+1)n+(n-1)d+1-\min(d,2n)\quad 情形\ D \end{cases}$$
$$(37)$$

$(2)\varPhi$ 的计算公式(5)成立.

证明　(1)利用 $k<s-1\leqslant 2k$ 时 M_2 的分段表达式 (34)及公式 $\varPhi=\max(M_2+1,\widetilde{\varPhi})$,在情形 B,C,D 时结论经简单比较即得. 在情形 A 时,由式(34)后面的一段分析知 $\max(\beta_3+1,\widetilde{\varPhi})=\max(m+((k+s)(u-1)-1)d+1,\widetilde{\varPhi})$ 总成立,再经简单计算即得.

(2)记

$$f_1(n)=\begin{cases}0\quad (A)\\0\quad (B)\\n\quad (C)\\n\quad (D)\end{cases},f_2(n)=\begin{cases}(k+s)(u-1)\quad (A)\\n\quad (B)\\n\quad (C)\\n-1\quad (D)\end{cases},$$

$$f_3(n)=\begin{cases}-\min(0,(k+s)(u-1)d-(d-1)n)\quad (A)\\0\quad (B)\\0\quad (C)\\d-\min(d,2n)\quad (D)\end{cases}$$

其中 $(A),(B),(C),(D)$ 分别表示情形 A,B,C,D. 由 (1) 知 $\Phi = un + f_1(n) + (f_2(n) - 1)d + 1 + f_\varepsilon(n)$. 由引理 7 得 $f_1(n) = \left(\left[\dfrac{n+s-k-2}{k+s}\right] - \left[\dfrac{n-2}{k+s}\right]\right)n$, 故 $un + f_1(n) = \left(\left[\dfrac{n+s-k-2}{k+s}\right] + 1\right) \cdot n$. 此即式 (5) 中 I_1 的第一项. 同样用引理 7 计算得 $f_3(n)$ 即为式 (5) 中 I_2 和 I_3 两部分之和 $I_2 + I_3$. 我们只需再证明

$$f_2(n) = \left[\frac{n}{k+s}\right] + \cdots + \left[\frac{n+s-3}{k+s}\right] + (k+2)\left[\frac{n+s-2}{k+s}\right]$$

$$(38)$$

我们分 A,B 及 C,D 三种情形比较式 (38) 两端之值. 首先注意到性质: 若 $1 \leqslant i < j \leqslant k+s, 1 \leqslant t \leqslant k+s, n-1 \equiv -t(\bmod(k+s))$, 则

$$\left[\frac{n-1+j}{k+s}\right] - \left[\frac{n-1+i}{k+s}\right] = \begin{cases} 1, & \text{若 } i \in (i,j] \\ 0, & \text{若 } t \notin (i,j] \end{cases}$$

情形 A: 由式 (29) 知 $n-1 \equiv -t(\bmod(k+s))$, 其中 $s \leqslant t < s+k$. 此时对 $i = 1,\cdots,s-1$, 有 $t \in (i,k+s-1]$, 从而由上述性质知

$$\left[\frac{n-1+i}{k+s}\right] = \left[\frac{n-1+k+s-1}{k+s}\right] - 1 = u-1, i = 1,\cdots,s-1$$

即式 (38) 右端 $= \underbrace{(u-1) + \cdots + (u-1)}_{(s-2)\text{个}} + (k+2)(u-1)$

$$= (k+s)(u-1) = f_2(n)$$

情形 B 及 C: 由式 (30) 及 (31) 知 $n-1 \equiv -t(\bmod(k+s)), 1 \leqslant t < s$. 当 $j = 0,1,\cdots,k+1$ 时, $t \notin (s-1,s-1+j]$, 从而由上述性质知 $\left[\dfrac{n+s-2+j}{k+s}\right] - \left[\dfrac{n+s-2}{k+s}\right]$ $(j =$

$0,1,\cdots,k+1)$. 即式(38)右端 $=\left[\dfrac{n}{k+s}\right]+\left[\dfrac{n+1}{k+s}\right]+\cdots+$

$\left[\dfrac{n+s-3}{k+s}\right]+\left[\dfrac{n+s-2}{k+s}\right]+\left[\dfrac{n+s-1}{k+s}\right]+\left[\dfrac{n+k+s-1}{k+s}\right]=$

$\displaystyle\sum_{j=0}^{n+s-1}\left[\dfrac{n+j}{k+s}\right]=n=f_2(n)$.

情形 D：由式(32)知 $n-1\equiv 0\equiv -(k+s)\ (\mathrm{mod}$ $(k+s))$，即 $t=k+s$. 此时

$$\left[\dfrac{n+s-2+j}{k+s}\right]-\left[\dfrac{n+s-2}{k+s}\right]=\begin{cases}0,& j=0,1,\cdots,k\\ 1,& j=k+1\end{cases}$$

故式(38)右端 $=\displaystyle\sum_{j=0}^{n+s-1}\left[\dfrac{n+j}{k+s}\right]-1=n-1=f_2(n)$.

结合情形 A,B 及 C,D 知式(38)成立. 最后以 $f_1(n),f_2(n)$ 和 $f_3(n)$ 之值代入 $\varPhi=un+f_1(n)+(f_2(n)-1)d+1+f_3(n)$ 之中即得公式(5)，定理 2 证毕.

3　例　子

公式(4)和(5)的一般形式虽非常简单，但在很多特殊情况下(如 $d=1$)能以更简单的形式出现. 例如我们有

$$\varPhi(n,n+1,n+3)$$

$$=\left(\left[\dfrac{n}{3}\right]+1\right)n+\left[\dfrac{n+1}{3}\right]-\left[\dfrac{n+2}{3}\right],k=1,s=2$$

$$\varPhi(n,n+1,n+4)$$

$$=\left(\left[\dfrac{n}{4}\right]+1\right)n+\left[\dfrac{n}{4}\right]+3\left[\dfrac{n+1}{4}\right],k=1,s=3$$

$$\Phi(n,n+1,n+2,n+7)$$

$$=\left(\left[\frac{n+1}{7}\right]+1\right)n+\left[\frac{n}{7}\right]+\left[\frac{n+1}{7}\right]+\left[\frac{n+2}{7}\right]+4+4\cdot$$

$$\left[\frac{n+3}{7}\right],k=2,s=5$$

$$\Phi(n,n+1,n+2,n+3,n+7)$$

$$=\left(\left[\frac{n+2}{7}\right]+1\right)n+\left[\frac{n+5}{7}\right]-\left[\frac{n+6}{7}\right],k=3,s=4$$

等.

由公式（4）和（5）还容易看出 Φ 有以下的渐近性态

$$\frac{\lim\limits_{n\to\infty}\Phi}{\dfrac{n^2}{k+s}}=1,0<s-1\leqslant 2k \qquad (39)$$

此外,在 n,d,s,k 诸值已具体给定时,我们还可以直接用式（36）和（37）的分段表达式来求 Φ 的值,例如我们有

$$\Phi(100,107,128)$$

$$=3\ 294,k=1,s=3,n=100,d=7$$

$$\Phi(200,203,206,221)$$

$$=6\ 398,k=2,s=5,n=200,d=3$$

等.

4 公式（8）的证明

式（8）的证明比较容易,并且不需要用到前面的任何结果. 类似于引理2,我们有:

引理8 设 $x,y\in M_0,k,s\in\mathbf{N}$ 且 $0<k-1\leqslant s_0$,则有 $a_k,a_{k+1},\cdots,a_{k+s}\in\mathbf{N}$,使

$$x \geqslant a_k + a_{k+1} + \cdots + a_{k+s} \qquad (40)$$

$$y = ka_k + (k+1)a_{k+1} + \cdots + (k+s)a_{k+s} \qquad (41)$$

成立的充要条件是 $0 \leqslant y \leqslant (k+s)x$，且 $y \neq 1,2,\cdots,k-1$.

证明　必要性. 由式 (40) 和 (41) 显然可得 $0 \leqslant y \leqslant (k+s)x$. 而若 $1 \leqslant y \leqslant k-1$，则式 (41) 显然无解.

充分性. $y = 0$ 和 $y = (k+s)x$ 的情形是显然的，故不妨设 $k \leqslant y \leqslant (k+s)x - 1$. 记 $y = t(k+s) + h$，其中 $0 \leqslant h \leqslant k+s-1$，则 $t \leqslant x-1$. 若 $h = 0$，则取 $a_{k+s} = t$，其余的 a_i 均为 0 可使式 (40)，(41) 成立. 若 $1 \leqslant h \leqslant k-1$，由假设条件 $y \neq 1,2,\cdots,k-1$ 知 $t \geqslant 1$. 此时 $y = (t-1)(k+s) + k + (s+h)$，其中 $k \leqslant s+1 \leqslant s+h \leqslant s+k-1$. 取 $a_{k+s} = t-1 \leqslant x-2, a_k = 1, a_{s+h} = 1$，而其余的 a_i 均为 0 可使式 (40)，(41) 成立. 若 $h \geqslant k$，则取 $a_{k+s} = t, a_h = 1$，而其余的 a_i 均为 0 即可.

记 $S = S(n, n+kd, n+(k+1)d, \cdots, n+(k+s)d)$，类似于推论 1 我们有：

推论 2　若 $0 < k-1 \leqslant s$，则

$$S = \{xn + yd \mid 0 \leqslant y \leqslant (k+s)x, y \neq 1, \cdots, k-1\}$$

证明　$m \in S \Leftrightarrow$ 存在 $a_0, a_k, \cdots, a_{k+s} \in \mathbf{N}_+$，使 $m = (a_0 + a_k + \cdots + a_{k+s})n + (ka_k + \cdots + (k+s)a_{k+s})d \Leftrightarrow$ 存在 $x, y, a_0, a_k, \cdots, a_{k+s} \in \mathbf{N}_+$ 使式 (40)，(41) 成立且 $m = xn + yd \Leftrightarrow m \in \{xn + yd \mid 0 \leqslant y \leqslant (k+s)x, y \neq 1, \cdots, k-1\}$（引理 (8)），推论 2 得证.

引理 9 给出了当 $1 \leqslant y \leqslant k-1$ 时，$xn + yd \in S$ 的充要条件.

引理 9　设 $n \geqslant k > 1, s \geqslant k-1, x, y \in \mathbf{N}_+$ 且 $1 \leqslant y \leqslant k-1$. 则 $xn + yd \in S$ 的充要条件是 $x \geqslant \left[\dfrac{n+y-1}{k+s}\right] +$

213

$d + 1$.

证明 记 $n + y - 1 = t(k + s) + h$，其中 $0 \leqslant h \leqslant k + s - 1$，$t = \left[\dfrac{n + y - 1}{k + s} \right]$.

充分性. 若 $x \geqslant t + d + 1$，则 $xn + yd = (x - d)n + (n + y)d = x'n + y'd$，其中 $y' = n + y > k$，$y' = n + y = t(k + s) + h + 1 \leqslant (t + 1)(k + s) \leqslant (x - d)(k + s) = (k + s)x'$，由推论 2 知 $xn + yd \in S$.

必要性. 若 $x \leqslant t + d$ 而 $xn + yd \in S$，则由推论 2 知，有 $x', y' \in \mathbf{N}_+$，$0 \leqslant y' \leqslant (k + s)x'$，$y' \neq 1, \cdots, k - 1$，使 $xn + yd = x'n + y'd$. 因 $1 \leqslant y \leqslant k - 1$ 而 $y' \neq 1, \cdots, k - 1$，故 $y \neq y'$，从而 $x \neq x'$. 若 $y' = 0$，则 y 是 n 的倍数，这与 $1 \leqslant y \leqslant k - 1 \leqslant n - 1$ 矛盾，故 $k \leqslant y' \leqslant (k + s)x'$. 若 $x' > x$，则 $x' \geqslant x + d$，$y' \leqslant y - n < 0$，矛盾. 若 $x' < x$，则 $x' \leqslant x - d$，从而 $y' \geqslant y + n > n + y - 1 = t(k + s) + h \geqslant t(k + s) \geqslant (x - d)(k + s) = (k + s)x'$，矛盾，必要性得证.

利用推论 2 和引理 8 即可得到公式 (8).

定理 3 若 $n \geqslant k > 1$，$s \geqslant k - 1$，则公式 (8) 成立.

证明 在引理 8 中取 $y = k - 1$，$x = \left[\dfrac{n + k - 2}{k + s} \right] + d$

知 $xn + yd = \left(\left[\dfrac{n + k - 2}{k + s} \right] + d \right)n + (k - 1)d \notin S$. 反之，对

任意 $m \geqslant \left(\left[\dfrac{n + k - 2}{k + s} \right] + d \right)n + (k - 1)d + 1 = \left(\left[\dfrac{n + k - 2}{k + s} \right] + 1 \right)n + kd + (n - 1)(d - 1)$，存在 $a, b \in$

$\mathbf{N}_+$ 且 $0 \leqslant b \leqslant n - 1$，使 $m = \left(\left[\dfrac{n + k - 2}{k + s} \right] + 1 \right)n + kd +$

214

$$an + bd = \left(\left[\frac{n+k-2}{k+s}\right] + 1 + a\right)n + (k+b)d = xn + yd,$$

其中 $y = k + b \geqslant k$ 且 $y = k + b \leqslant n + k - 1 \leqslant (k + s)\left(\left[\frac{n+k-2}{k+s}\right] + 1\right) \leqslant (k+s)x$,故由推论 2 知 $m \in S$.

于是

$$\Phi(n, n+kd, n+(k+1)d, \cdots, n+(k+s)d)$$

$$= \left(\left[\frac{n+k-2}{k+s}\right] + d\right)n + (k-1)d + 1$$

式(8)成立.

例 1 在式(8)中取 $k = 2, s = 1, d = 1$,则有

$$\Phi(n, n+2, n+3) = \left(\left[\frac{n}{3}\right] + 1\right)n + 2, n \geqslant 2$$

例 2 式(8)中取 $k = 3, s = 2, d = 1$,则有

$$\Phi(n, n+3, n+4, n+5) = \left(\left[\frac{n+1}{5}\right] + 1\right)n + 3, n \geqslant 3$$

5 缺项算术序列的 Frobenius 数的计算公式

设有算术序列 $n, n+d, \cdots, n+td$,其中 $n, d \in \mathbf{N}$ 为互素,$n \geqslant 2$. 任意删去其中一项 $n + pd (0 \leqslant p \leqslant t)$,我们将求出剩下的这个"缺项算术序列"的 Frobenius 数 $\Phi = \Phi(n, n+d, \cdots, n+(p-1)d, n+(p+1)d, \cdots, n+td)$ 的值. 因为 $t = 2$ 的情形是平凡的,故我们总假定 $t \geqslant 3$. 记 $S = S(n, n+d, \cdots, n+(p-1)d, n+(p+1)d, \cdots, n+td)$,$\widetilde{S} = S(n, n+d, \cdots, n+td)$ 及 $\widetilde{\Phi} = \Phi(n, n+d, \cdots, n+td)$. 由 Roberts 公式知 $\widetilde{\Phi} = \left[\frac{n-2}{t}\right]n + (n-1)d + 1$. 显然,$p = 0, t$ 时所剩者仍为算术序列,$p = $

$1, t-1$ 时 $\varPhi$ 之值可由式(4)和(8)给出,故我们仅需考虑 $2 \leqslant p \leqslant t-2$ 之情形.

引理9 若 $2 \leqslant p \leqslant t-2$,则

$$\varPhi = \begin{cases} \max(n+pd+1, (n-1)d+1) & p \leqslant n-1 \leqslant t \\ \widetilde{\varPhi} & (\text{其他})p \geqslant n, \text{或 } n \geqslant t+2 \end{cases}$$

(42)

证明 我们有 $S \subseteq \widetilde{S}$,且进一步可证

$$\widetilde{S} \setminus \{n+pd\} \subseteq S \subseteq \widetilde{S} \tag{43}$$

由于 $2(n+pd) = [n+(p-1)d] + [n+(p+1)d] \in S$ 及 $3(n+pd) = [n+(p-2)d] + 2[n+(p+1)d] \in S$,故 $l \in S(2,3) \Rightarrow l \cdot (n+pd) \in S_0$. 令 $\varPhi(2,3) = 2$,于是 $l \geqslant 2 \Rightarrow l(n+pd) \in S$. 任取 $m \in \widetilde{S}$,则存在 $m_1 \in S$ 及 $l \in N_0$,使 $m = m_1 + l(n+pd)$. 若 $l=0$,则 $m \in S$;若 $l \geqslant 2$,则由以上分析知 $l(n+pd) \in S$,故 $m \in S$. 若 $l=1$,则或 $m = n+pd$;若 $m_1 = m_2 + (n+qd)$,其中 $m_2 \in S$ 而 $q \neq p(0 \leqslant q \leqslant t)$,容易证明 $(n+qd) + (n+pd) = [n+(q-1)d] + [n+(p+1)d] \in S($ 当 $1 \leqslant q \leqslant t, q \neq p+1)$ 及 $(n+qd) + (n+pd) = [n+(q+1)d] + [n+(p-1)d] \in S($ 当 $q=0$ 或 $q=p+1$ 时$)$,故 $m = m_2 + (n+qd) + (n+pd) \in S$. 综合上述情形知 $\widetilde{S} = S \cup \{n+pd\}$,即式(43)成立.

由式(43)可见 $S = \widetilde{S}$ 或 $S = \widetilde{S} \setminus \{n+pd\}$,前者有 $\varPhi = \widetilde{\varPhi}$ 而后者有 $\varPhi - 1 = \max(\widetilde{\varPhi} - 1, n+pd)$. 当 $p \geqslant n$ 时,$n+pd = dn + [n+(p-n)t] \in S$,故此时 $S = \widetilde{S}$ 而

216

$\varPhi = \widetilde{\varPhi}.$ 若 $n \geqslant t + 2$,则 $p \leqslant n - 1$,$\widetilde{\varPhi} - 1 = \left[\dfrac{n-2}{t}\right]n +$

$(n-1)d \geqslant n + pd$,此时不管 $S = \widetilde{S}$ 还是 $S = \widetilde{S} \setminus \{n + pd\}$

均有 $\varPhi = \widetilde{\varPhi}.$ 若 $p \leqslant n - 1 \leqslant t$,则可证 $n + pd \notin S$;若 $n +$

$pd \in S$,则 $n + pd$ 可表为该缺项算术序列中至少两个元

素(可能重复)之和,即 $n + pd - 2n \in S(n,d)$. 故有 $x,$

$y \in \mathbf{N}$,使 $pd - n = xn + yd.$ 令 $x + 1 \equiv 0 (\bmod\ d)$,故 $x +$

$1 \geqslant d$,从而 $p - y \geqslant n$,这与 $p \leqslant n - 1$ 矛盾. 故此时 $S =$

$\widetilde{S} \setminus \{n + pd\}.$ 又 $n - 1 \leqslant t$ 意味着 $\left[\dfrac{n-2}{t}\right] = 0$,从而 $\widetilde{\varPhi} =$

$(n-1)d + 1.$ 此时 $\varPhi = \max(\widetilde{\varPhi}, n + pd + 1) = \max(n +$

$pd + 1,(n-1)d + 1)$,引理 9 证毕.

最后,我们给出主要结论:

定理 4　设 $n \geqslant 2,t \geqslant 3$,则缺项算术序列的 Frobe-

nius 数 $\varPhi = \varPhi(n, n + d, \cdots, n + (p-1)d, n + (p+$

$1)d, \cdots, n + td)$ 的值可由下列四种方式给出:

(1) $p = 0$ 或 $p = t.$ 此时所剩之一组数仍为算术序

列,$\varPhi$ 的值由 Roberts 公式给出.

(2) $2 \leqslant p \leqslant t - 2.$ 此时 $\varPhi$ 之值由引理 9 给出.

(3) $p = 1.$ 此时由公式(8) 得

$$\varPhi = \left(\left[\dfrac{n}{t}\right] + d\right)n + d + 1$$

(4) $p = t - 1.$ 此时由公式(4) 得

$$\varPhi = \left[\dfrac{n}{t}\right]n + (n-1)d + 1 + \left(\left[\dfrac{n-2}{t}\right] - \left[\dfrac{n-1}{t}\right]\right) \cdot \min(d,n)$$

参 考 文 献

[1]柯召,孙琦. 谈谈不定方程[M]. 上海:上海教育出版社,1980.

[2]华罗庚. 数理导引[M]. 北京:科学出版社,1957.

[3]柯召. 关于方程 $ax + by + cz = n$[J]. 四川大学学报(自然科学版),1955(1):1-4.

[4]J B ROBERTS. Notes on linear forms[J]. Proc. Amer, Math. Soc. ,1956(7):456-469.

[5]A T BRAAUER, B M SEELBINDER. On a problem of partitions——Ⅱ[J]. Amer. J. Math. , 1954(76):343-346.

[6]S M JOHNSON. A linear Diophantine problem [J]. Candian J. Math, 1960(12):390-398.

[7]M LEWIN. On a diophantine problem of Frobenius[J]. Bull. London Math. Soc. , 1973(5):75-78.

[8]Y VITEK. Bounds for a linear diophantine problem of Frobenius[J]. J. London Math. Soc. , 1975(10):79-85.

Frobenius 问题的偏序算法

第 5 章

设 $a_i > 0, i = 2, \cdots, k, (a_1, a_2, \cdots, a_k) = 1$,
线性型

$$f_k = \sum_{i=1}^{k} a_i x_i, x_i \geq 0, i = 1, 2, \cdots, k$$

的最大不可表数记作 M_k. 求 M_k 的问题叫作 Frobenius 问题,这个问题在数学的理论和应用两方面都具有相当大的价值. 国内外许多数学家[1-10]研究过它,但问题至今尚未完全解决. 当 $k = 2$ 时, $M_2 = a_1 a_2 - a_1 - a_2$;当 $k = 3$[11]时给出了 M_3 的公式. 但当 $k > 3$ 时,则无这样的一般公式.

利用偏序理论研究 Frobenius 问题,得到一条求 M_k 的定理. 应用这个结果,他还给出了 Roberts 公式的一个新的证明.

1 概念和引理

设 $\mathbf{Z}, \mathbf{N}$ 分别表示整数集和非负整数集. 令

$$G = \{(x,y) \mid x,y \in \mathbf{Z}\}$$

在集合 G 中定义关系"$\leqslant$":

$$(x_1,y_1) \leqslant (x_2,y_2) \Leftrightarrow x_1 \leqslant x_2 \text{ 且 } y_1 \leqslant y_2$$

显然,这样定义的"$\leqslant$"具有反身性、反对称性和传递性. 因此,$(G \cdot \leqslant)$ 是一个偏序集.

设 $a_i > 0, i = 1,2,\cdots,k, (a_1,a_2,\cdots,a_k) = 1,$ 令

$$N_{f_k} = \Big\{ \sum_{i=1}^{k} a_i x_i \mid x_i \geqslant 0, i = 1,2,\cdots,k \Big\}$$

$$\overline{N}_{f_k} = \frac{\mathbf{N}}{N_{fk}}$$

由[3]定理 5 可知,$\overline{N}_{fk}$ 是有限集.

设 $a_i > 0, i = 1,2, (a_1,a_2) = 1,$ 作映射

$$cf_2 : \mathbf{N}_0 \to G; n \to cf_2(n)$$

其中 $cf_2(n)$ 规定如下:

(1)当 $n \in \overline{N}_{f_2}$ 时可知,有

$$n = a_1 a_2 - a_1 \xi - a_2 \eta, \xi \geqslant 1, \eta \geqslant 1 \tag{1}$$

令 $cf_2(n) = (\xi,\eta), \xi \geqslant 1, \eta \geqslant 1$;

(2)当 $n = 0$ 时,有

$$0 = a_1 a_2 - a_1 a_2 \tag{2}$$

令 $cf_2(0) = (0,a_1)$ 或 $(a_2,0)$;

(3)当 $n \in N_{f_2}$ 时,有

$$n = a_1 x_1 + a_2 x_2, x_i \geqslant 0, i = 1,2 \tag{3}$$

令 $cf_2(n) = (-x_1, -x_2), x_1 \geqslant 0, i = 1,2.$

显然,c_{f_2} 是 $\mathbf{N}$ 到 G 的多值映射. 我们用 $CF_2(n)$ 表示在映射 cf_2 之下与 n 对应的所有的元素的集合,而用 $cf_2(n)$ 表示 $CF_2(n)$ 中的某个元素. 例如 $CF_2(0) = \{(0,a_1),(a_2,0)\}$,而 $cf_2(0) = (0,a_1)$ 或 $cf_2(0) =$

$(a_2,0)$.

当 $0<n\leqslant M_2$ 时,易知式(1),(3)满足

$$\xi,x_1<a_2 \text{ 且 } \eta,x_2<a_1$$

因而表示式是唯一的,故 cf_2 在集合 $\{n\mid 0<n\leqslant M_2\}$ 上的限制是单值映射. 特别地,$cf_2\mid N_{f_2}$ 是单值映射.

(1),(2),(3) 又可以分别写成

$$n=\begin{vmatrix}a_1 & \eta & 0\\ 1 & 1 & 1\\ 0 & \xi & a_2\end{vmatrix},\xi\geqslant1,\eta\geqslant1 \qquad (1)'$$

$$0=\begin{vmatrix}a_1 & a_1 & 0\\ 1 & 1 & 1\\ 0 & 0 & a_2\end{vmatrix}=\begin{vmatrix}a_1 & 0 & 0\\ 1 & 1 & 1\\ 0 & a_2 & a_2\end{vmatrix} \qquad (2)'$$

$$n=\begin{vmatrix}a_1 & -x_2 & 0\\ 1 & 0 & 1\\ 0 & -x_1 & a_2\end{vmatrix},x_i\geqslant0,i=1,2 \qquad (3)'$$

利用 $(1)',(2)',(3)'$ 和行列式的性质,可以比较方便地求出 $cf_2(n)$. 例如,设 $a_1=21,a_2=22$(满足 $(a_1,a_2)=1$),$cf_2(n_1)=(8,12),cf_2(n_2)=(5,14)$,因此

$$3n_1+n_2=\begin{vmatrix}21 & 12 & 0\\ 1 & 1 & 1\\ 0 & 8 & 22\end{vmatrix}\cdot3+\begin{vmatrix}21 & 14 & 0\\ 1 & 1 & 1\\ 0 & 5 & 22\end{vmatrix}$$

$$=\begin{vmatrix}21 & 50 & 0\\ 1 & 4 & 1\\ 0 & 29 & 22\end{vmatrix}=\begin{vmatrix}21 & 8 & 0\\ 1 & 1 & 1\\ 0 & 7 & 22\end{vmatrix}$$

$$n_1+2n_2\begin{vmatrix}21 & 40 & 0\\ 1 & 3 & 1\\ 0 & 18 & 22\end{vmatrix}=\begin{vmatrix}21 & -2 & 0\\ 1 & 0 & 1\\ 0 & -4 & 22\end{vmatrix}$$

所以 $cf_2(3n_1 + n_2) = (7,8)$, $cf_2(n_1 + 2n_2) = (-4, -2)$.

引理1 设 $a_i > 0$, $i = 1,2,3$, $(a_1, a_2) = 1$, $n \geq 0$, 若有 $cf_2(n) \leqslant cf_2(a_3)$, 则 $n \in N_{f_3}$.

证明 当 $a_3 \in N_{f_2}$ 时, 显然 $n \in N_{f_2} \subseteq N_{f_3}$, 当 $a_3 \in \overline{N}_{f_2}$ 时, 若 $n \in N_{f_2}$, 则 $n \in N_{f_3}$; 若 $n \in \overline{N}_{f_2}$, 设 $cf_2(n) = (x, y)$, $x \geq 1$, $y \geq 1$, $cf_2(a_3) = (\xi, \eta)$, $\xi \geq 1$, $\eta \geq 1$, 直接计算有

$$n = a_1(\xi - x) + a_2(\eta - y) + a_3 \cdot 1$$

再由已知得 $n \in N_{f_3}$. 证毕.

引理2 设 $a_i > 0$, $i = 1,2$, $(a_1, a_2) = 1$, 若 $n_1 \in N_{f_2}$, $n_2 \geq 0$, 则有 $cf_2(n_1 + n_2) \leqslant cf_2(n_2)$.

证明 设 $cf_2(n_1) = (-x_1, -x_2)$, $x_i \geq 0$, $i = 1,2$, 若 $n_2 \in N_{f_2}$, 显然有 $cf_2(n_1 + n_2) \leqslant cf_2(n_2)$; 若 $n_2 \in \overline{N}_{f_2}$, 令 $cf_2(n_2) = (\xi, \eta)$, $\xi \geq 1$, $\eta \geq 1$, 当 $n_1 + n_2 \in N_{f_2}$ 时, 显然有 $cf_2(n_1 + n_2) \leqslant cf_2(n_2)$; 当 $n_1 + n_2 \in \overline{N}_{f_2}$ 时, 有

$$n_1 + n_2 = \begin{vmatrix} a_1 & \eta - x_2 & 0 \\ 1 & 1 & 1 \\ 0 & \xi - x_1 & a_2 \end{vmatrix} = \begin{vmatrix} a_1 & \eta - x_2 - a_1 & 0 \\ 1 & 0 & 1 \\ 0 & \xi - x_1 & a \end{vmatrix}$$

假设 $\xi - x_1 \leq 0$, 由于 $\eta < a_1$, $x_2 \geq 0$, 所以 $\eta - x_2 - a_1 \leq 0$, 从而 $n_1 + n_2 \in N_{f_2}$, 矛盾, 故 $\xi - x_1 \geq 1$. 同理, $\eta - x_2 \geq 1$, 故 $cf_2(n_1 + n_2) \leqslant cf_2(n_2)$. 证毕.

设 $a_i > 0$, $i = 1,2$, $(a_1, a_2) = 1$, 若 $tn \in \overline{N}_{f_2}$, $t = 1, 2, \cdots, \tau$, 而 $(\tau + 1)n \in N_{f_2}$, 则称 τ 为 n 的关于 f_2 的控制半径, 记为 $R_{f_2}(n) = \tau$, 若 $n \in N_{f_2}$, 规定 $R_{f_2}(n) = 0$.

容易求出 $R_{f_2}(n)$.

引理3 设 $a_i > 0$, $i = 1,2$, $(a_1, a_2) = 1$, $n_i \geq 0$, $i = 1,2$, 若有 $cf_2(n_1) \leqslant cf_2(n_2)$, 则有

$$cf_2(tn_1) \leq cf_2(tn_2), 0 \leq t \leq R_{f_2}(n_2) \qquad (4)$$

证明　若 $n_1, n_2 \in N_{f_2}$ 或 $n_1 \in N_{f_2}, n_2 \in \overline{N}_{f_2}$，显然有式 (4) 成立；若 $n_1, n_2 \in \overline{N}_{f_2}$，令 $cf_2(n_j) = (\xi_j, \eta_j), \xi_j \geq 1$，$\eta_j \geq 1, j = 1, 2$. 由已知，得

$$tn_1 - tn_2 = \begin{vmatrix} a_1 & (\eta_1 - \eta_2)t & 0 \\ 1 & 0 & 1 \\ 0 & (\xi_1 - \xi_2)t & a_2 \end{vmatrix} \in N_{f_2}, 0 \leq t \leq R_{f_2}(n_2)$$

由引理 2 知，有 (4) 成立. 证毕

设 $a_i > 0, i = 1, 2, \cdots, k, (a_1, a_2) = 1, R_{f_2}(a_i) = \tau_i$，$i = 3, 4, \cdots, k$，令

$$S(a_3, a_4, \cdots, a_k) = \left\{ cf_2(n) \in CF_2(n) \mid n = \sum_{i=3}^{k} a_i x_i, x_i \geq 0, i = 3, 4, \cdots, k \right\}$$

$$H(a_3, a_4, \cdots, a_k) = \left\{ cf_2(n) \in CF_2(n) \mid n = \sum_{i=3}^{k} a_i x_i, 0 \leq x_i \leq \tau_i, i = 3, 4, \cdots, k \right\}$$

因为 $S(a_3, a_4, \cdots, a_k) \subseteq G$，所以 $(S(a_3, a_4, \cdots, a_k) \cdot \leq)$ 是偏序集. 由于 $\overline{N}_{f_2}$ 是有限集，所以 $S(a_3, a_4, \cdots, a_k)$ 的每个链均有上界. 由 Zorn 引理，$S(a_3, a_4, \cdots, a_k)$ 必含有极大元. 同理 $H(a_3, a_4, \cdots, a_k)$ 必含有极大元. 令 $S\max(a_3, a_4, \cdots, a_k)$ 和 $H\max(a_3, a_4, \cdots, a_k)$ 分别表示 $S(a_3, a_4, \cdots, a_k)$ 和 $H(a_3, a_4, \cdots, a_k)$ 的所有极大元的集合.

引理 4　设 $a_i > 0, i = 1, 2, \cdots, k, (a_1, a_2) = 1$，则

$$S\max(a_3, a_4, \cdots, a_k) = H\max(a_3, a_4, \cdots, a_k)$$

证明　只需证明对于任意给定的 $s \in S(a_3, a_4, \cdots,$

a_k)总有 $h \in H(a_3, a_4, \cdots, a_k)$ 使得 $s \leqslant h$ 就可以了.

设 $s = cf_2(n) \in S(a_3, a_4, \cdots, a_k)$, 若 $n \in N_{f_2}$, 取 $h = cf_2(0) = (0, a_1) \in H(a_3, a_4, \cdots, a_k)$, 则 $s \leqslant h$; 若 $n = \sum_{i=3}^{k} a_i x_i \in \overline{N}_{f_2}, x_i \geqslant 0, i = 3, 4, \cdots, k$, 令 $x_i = (\tau_i + 1) q_i + r_i, 0 \leqslant r_i \leqslant \tau_i, i = 3, 4, \cdots, k$, 则 $n = n_1 + n_2$, 其中 $n_1 = \sum_{i=3}^{k} a_i(\tau_i + 1) q_i, n_2 = \sum_{i=3}^{k} a_i r_i$, 显然 $n_1 \in N_{f_2}$, 取 $h = cf_2(n_2) \in H(a_3, a_4, \cdots, a_k)$, 由引理 2, 即有 $s \leqslant h$. 证毕.

引理 5 设 $a_i > 0, i = 1, 2, \cdots, k, (a_1, a_2) = 1$, 则 $cf_2(0) \in H\max(a_3, a_4, \cdots, a_k)$.

证明 设 $cf_2(n) \in H(a_3, a_4, \cdots, a_k)$, 若 $n \in N_{f_2}$ 且 $n \neq 0$, 则 $cf_2(n) \leqslant (0, a_1)$; 若 $n \in \overline{N}_{f_2}$, 则 $(0, a_1)$ 与 $cf_2(n)$ 不可比较, 又 $(0, a_1)$ 与 $(a_2, 0)$ 不可比较, 故 $(0, a_1) \in H\max(a_3, a_4, \cdots, a_k)$. 同理, $(a_2, 0) \in H\max(a_3, a_4, \cdots, a_k)$. 证毕.

我们称 $cf_2(0)$, 即 $(0, a_1)$ 或 $(a_2, 0)$ 为 $H(a_3, a_4, \cdots, a_k)$ 的平凡极大元.

引理 6 设 $a_i > 0, i = 1, 2, 3, (a_1, a_2) = 1$, 则 $H\max(a_3) = H(a_3)$.

证明 只需证明 $H(a_3)$ 中的元素两两不可比较就可以了. 当 $R_{f_2}(a_3) = 0$ 或 1 时, 这是显然的. 当 $R_{f_2}(a_3) \geqslant 2$ 时, 令 $1 \leqslant t_1 < t_2 \leqslant R_{f_2}(a_3), cf_2(t_i a_3) = (\xi_i, \eta_i), \xi_i \geqslant 1, \eta_i > 1, i = 1, 2$, 则

$$(t_2 - t_1) a_3 = \begin{vmatrix} a_1 & \eta_2 - \eta_1 & 0 \\ 1 & 0 & 1 \\ 0 & \xi_2 - \xi_1 & a_2 \end{vmatrix}$$

若 $cf_2(t_1a_3) \leqslant cf_2(t_2a_3)$，则 $(t_2-t_1)a_3 \leqslant 0$，矛盾；若 $cf_2(t_2a_3) \leqslant cf_2(t_1a_3)$，则 $(t_2-t_1)a_3 \in N_{f_2}$，矛盾，故 $cf_2(t_1a_3)$ 与 $cf_2(t_2a_3)$ 不可比较. 又，$(0,a_1)$（或 $(a_2,0)$）与 $H(a_3)$ 中其余元素不可比较. 故 $H(a_3)$ 中的元素两两不可比较.

引理 7 设 $a_i > 0, i=1,2,\cdots,k,(a_1,a_2)=1$，若有 $cf_2(n) \in H(a_3,a_4,\cdots,a_{i-1})$ 使 $cf_2(a_i) \leqslant cf_2(n)$，则 $H\mathrm{max}(a_3,\cdots,a_{i-1},a_i) = H\mathrm{max}(a_3,\cdots,a_{i-1}),i=4,\cdots,k$

证明 设 $cf_2(m) \in H(a_3,a_4,\cdots,a_{i-1},a_i)$，其中

$$m = m_1 + \sum_{j=3}^{i-1} a_jx_j, m_2 = a_ix_i, 0 \leqslant x_j \leqslant R_{f_2}(a_j), j=3,4,\cdots,i$$

若 $a_1 \in N_{f_2}$，由引理 2，$cf_2(m) \leqslant cf_2(m_1) \in H(a_3,\cdots,a_{i-1}) \subseteq S(a_3,\cdots,a_{i-1})$；若 $a_i \in \overline{N_{f_2}}$，由已知和引理 3 知 $cf_2(m_2) \leqslant cf_2(nx_i)$，从而 $(m_2 - nx_i) \in N_{f_2}$，由引理 2，$cf_2(m) \leqslant cf_2(m_1 + nx_i) \in S(a_3,a_4,\cdots,a_{i-1})$，故 $H\mathrm{max}(a_3,\cdots,a_{i-1},a_i) = S\mathrm{max}(a_3,\cdots,a_{i-1})$，故 $H\mathrm{max}(a_3,\cdots,a_{i-1},a_i) = S\mathrm{max}(a_3,\cdots,a_{i-1}) = H\mathrm{max}(a_3,\cdots,a_{i-1}),i=4,\cdots,k.$
证毕.

引理 8 设 $a_i > 0, i=1,2,\cdots,k,(a_1,a_2)=1,\tau = |H\mathrm{max}(a_3,\cdots,a_k)| -2$，将 $H\mathrm{max}(a_3,\cdots,a_k)$ 中的所有元素排成 $(\xi_i,\eta_i),i=0,1,2,\cdots,\tau,\tau+1$，使得

$$\xi_0 = 0 < \xi_1 < \xi_2 < \cdots < \xi_\tau < \xi_{\tau+1} = a_2$$

则必有

$$\eta_0 = a_1 > \eta_1 > \eta_2 > \cdots > \eta_\tau > \eta_{\tau+1} = 0$$

证明 若结论不成立，则有 $0 \leqslant i < j \leqslant \tau+1$ 使得 $\eta_i \leqslant \eta_j$，但 $\xi_i < \xi_j$，从而 $(\xi_i,\eta_i) \leqslant (\xi_j,\eta_j)$，此与 $(\xi_i,\eta_i) \in H\mathrm{max}(a_3,\cdots,a_k)$ 矛盾. 证毕.

我们称 $H\max(a_3,\cdots,a_k)$ 的满足引理 8 条件的序列 $(\xi_i,\eta_i),i=0,1,\cdots,\tau,\tau+1$ 为 $H(a_3,\cdots,a_k)$ 的正规列,其中 (ξ_1,η_1) 和 (ξ_τ,η_τ) 分别叫作 $H(a_3,\cdots,a_k)$ 的首极大元和末极大元.

2　主　要　结　果

现在,我们给出主要结果:

定理　设 $a_i>0,i=1,2,\cdots,k,(a_1,a_2)=1$,若 $H(a_3,\cdots,a_k)$ 的正规列为

$$(\xi_i,\eta_i),i=0,1,\cdots,\tau,\tau+1$$

则

$$M_k=M_3-\min_{0\leqslant i\leqslant\tau}\{a_1\xi_i+a_2\eta_{i+1}\}\tag{5}$$

证明　令 $b=M_2-\min\limits_{0\leqslant i\leqslant\tau}\{a_1\xi_i+a_2\eta_{i+1}\}$.

(1)当 $n>b$ 时,若 $n\in N_{f_2}$,则 $n\in N_{f_k}$;若 $n\in\overline{N}_{f_2}$,令 $cf_2(n)=(x,y),x\geqslant1,y\geqslant1$,由 $n>b$,有

$$a_1x+a_2y<a_1(\xi_i+1)+a_2(\eta_i+1),i=0,1,\cdots,\tau$$

$$\tag{6}$$

若 $\xi_1<x\leqslant\xi_{i+1},i=0,1,\cdots,\tau-1$,由(6)有

$$a_2y<a_1(\xi_i+1-x)+a_2(\eta_{\tau+1}+1)\leqslant a_2(\eta_{\tau+1}+1)$$

于是 $y\leqslant\eta_{i+1}$,从而 $(x,y)\leqslant(\xi_{i+1},\eta_{i+1})$,由引理 1, $n\in N_{f_k}$;

若 $\xi_\tau<x\leqslant\xi_{\tau+1}=a_2$,由(6),有

$$a_2y<a_1(\xi_i+1-x)+a_2(\eta_{\tau+1}+1)\leqslant a_2(t_{\tau+1}+1)$$

于是 $y\leqslant\eta_{\tau+1}=0$,矛盾.

(2)假设 $b\in N_{f_k}$,即有

$$\sum_{i=1}^{k}a_ix_i=b,x_i\geqslant0,i=1,2,\cdots,k$$

设 $\min\limits_{0\leqslant i\leqslant\tau}\{a_1\xi_i+a_2\eta_{i+1}\}=a_1\xi_i+a_2\eta_{i+1}$，由上式有

$$S = cf_2\left(\sum_{i=3}^{k}a_i\bar{x}_i\right) = (\xi_t + 1 + x_1, \eta_{i+1} + 1 + x_2)$$

因为 $s\in S(a_3,a_4,\cdots,a_k)$，由引理 4，必有 $(\xi_i,\eta_i)\in H\max(a_3,a_4,\cdots,a_k)$ 使得 $S\leqslant(\xi_i,\eta_i)$，显然这是不可能的.

由（1），（2）即知 $M_k = b$，即（5）成立. 证毕.

在某些情况下，应用提到的定理可能导出一些求 M_k 的公式. 应用定理，我们将在后面的 Roberts 公式的编序证法中给出 Roberts 公式一种新证法.

3　偏序算法

根据定理求 M_k，我们称之为偏序算法，计算程序如下：

1. 在所考虑的线性型的系数中选取 a_1,a_2，使 $(a_1,a_2)=1$；

2. 计算 $cf_2(a_i)$，$R_{f_2}(a_i)$，$i=3,4,\cdots,k$；

3. 计算 $H(a_3,a_4,\cdots,a_k)$，求其正规列；

4. 计算 $\min\limits_{0\leqslant i\leqslant\tau}\{a_1\xi_1+a_2\eta_{i+1}\}$，求出 M_k.

例　设有线性型

$$21x + 49y + 22z + 139u + 209v$$
$$x\geqslant0,y\geqslant0,z\geqslant0,u\geqslant0,v\geqslant0$$

求 M_5.

解　取 $a_1=21$，$a_2=22$，$(a_1,a_2)=1$，$cf_2(49)=(5,14)$，$cf_2(139)=(7,8)$，$cf_2(209)=(11,1)$，$R_{f_2}(49)=2$，$R_{f_2}(139)=1$

227

$$H(49,139) = \begin{cases} cf_2(0) & (7,8) \\ (5,14) & (12,1) \\ (10,7) & (-5,-6) \end{cases}$$

因为 $cf_2(209) = (11,1) \leqslant (12,1)$，根据引理 7，$H(49,139,209) = H(49,139)$，故 $H(49,139,209)$ 的正规列为

$$\begin{cases} (0,21) \\ (5,14) \\ (7,8) \\ (10,7) \\ (12,1) \\ (22,0) \end{cases}$$

易得 $\min\limits_{0 \leqslant i \leqslant 4} \{a_1 \xi_i + a_2 \eta_{i+1}\} = 21 \times 10 + 22 \times 1$，根据定理，得

$$M_5 = 21 \times 22 - 21 - 22 - (21 \times 10 + 22 \times 1) = 187$$

4 Roberts 公式的偏序证法

1956 年，Roberts[6] 证明了当 $a_0, a_1, \cdots, a_s$ 构成算术序列 $(a_i = a_0 + id, (a_0, d) = 1)$ 时

$$M_s = \left[\frac{a_0 - 2}{S} + 1\right] a_0 + a_0 d - a_0 - d \qquad (7)$$

其中 M_k 表示线性型

$$f_{k+1} = \sum_{i=0}^{k} a_i x_i, a_i > 0, x_i \geqslant 0, i = 0, 1, \cdots, k$$

的最大不可表数.

现在，我们应用定理证明(7)：

当 $s \geqslant a_0$ 时，令 $i = a_0 q + r, 0 \leqslant r < a_0, i = a_0, a_0 + 1, \cdots,$

s,则 $a_i = a_0 qd + a_r$,但 $a_0 qd \in N_{f_2}$,由引理 2,有 $cf_2(a_i) \leqslant cf_2(a_r)$,由引理 7,$H_{\max}(a_2, a_3, \cdots, a_s) = H_{\max}(a_2, a_3, \cdots, a_{(a_0-1)})$,故不妨设 $s < a_0$.

易得 $cf_2(a_i) = (i-1, a_0-i)$,$R_{f_2}(a_i) = \tau_i = \left[\dfrac{a_0-1}{i}\right]$,$i = 2,3,\cdots,s$.

令 $a = \displaystyle\sum_{i=2}^{s} a_i x_i$,$0 \leqslant x_i \leqslant \tau_i$,$i = 2,3,\cdots,s$,则有

$$a = \sum_{i=2}^{s} \begin{vmatrix} a_0 & a_0 & 0 \\ 1 & 1 & 1 \\ 0 & i-1 & a_1 \end{vmatrix} x_i$$

$$= \begin{vmatrix} a_0 & a_0(x+1) - \displaystyle\sum_{i=2}^{s} i x_i & 0 \\ 1 & 1 & 1 \\ 0 & \displaystyle\sum_{i=2}^{s}(i-1)x_i - a_1 x & a_1 \end{vmatrix}$$

其中 $x = \left(\dfrac{\displaystyle\sum_{i=2}^{s}(i-1)x_i}{a_1}\right)$,若 $a \in \overline{N}_{f_2}$,易证

$$\sum_{i=2}^{s}(i-1)x_i - a_1 x \geqslant 1, \quad a_0(x+1) - \sum_{i=2}^{s} x_i \geqslant 1$$

故当 $a \in \overline{N}_{f_2}$ 时

$$cf_2(a) = \left(\sum_{i=2}^{s}(i-1)x_i - a_1 x, a_0(x+1) - \sum_{i=2}^{s} i x_i\right) \tag{8}$$

令 $a_0 - 1 = s\tau_s + r$,$0 \leqslant r < s$,将

$$cf_2(a_t + y a_s) = ((t-1) + y(s-1), a_0 - t - ys) \tag{9}$$

其中

（＊）当 $0 \leqslant r \leqslant 1$ 时，$y = 0, 1, \cdots, \tau_s - 1, t = 2,$
$3, \cdots, s.$

（＊＊）当 $2 \leqslant r < s$ 时

$$\begin{cases} y = 0, 1, \cdots, \tau_s - 1, t = 2, 3, \cdots, s \\ y = \tau_s, t = 2, 3, \cdots, r \end{cases}$$

$$(**)' \begin{cases} (*)' \begin{cases} \begin{cases} cf_2(a_2) = (1, a_0 - 2) \\ cf_2(a_s) = (s - 1, a_0 - s) \end{cases} \\ \begin{cases} cf_2(a_2 + a_s) = (s, a_0 - s - 2) \\ cf_2(2a_s) = (2(s-1), a_0 - 2s) \end{cases} \\ \begin{cases} cf_2(a_2 + (\tau_s - 1)a_s) = (1 + (\tau_s) - 1 \\ (s - 1), a_0 - (\tau_s - 1)s - 2) \\ cf_2(\tau_s a_s) = (\tau_s(s - 1), a_0 - \tau_s s) \end{cases} \end{cases} \\ \begin{cases} cf_2(a_2 + \tau_s a_s) = (1 + \tau_2(s - 1), a_0 - \tau_2 s - 2) \\ cf_2(a_r + \tau_s a_s) = (r - 1) + \tau_s(s - 1), a_0 - \tau_s - r) \end{cases} \end{cases}$$
$$(9)'$$

可以证明：在(8),(9)中，若

$$\sum_{i=2}^{s} (i - 1)x_i \geqslant (t - 1) + y(s - 1) \qquad (10)$$

则

$$\sum_{i=2}^{s} x_i \geqslant 1 + y \qquad (11)$$

事实上，对 s 应用数字归纳法：

（1）当 $s = 2$ 时

$$x_2 = \sum_{i=2}^{2} (i - 1)x_i \geqslant (t - 1) + y(s - 1) = 1 + y$$

(11)成立；

（2）假设$(s-1)$时(11)成立，对于s，若$x_s > y$，则(11)已经成立；若$x_s \le y$，令$x_s = y-j \ge 0$，由(10)，有

$$\sum_{i=2}^{s-1} (i-1)x_i \ge (t-1) + j(s-1)$$

由归纳假设，有

$$\sum_{i=2}^{s} x_i \ge (1+j) + (y-j) = 1+y$$

若(8)，(9)可以比较，并且$cf_2(a_t + ya_s) \le cf_2(a)$，则

$$\begin{cases} (t-1) + y(s-1) \le \sum_{i=2}^{s} (i-1)\lambda_1 - a_1 x & (12) \\ t + ys \ge \sum_{i=2}^{s} ix_i - a_0 x & (13) \end{cases}$$

显然，由(12)可知(11)恒成立，由(11)，(12)和(13)得

$$i + ys = \sum_{i=2}^{s} ix_i - a_0 x \qquad (14)$$

由(11)，(14)和(13)，得

$$(t-1) + y(s-1) = \sum_{i=2}^{s} (i-1)x_1 - a_1 x \qquad (15)$$

由(14)，(15)可知(9)中每个$cf_2(a_t + ya_s) \in H_{\max}(a_2, a_3, \cdots, a_s)$。注意$(9)'$中元素的横坐标顺次为连续整数，纵坐标除$a_0 - ys$到$a_0 - ys - 2$相差 2 以外，其余亦为连续整数，且当$0 \le r \le 1$时

$$cf_2(\tau_s a_s) = (\tau_s(s-1) - 2) \qquad (16)$$

当$2 \le r < s$时

$$cf_2(a_r + \tau_s a_s) = ((r-1) + \tau_s(s-1), 1) \qquad (17)$$

231

容易检验,除(9)中的元素外,$H(a_2,a_3,\cdots,a_s)$ 再无其他非平凡极大元. 故(9)是 $H(a_2,a_3,\cdots,a_s)$ 所有非平凡极大元. 将(9)添上平凡极大元后,就成为 $H(a_2,\cdots,a_s)$ 的正规列 (ξ_i,η_i), $i=0,1,\cdots,\tau,\tau+1$,其中:

首极大元 (ξ_1,η_1) 为 $(1,a_0-2)$;

末极大元 (ξ_1,η_1) 为 $\begin{cases}(16) & \text{当} 0\leqslant r\leqslant 1 \text{ 时}\\ (17) & \text{当} 2\leqslant r<s \text{ 时}\end{cases}$.

直接计算,得

$$\xi_i+\eta_{i+1}=((t-1)+y(s-1))+(a_0-(t+1)-ys)$$
$$=a_0-y-2, 0\leqslant i\leqslant\tau$$

当 $0\leqslant r\leqslant 1$ 时

$$a_0-y-2>a_0-(\tau_s-1)-2\geqslant$$
$$(s-1)\tau_s+r\geqslant\xi_\tau+\eta_{\tau+1}$$

故 $\min\limits_{0\leqslant r\leqslant\tau}\{a_0\xi_i+a_1\eta_{i+1}\}=a_0\tau_s(s-1)$;

当 $2\leqslant r<s$ 时

$$a_0-y-2\geqslant a_0-\tau_s-2$$
$$=(r-1)+\tau_s(s-1)$$
$$=\xi_\tau+\eta_{\tau+1}$$

故 $\min\limits_{0\leqslant i\leqslant\tau}\{a_0\xi_i+a_1\eta_{i+1}\}=a_0((r-1)+\tau_s(s-1))$.

根据本章定理,有

$$M=a_0(a_0+d)-a_0-(a_0+d)-\min\{a_0\xi_i+a_1\eta_{i+1}\}$$

直接验算即得(7),证毕.

参 考 文 献

[1] 华罗庚. 数论导引[M]. 北京: 科学出版社, 1957.

[2] 柯召. 关于方程 $ax + by + cz = n$[J]. 四川大学学报(自然科学版), 1955(1):1-4.

[3] 柯召, 孙琦. 数论讲义(上册)[M]. 北京: 高等教育出版社, 2001.

[4] 陈重穆. 关于整系数线性型的一个定理[J]. 四川大学学报(自然科学版), 1956(1).

[5] 陆文端, 吴昌玖. 关于整系数线性型的两个问题[J].《四川大学学报》(自然科学版), 1957(2).

[6] J B ROBERTS. Notes on linear forms Proc[J]. Amer. Math. Soc, 1956(7):456-469.

[7] A T BRAAUER, B M SEELBINDER[J]. On a problem of partitions——Ⅱ[J]. Amer, J. Math. 1954(76):343-346.

[8] S M JOHNSON. A linear Diophantine Problem[J]. Candian J. Math, 1960(12):390-398.

[9] M LEWIN. On a diophantine problem of Frebenius[J]. Bull, London Math. Soc., 1973(5):75-78.

[10] Y VITEK. Bounds for a linear diophantine problem of Frobenius[J]. J. London Math. soc., 1975(10):79-85.

［11］袁俊伟. 关于三元线性型的 Frobenius 问题［J］. 西南师范大学学报（自然科学版），1973（3）：10-19.

关于线性型 Frobenius 问题的注记

第 6 章

关于寻求不可由 n 元整系数线性型

$$a_1 x_1 + \cdots + a_n x_n, a_i > 0, \gcd(a_1, \cdots, a_n) = 1 \tag{1}$$

非负整数表出之最大整数 $g(a_1, \cdots, a_n)$，即线性型的 Frobenius 问题，一个最一般的著名结果是：

定理 1 设 $D_0 = 0, D_1 = a_1, D_l = \gcd(a_1, \cdots, a_l), D_n = 1$，则

$$g(a_1, \cdots, a_n) \leqslant \sum_{l=1}^{n} \left(\frac{D_{l-1}}{D_1} - 1 \right) a_l = G(a_1, \cdots, a_n) \tag{2}$$

且（2）中等号成立的充分必要条件为

$$\frac{a_l}{D_l} \text{可由} \sum_{i=1}^{l-1} \frac{a_l}{D_{l-1}} x_i \text{ 非负整数表出}, l = 2, 3, \cdots, n \tag{3}$$

定理 1 中的结论（2）和条件（3）的充分性是由. A. Brauer 于 1942 年给出的. 但条件（3）的必要性却较难处理，12 年后, Brauer 和 Seelbinder 给出了其证

235

明,这个定理后来还被另外的作者以不同的方法给出过证明. 然而,对一般的 $a_1,\cdots,a_n$,甚至在 $n=3$ 时,迄今仍未求出 $g(a_1,\cdots,a_n)$ 的精确表达式来. 人们只在某些较特殊的情形下才能做到此点. 例如,当 $a_1,\cdots,a_n$ 是算术级数时,Roberts 证明了下面的定理.

定理 2 设 a,d 是互素的自然数,则

$$g(a,a+d,\cdots,a+sd) = \left[\frac{a-2}{s}\right]a + (a-1)d \quad (4)$$

首先证明下面的定理.

定理 3 在定理 1 的假定下,常有

$$g(a_1,\cdots,a_n) = D_{n-1} \cdot g\left(\frac{a_1}{D_{n-1}},\cdots,\frac{a_{n-1}}{D_{n-1}},a_n\right) + (D_{n-1}-1)a_n$$

$$(5)$$

并利用其结论和证明方法分别给 Brauer 和 Roberts 的上述结果以十分简短的新证明. 下面先给出定理 3 的证明.

定理 3 的证明 由 $g(a_1,\cdots,a_n)$ 的定义知,对于 $s=1,2,\cdots,a_n$ 均存在非负整数 $x_1^{(s)},\cdots,x_n^{(s)}$,使

$$\sum_{i=1}^{n} a_i x_i^{(s)} = g(a_1,\cdots,a_n) + s. \text{ 故若令}$$

$$g(a_1,\cdots,a_n) + s \equiv r(\bmod a_n), 0 \leqslant r \leqslant a_n - 1$$

$$k = \min\left\{\sum_{i=1}^{n-1} a_i x_i \,\middle|\, \sum_{i=1}^{n-1} a_i x_i \equiv r(\bmod a_n), x_i \text{ 取非负整数}\right\}$$

$$(6)$$

则由

$$g(a_1,\cdots,a_n) + s \geqslant \sum_{i=1}^{n-1} a_i x_i^{(s)}$$

$$\equiv g(a_1, \cdots, a_n) + s$$

$$\equiv r(\bmod a_n)$$

知 $k \leqslant g(a_1, \cdots, a_n) + s$. 又因 s 过 $1, 2, \cdots, a_n$ 时, r 恰过 $0, 1, \cdots, a_n - 1$ 的某个排列, 故有

$$\max_{0 \leqslant r \leqslant a_n - 1} \{k_r\} \leqslant \max_{1 \leqslant s \leqslant a_n} \{g(a_1, \cdots, a_n) + s\} = g(a_1, \cdots, a_n) + a_n$$

$$(7)$$

另一方面, 令 $g(a_1, \cdots, a_n) = q a_n + t, 0 \leqslant t \leqslant a_n - 1$, 则由 (6) 可得 $k_t = q_1 a_n + t$. 于是, 若 $k_t < g(a_1, \cdots, a_n) + a_n$, 则必有 $q + 1 > q_1$, 从而 $q - q_1 \geqslant 0$, 进而将导致矛盾结果: $g(a_1, \cdots, a_n) = (q - q_1) a_n + k_t$ 可由 (1) 非负整数表出. 故必有 $k_t \geqslant g(a_1, \cdots, a_n) + a_n$. 再由 (7) 得

$$g(a_1, \cdots, a_n) = \max\{k_0, k_1, \cdots, k_{a_n - 1}\} - a_n \quad (8)$$

又因 $\left(\dfrac{a_1}{D_{n-1}}, \cdots, \dfrac{a_{n-1}}{D_{n-1}}, a_n\right) = 1$, 故同理可得

$$g\left(\frac{a_1}{D_{n-1}}, \cdots, \frac{a_{n-1}}{D_{n-1}}, a_n\right) = \max\{k'_0, k'_1, \cdots, k'_{a_n - 1}\} - a_n$$

$$(9)$$

$$k'_s = \min\left\{ \sum_{i=1}^{n-1} \frac{a_i}{D_{n-1}} x_i \;\middle|\; \sum_{i=1}^{n-1} \frac{a_i}{D_{n-1}} x_s \right.$$

$$\left. \equiv s(\bmod a_n), x_i \text{ 取非负整数} \right\} \quad (10)$$

若令 $D_{n-1} s \equiv r(\bmod a_n), 0 \leqslant r \leqslant a_n - 1$, 则由 (10), (6) 可知 $k_n = D_{n-1} k'_s$. 又因 $(D_{n-1}, a_n) = D_n = 1$, 故当 s 过 $0, 1, \cdots, a_n - 1$ 时, r 亦然, 故有

$$\max\{k_0, \cdots, k_{a_n - 1}\} = D_{n-1} \cdot \max\{k'_0, \cdots, k'_{a_n - 1}\}$$

$$(11)$$

最后,由(8),(9),(11)立得(5). 证毕.

应用定理 3 可大大简化定理 1 中条件(3)之必要性证明,进而可十分简洁地给出定理 1 的证明.

定理 1 的证明 首先,不等式(2)是易证的. 这是因为,对任意整数 m 和 $2 \leqslant l \leqslant n$,由 $\left(\dfrac{D_{l-1}}{D_l}, \dfrac{a_l}{D_l}\right) = 1$ 知有整数 y_l, y'_{l-1} 使 $m = \dfrac{D_{l-1}}{D_l} y'_{l-1} + \dfrac{a_l}{D_l} y_l, 0 \leqslant y_l < \dfrac{D_{l-1}}{D_l}$. 再由 $\left(\dfrac{D_{l-2}}{D_{l-1}}, \dfrac{a_{l-1}}{D_{l-1}}\right) = 1$ 知,有整数 y_{l-1}, y'_{l-2} 使 $y'_{l-1} = \dfrac{D_{l-2}}{D_{l-1}} y'_{l-2} + \dfrac{a_{l-1}}{D_{l-1}} y_{l-1}, 0 \leqslant y_{l-1} < \dfrac{D_{l-2}}{D_{l-1}}$,如此下去,最后便可写

$$m = \frac{a_1}{D_l} y'_1 + \sum_{i=2}^{l} \frac{a_i}{D_l} y_i, 0 \leqslant y_i < \frac{D_{i-1}}{D_i}, i = 2, 3, \cdots, l \tag{12}$$

又因对 $G\left(\dfrac{a_1}{D_l}, \cdots, \dfrac{a_l}{D_l}\right)$ 而言,有

$$D'_0 = 0 = \frac{D_0}{D_l}$$

$$D'_1 = \frac{a_1}{D_l} = \frac{D_1}{D_l}$$

$$D'_i = \left(\frac{a_1}{D_l}, \cdots, \frac{a_i}{D_l}\right) = \frac{D_i}{D_l}, 2 \leqslant i \leqslant l \tag{13}$$

故由(12)可得

$$G\left(\frac{a_1}{D_l}, \cdots, \frac{a_l}{D_l}\right) - m = \frac{a_1}{D_l}(-1 - y'_1) + \sum_{i=2}^{l} \frac{a_i}{D_l} z_i$$

$$z_i = \frac{D_{i-1}}{D_i} - 1 - y_i \geqslant 0 \tag{14}$$

于是，当 $m > G\left(\dfrac{a_1}{D_l}, \cdots, \dfrac{a_l}{D_l}\right)$ 时，必有 $-1 - y'_1 < 0$，即

$y'_1 \geqslant 0$，从而 m 可由 $\displaystyle\sum_{i=1}^{l} \dfrac{a_i}{D_l} x_i$ 非负整数表出，故

$g\left(\dfrac{a_1}{D_l}, \cdots, \dfrac{a_l}{D_l}\right) \leqslant G\left(\dfrac{a_1}{D_l}, \cdots, \dfrac{a_l}{D_l}\right)$，取 $l = n$ 便得式（2）.

下证式（3）的充分必要性. 当 $n = 2$ 时，熟知 $g(a_1,$
$a_2) = a_1 a_2 - a_1 - a_2$，故此时 $g(a_1, a_2) = G(a_1, a_2)$ 恒成
立. 而此时 $\dfrac{a_2}{D_2} = a_2$ 也恰恒可由 $\dfrac{a_1}{D_1} x_1 = x_1$ 非负整数表
出，故 $n = 2$ 时（3）的充分必要性显然成立. 现设（3）的
充分必要性对 $n - 1 \geqslant 2$ 时成立，而证其对 n 亦必成立.

为此考虑 $G\left(\dfrac{a_1}{D_{n-1}}, \cdots, \dfrac{a_{n-1}}{D_{n-1}}\right)$. 由 $l = n - 1$ 时的（13）知

$G(a_1, \cdots, a_n) = D_{n-1} \cdot G\left(\dfrac{a_1}{D_{n-1}}, \cdots, \dfrac{a_{n-1}}{D_{n-1}}\right) + (D_{n-1} - 1) a_n,$

又由定义知 $g\left(\dfrac{a_1}{D_{n-1}}, \cdots, \dfrac{a_{n-1}}{D_{n-1}}, a_n\right) \leqslant g\left(\dfrac{a_1}{D_{n-1}}, \cdots,\right.$

$\left.\dfrac{a_{n-1}}{D_{n-1}}\right)$，故再由（5）和（2）知

$\quad g(a_1, \cdots, a_n)$

$= D_{n-1} \cdot g\left(\dfrac{a_1}{D_{n-1}}, \cdots, \dfrac{a_{n-1}}{D_{n-1}}, a_n\right) + (D_{n-1} - 1) a_n$

$\leqslant D_{n-1} \cdot g\left(\dfrac{a_1}{D_{n-1}}, \cdots, \dfrac{a_{n-1}}{D_{n-1}}\right) + (D_{n-1} - 1) a_n$

$\leqslant D_{n-1} \cdot G\left(\dfrac{a_1}{D_{n-1}}, \cdots, \dfrac{a_{n-1}}{D_{n-1}}\right) + (D_{n-1} - 1) a_n$

$= G(a_1, \cdots, a_n)$

因此,(2)中等号成立的充分必要条件为

$$g\left(\frac{a_1}{D_{n-1}},\cdots,\frac{a_{n-1}}{D_{n-1}},a_n\right)=g\left(\frac{a_1}{D_{n-1}},\cdots,\frac{a_{n-1}}{D_{n-1}}\right)$$

$$=G\left(\frac{a_1}{D_{n-1}},\cdots,\frac{a_{n-1}}{D_{n-1}}\right) \quad (15)$$

由归纳假设知,(15)中第二个等号成立的充分必要条件为,$\frac{a_i}{D_{n-1}}/D'_l$ 可由 $\sum\limits_{i=1}^{l-1}\left(\frac{a_i}{D_{n-1}}/D'_{l-1}\right)x_i$ 非负整数表出,$l=2,\cdots,n-1$. 而由(13)知,这恰是(3)中的前 $n-2$ 个条件. 又当 $\frac{a_n}{D_n}=a_n$ 可由 $\sum\limits_{i=1}^{n-1}\frac{a_i}{D_{n-1}}x_i$ 非负整数表出时,(15)中的第一个等号显然成立,故最后只需证明(15)成立时 a_n 必可由 $\sum\limits_{i=1}^{n-1}\frac{a_i}{D_{n-1}}x_i$ 非负整数表出即可. 否则,在(12),(14)中取 $m=a_n,z_i=n-1$ 知(12)中的 $y'_1<0$,从而由(14)知 $G\left(\frac{a_1}{D_{n-1}},\cdots,\frac{a_{n-1}}{D_{n-1}}\right)-a_n$ 可由 $\sum\limits_{i=1}^{n-1}\frac{a_i}{D_{n-1}}x_i$ 非负整数表出,再由(15)将导致矛盾结果:

$$g\left(\frac{a_1}{D_{n-1}},\cdots,\frac{a_{n-1}}{D_{n-1}},a_n\right)=G\left(\frac{a_1}{D_{n-1}},\cdots,\frac{a_{n-1}}{D_{n-1}}\right)可由\sum\limits_{i=1}^{n-1}\frac{a_i}{D_{n-1}}x_i+$$

c_nx_n 非负整数表出. 证毕.

利用定理 3 的证明方法还可很简洁地给出定理 2.

定理 2 的证明 由(6),(8)知

$$g(a,a+d,\cdots,a+sd)=g(a+d,\cdots,a+sd,a)$$

$$=\max\{k_0,k_1,\cdots,k_{a-1}\}-a$$

240

$$k_t = \min\left\{ \sum_{i=1}^{s}(a+id)x_i \ \Bigg|\ \sum_{t=1}^{s}(a+id)x_i \right.$$

$$\left. \equiv t(\bmod a), x_i \text{ 取非负整数}\right\}$$

因 $(d,a)=1$，故存在 $0 \leqslant r \leqslant a-1$，使 $dr \equiv t(\bmod a)$，且 t 过 $0,1,\cdots,a-1$ 时，r 亦然. 从而若令

$$k'_r = \min\left\{ \sum_{i=1}^{s}(a+id)x_i \ \Bigg|\ \sum_{i=1}^{s}ix_i \equiv r(\bmod a), x_i \text{ 取非负整数}\right\}$$

$$(16)$$

则有 $k_t = k'_r$，且

$$g(a,a+d,\cdots,a+sd) = \max\{k'_0, k'_1, \cdots, k'_{a-1}\} - a$$

$$(17)$$

为确定 k'_r 的值，写 $r = q_r s + u_r, q_r \geqslant 0, 0 \leqslant u_r < s$. 于是由条件 $\sum_{i=1}^{s} ix_i \equiv r(\bmod a), x_i \geqslant 0$，知 $r \leqslant \sum_{i=1}^{s} ix_i \leqslant s\sum_{i=1}^{s} x_i$，故 $\sum_{i=1}^{s} x_i \geqslant q_r$（当 $u_r = 0$ 时）或 $\sum_{i=1}^{s} x_i \geqslant q_r + 1$（当 $u_r > 0$ 时），进而有

$$\sum_{i=1}^{s}(a+id)x_i \geqslant \begin{cases} (q_r+1)a + rd & u_r > 0 \\ q_r a + rd & u_r = 0 \end{cases}$$

再注意到当 $u_r > 0$ 时，取 $x_r = 1, x_s = q_s$，其余 $x_i = 0$；当 $u_r = 0$ 时，取 $x_s = q_s$，其余 $x_s = 0$，上式中的等号便可得到. 故由 (16) 知

$$k'_s = \begin{cases} (q_r+1)a + rd & u_r > 0 \\ q_r a + rd & u_r = 0 \end{cases}, r = 0, 1, \cdots, a-1 \ (18)$$

因 $q_r = \left[\dfrac{r}{s}\right]$ 是 r 的不减函数，故 $\max\{k'_0, k'_1, \cdots,$

$k'_{a-2}\} \leqslant (q_{a-2}+1)a + (a-2)d$. 再由 $a-2 = q_{a-2}s + u_{a-2}$ 知 $a-1 = q_{a-2}s + u_{a-2}+1$, 故 $u_{a-1}=0$（即 $u_{a-2}=s-1$）时 $q_{a-1}=q_{a-2}+1$; $u_{a-1}>0$（即 $0 \leqslant u_{a-2}<s-1$）时 $q_{a-1}=q_{a-2}$. 故由（18）知，无论 u_{a-1} 是否为 0, 总有 $k'_{a-2}=(q_{a-1}+1)a+(a-1)d = \max\{k'_0,\cdots,k'_{a-1}\}$.

最后由 $q_{a-2}=\left[\dfrac{a-2}{s}\right]$ 和（17）立得（4）. 证毕.

关于 Frobenius 问题的一个结果

设 $a_1, a_2, \cdots, a_n$ 是正整数,且 $(a_1, a_2, \cdots, a_n) = 1$,则存在一个正整数 $F(a_1, a_2, \cdots, a_n)$,当 $n > F(a_1, a_2, \cdots, a_n)$ 时,n 可以表示为

$$n = a_1 x_1 + a_2 x_2 + \cdots + a_n x_n$$

其中 $x_i \geq 0$ $(i = 1, 2, \cdots, n)$,x_1 是正整数,但 $F(a_1, a_2, \cdots, a_n)$ 却不能表为如上形式. 这样的数 $F(a_1, a_2, \cdots, a_n)$ 叫作线性型 $a_1 x_1 + a_2 x_2 + \cdots + a_n x_n$ 的最大不可表数,求出 $F(a_1, a_2, \cdots, a_n)$,就是著名的 Frobenius 问题. $n = 2$ 时,$F(a_1, a_2) = a_1 a_2 = a_1 - a_2$,这一问题已彻底解决;$n = 3$ 时,《数论导引》(华罗庚. 科学出版社,1979)中有部分结果;《谈谈不定方程》(柯召,孙琦. 上海教育出版社,1980)这本书中指出了,对 $n \geq 4$,$F(a_1, a_2, \cdots, a_n)$ 是一个未解决的问题. 对于一般的 n,福建师范大学数学系的陈清华,岳阳师范高等专科学校数学系的刘玉记两位教授 1995 年给出了在一定条

件下 $F(a_1, a_2, \cdots, a_n)$ 的一个公式,《数论讲义(上册)》(柯召,孙琦. 高等教育出版社,1986) 中的 $F(a_1, a_2)$ 和《数论导引》中的结果可以由这一公式推出.

定理 1 设 a_1, a_2 为正整数,且 $(a_1, a_2) = 1$,则 $F(a_1, a_2) = a_1 a_2 - a_1 - a_2$.

定理 2 设 a_1, a_2, a_3 是两两互素的正整数. 令 $b_1 = a_2 a_3$, $b_2 = a_1 a_3$, $b_3 = a_1 a_2$, 则 $F(b_1, b_2, b_3) = 2a_1 a_2 a_3 - b_1 - b_2 - b_3$.

引理 1 设 $(s, m) = 1$,而 $c_1, c_2, \cdots, c_m$ 是模 m 的一组完全剩余系,则 $sc_1, sc_2, \cdots, sc_m$ 也是模 m 的一组完全剩余系.

引理 2 设 $t_1, t_2, \cdots, t_n$ 是两两互素的正整数,$a'_1 = 1, a'_2, \cdots, a'_n$ 是正整数,且 $(a'_i, t_i) = 1, 2 \leq i \leq n$. 令 $a_i = a'_i t_1 t_2 \cdots t_{i-1} t_{i+1} \leq i \leq n$, 则 $(a_1, a_2, \cdots, a_n) = 1$.

证明 因为 $a_1 = t_2 t_3 \cdots t_n$, $a_2 = t_1 t_3 \cdots t_n$, 所以 $(a_1, a_2) = (t_2 t_3 \cdots t_n, t_1 t_3 \cdots t_n) = t_3 \cdots t_n (t_2, a'_2 t_1)$. 由于 $(t_1, t_2) = 1$, $(a'_2, t_2) = 1$, 故 $(a_1, a_2) = t_3 \cdots t_n$. 设 $(a_1, a_2, \cdots, a_n) = d$, 则 $d \mid (a_1, a_2)$, 即 $d \mid t_3 \cdots t_n$. 又 $t_3, \cdots, t_n$ 两两互素,故必存在 $3 \leq i \leq n$, 使 $d \mid t_i$, 又 $d \mid a_i$, 故 $d \mid (t_i, a_i)$. 由 $(t_i, a'_i) = 1$ 及 $(t_i, t_j) = 1 (1 \leq j \leq n, i \neq j)$ 知 $(a_i, t_i) = (a'_i t_1 \cdots t_{i-1} t_{i+1} \cdots, t_n, t_i) = 1$, 从而 $d = 1$.

定理 3 设 $t_1, t_2, \cdots, t_n, a_i, a'_i (1 \leq i \leq n)$ 如引理 2 所述,则

$$F(a_1, a_2, \cdots, a_n) = \left(\sum_{i=1}^{n} a'_i - 1\right) t_1 t_2 \cdots t_n - \sum_{i=1}^{n} a_i$$

证明 由引理 2 知,$(a_1, a_2, \cdots, a_n) = 1$, 故 $F(a_1, a_2, \cdots, a_n)$ 有意义.

当 $n = 2$ 时,由于 $(t_1, t_2) = 1$, $a'_1 = 1$, $a_1 = a'_1 t_2 =$

$t_2, a_2 = a'_2 t_1$，所以由定理条件知 $(t_1, t_2) = 1$，$(a'_2,$ $t_2) = 1$，故 $(a_1, a_2) = (t_2, a'_2 t_1) = (t_2, t_1) = 1$. 由定理 1 知 $F(a_1, a_2) = a_1 a_2 - a_1 - a_2$，而

$$\Big(\sum_{i=1}^{2} a'_i - 1\Big) t_1 t_2 - \sum_{i=1}^{2} a_i$$

$$= (a'_1 + a'_2 - 1) t_1 t_2 - (a_1 + a_2)$$

$$= (1 + a'_2 - 1) t_1 t_2 - a_1 - a_2$$

$$= a'_2 t_1 t_2 - a_1 - a_2$$

$$= t_2 (a'_2 t_1) - a_1 - a_2$$

$$= a_1 a_2 - a_1 - a_2$$

故当 $n = 2$ 时，本定理成立. 假设 $n = k - 1$ 时定理成立. 设 $t_i, a_i, a'_i (1 \leqslant i \leqslant n)$ 满足定理条件，令

$$b_i = \frac{a_i}{t_k} = a'_i t_1 t_2 \cdots t_{i-1} t_{i+1} \cdots t_{k-1}, 1 \leqslant i \leqslant k - 1$$

由题设知，$(t_i, t_j) = 1, i \neq j, 1 \leqslant i, j \leqslant k - 1, a'_1 = 1, (a'_i,$ $t_i) = 1, 2 \leqslant i \leqslant k - 1$. 由归纳假设，$F(b_1, b_2, \cdots, b_{k-1}) =$ $\Big(\sum_{i=1}^{k-1} a'_i - 1\Big) t_1 t_2 \cdots t_{k-1} - \sum_{i=1}^{k-1} b_i$. 令 $F = F(b_1, b_2, \cdots,$ $b_{k-1})$，则 $F + 1, F + 2, \cdots, F + a_k$ 是 a_k 的完全剩余系. 因为 $(a'_k, t_k) = 1, (t_i, t_k) = 1, 1 \leqslant i \leqslant k - 1$，故 $(a_k, t_k) =$ $(a'_k t_1 t_2 \cdots t_{k-1}, t_k) = 1$，从而由引理 1 知，$t_k (F + 1)$，$t_k (F + 2), \cdots, t_k (F + a_k)$ 是 a_k 的完全剩余系. 设 $T =$ $t_k (F + a_k) - a_k$，对于任意正整数 h，必存在整数 $1 \leqslant$ $u \leqslant a_k$，使

$$t_k (F + u) \equiv T + h \pmod{a_k}$$

若 $t_k (F + u) > T + h$，则 $t_k (F + u) \geqslant T + h + a_k = t_k (F +$

$a_k) - a_k + h - a_k = t_k(F + a_k) + h > t_k(F + a_k) \geqslant t_k(F + u)$,矛盾. 故 $t_k(F + u) \leqslant T + h$.

设 $T + h = t_k(F + u) + a_k x_k$,其中 x_k 是非负整数,由 F 的定义知,存在非负整数 $x_1, x_2, \cdots, x_{k-1}$,使 $F + u = b_1 x_1 + b_2 x_2 + \cdots + b_{k-1} x_{k-1}$,故有

$$
\begin{aligned}
T + h &= t_k(F + u) + a_k x_k \\
&= t_k(b_1 x_1 + b_2 x_2 + \cdots + b_{k-1} x_{k-1}) + a_k x_k \\
&= t_k b_1 x_1 + t_k b_2 x_2 + \cdots + t_k b_{k-1} x_{k-1} + a_k x_k \\
&= a_1 x_1 + a_2 x_2 + \cdots + a_{k-1} x_{k-1} + a_k x_k
\end{aligned}
$$

故 $F(a_1, a_2, \cdots, a_k) \leqslant T$,而

$$
\begin{aligned}
T &= t_k(F + a_k) - a_k \\
&= t_k \Big[\Big(\sum_{i=1}^{k-1} a'_i - 1 \Big) t_1 t_2 \cdots t_{k-1} - \sum_{i=1}^{k-1} b_i + a'_k t_1 t_2 \cdots t_{k-1} \Big] - a_k \\
&= \Big(\sum_{i=1}^{k-1} a'_i - 1 \Big) t_1 t_2 \cdots t_{k-1} t_k - \sum_{i=1}^{k-1} b_i t_k - a'_k t_1 t_2 \cdots t_{k-1} t_k - a_k \\
&= \Big(\sum_{i=1}^{k} a'_i - 1 \Big) t_1 t_2 \cdots t_k - \sum_{i=1}^{k-1} a_i - a_k \\
&= \Big(\sum_{i=1}^{k-1} a'_i - 1 \Big) t_1 t_2 \cdots t_k - \sum_{i=1}^{k} a_i
\end{aligned}
$$

故 $F(a_1, a_2, \cdots, a_k) \geqslant \Big(\sum_{i=1}^{k} a'_i - 1 \Big) t_1 t_2 \cdots t_k - \sum_{i=1}^{k} a_i$.

下证 T 不能表为 $\sum_{i=1}^{k} a_i y_i$ 的形式,$y_i \geqslant 0$ 为整数.

若不然,存在 $y_i \geqslant 0$,为整数 $(i = 1, 2, \cdots, k)$,使 $T = \sum_{i=1}^{k} a_i y_i$,即

$$
\Big(\sum_{i=1}^{k} a'_i - 1 \Big) t_1 t_2 \cdots t_k - \sum_{i=1}^{k-1} a_i = \sum_{i=1}^{k} a_i y_i
$$

故有

$$\Big(\sum_{i=1}^{k} a'_i - 1 \Big) t_1 t_2 \cdots t_k = \sum_{i=1}^{k} (y_i + 1) a_i$$

因为 $t_j \mid \Big(\sum_{i=1}^{k} a'_i - 1 \Big) t_1 t_2 \cdots t_k, 1 \leqslant j \leqslant k$，故

$$t_j \mid \sum_{i=1}^{k} (a'_i t_1 t_2 \cdots t_{i-1} t_{i+1} \cdots t_k)(y_i + 1)$$

而 $\displaystyle\sum_{i=1}^{k} (a'_i t_1 t_2 \cdots t_{i-1} t_{i+1} \cdots t_k)(y_i + 1)$ 中除 $(a'_j t_1 \cdots$
$t_{j-1} t_{j+1} \cdots t_k)(a'_j t_1 \cdots t_{j-1} t_{j+1} \cdots t_k)(y_j + 1)$ 外其余项都含
有 t_j，即能被 t_j 整除，故

$$t_j \mid (a'_j t_1 \cdots t_{j-1} t_{j+1} \cdots t_k)(y_j + 1)$$

又 $(t_i, t_j) = 1, i \neq j, 1 \leqslant i, j \leqslant k$，且 $(t_j, a'_j) = 1, (t_j, a'_j t_1 \cdots$
$t_{j-1} t_{j+1} \cdots t_k) = 1$，故 $t_j \mid y_j + 1, 1 \leqslant i \leqslant k$. 设

$$y_i + 1 = k_i t_i, k_i \geqslant 1, 1 \leqslant j \leqslant k$$

从而 $\Big(\displaystyle\sum_{i=1}^{k} a'_i - 1 \Big) t_1 t_2 \cdots t_k = \sum_{i=1}^{k} (a'_i t_1 \cdots t_{i-1} t_{i+1} \cdots t_k) \cdot$

$(y_i + 1) = \displaystyle\sum_{i=1}^{k} a'_i k_i t_1 t_2 \cdots t_k$. 故 $\Big(\displaystyle\sum_{i=1}^{k} a'_i - 1 \Big) = \sum_{i=1}^{k} a'_i k_i \geqslant$

$\displaystyle\sum_{i=1}^{k} a'_i$，矛盾. 因而 T 不能表为 $\displaystyle\sum_{i=1}^{k} a'_i y_i$ 的形式，$y_i \geqslant 0$
为整数. 所以

$$F(a_1, a_2, \cdots, a_k) \geqslant \Big(\sum_{i=1}^{k} a'_i - 1 \Big) t_1 \cdots t_k - \sum_{i=1}^{k} a_k$$

即当 $n = k$ 时，定理也成立. 从而由数学归纳法知定理成立.

由定理 3，取 $n = 3$，则得如下推论.

推论　设 t_1, t_2, t_3 为两两互素的整数，$a'_1 = 1, a'_2$,
a'_3 是正整数，$(a'_i, t_i) = 1, i = 1, 2, 3$. 令 $b_1 = t_2 t_3, b_2 =$

$a'_2 t_1 t_3, b_3 = a'_3 t_1 t_2$, 则 $F(b_1, b_2, b_3) = (a'_2 + a'_3) t_1 t_2 t_3 - t_2 t_3 - a'_2 t_1 t_3 - a'_3 t_1 t_2$.

在推论中取 $a'_1 = a'_2 = a'_3 = 1, t_i = a_i, i = 1, 2, 3$, 若 a_1, a_2, a_3 两两互素, 则有 $b_1 = a_2 a_3, b_2 = a_1 a_3, b_3 = a_1 a_2$, 且

$$F(b_1, b_2, b_3) = 2a_1 a_2 a_3 - a_1 a_2 - a_2 a_3 - a_1 a_3$$

这正是定理 2. 故定理 2 是定理 3 的一个特殊情形. 在定理 3 中, 取 $a'_1 = a'_2 = 1, t_1 = a_2, t_2 = a_1$, 若 $(a_1, a_2) = 1$, 即得 $F(a_1, a_2) = a_1 a_2 - a_1 - a_2$. 故定理 1 也是定理 3 的一个特例.

引理 3 设 $a_1, a_2, \cdots, a_n$ 为 n 个正整数, 且 $(a_1, a_2, \cdots, a_n) = 1$, 令 $t_i = (a_1, a_2, \cdots, a_{i-1}, a_{i+1}, \cdots, a_n)$, $1 \le i \le n$, 则存在正整数 a'_i, 使

$$a_i = a'_i t_1 t_2 \cdots t_{i-1} t_{i+1} \cdots t_n, 1 \le i \le n$$

且 $t_1, t_2, \cdots, t_n$ 两两互素, $(a'_i, t_i) = 1, 1 \le i \le n$.

证明 设 $i \ne j, 1 \le i, j \le n$. 令 $(t_i, t_j) = d$, 则 $d \mid t_i, d \mid t_j$. 又

$$t_i \mid a_k, k \ne i, 1 \le k \le n$$

$$t_j \mid a_s, s \ne j, 1 \le s \le n$$

故 $d \mid a_u, 1 \le u \le n$, 从而 $d \mid (a_1, a_2, \cdots, a_n)$. 而 $(a_1, a_2, \cdots, a_n) = 1$, 故 $d = 1$, 从而 $t_1, t_2, \cdots, t_n$ 两两互素.

由 $t_k \mid a_i, k \ne i, 1 \le k \le n$, 且由 $t_1, t_2, \cdots, t_{i-1}, t_{i+1}, t_n$ 两两互素知 $t_1 t_2 \cdots t_{i-1} t_{i+1} \cdots t_n \mid a_i$. 从而存在正整数 a'_i, 使

$$a_i = a'_i t_1 t_2 \cdots t_{i-1} t_{i+1} \cdots t_n$$

又 $(t_i, a_i) = ((a_1, a_2, \cdots, a_{i-1}, a_{i+1}, \cdots, a_n), a_i) = (a_1, a_2, \cdots, a_n) = 1$. 而

$$(t_i , a_i) = (t_i , a'_i t_1 t_2 , \cdots , t_{i-1} t_{i+1} , \cdots , t_n) = (t_i , a'_i)$$

故 $(t_i , a'_i) = 1$. 引理证毕.

定理 4　设 $a_1 , a_2 , \cdots , a_n$ 为 n 个正整数且 $(a_1 , a_2 , \cdots , a_n) = 1 , n \geqslant 3$. 令

$$t_i = (a_1 , a_2 , \cdots , a_{i-1} , a_{i+1} , a_n)$$

由引理 3 知存在正整数 a'_i, 使 $a_i = a'_i t_1 , \cdots , t_{i-1} , t_{i+1} , \cdots , t_n$. 若 $a'_1 , a'_2 , \cdots , a'_n$ 中至少有一个为 1, 则

$$F (a_1 , a_2 , \cdots , a_n) = (\sum_{i=1}^{n} a'_i - 1) t_1 \cdots t_n - \sum_{i=1}^{n} a_i$$

证明　由于 $F (a_1 , a_2 , \cdots , a_n)$ 与 $a_1 , a_2 , \cdots , a_n$ 的顺序无关, 不妨设 $a'_1 = 1$, 从而由定理 3 立得.

为了说明定理 4 的应用和意义, 下面给出一个例子.

例　令 $b_1 = 91 = 7 \times 13 , b_2 = 3\ 059 = 7 \times 19 \times 23 , b_3 = 2\ 717 = 11 \times 13 \times 19$. 求 $F (91 , 3\ 059 , 2\ 717)$.

解　若用定理 2 求解这一问题, 则由 $b_1 = 7 \times 13$ 知, $a_2 = 7 \times 13 , a_3 = 1$; 或 $a_2 = 1 , a_3 = 7 \times 13$; 或 $a_2 = 7 , a_3 = 13$; 或 $a_2 = 13 , a_3 = 7$.

(1) 若 $a_2 = 7 \times 13 , a_3 = 1$, 则由 $b_2 = a_1 a_3 = a_1$ 知, $a_1 = b_2 = 7 \times 19 \times 23$. 此时 $a_1 a_2 = 7 \times 19 \times 23 \times 7 \times 13$, 但 $b_3 = 11 \times 13 \times 19 \neq a_1 a_2$, 故这种情况不会发生. 同理也可证明 $a_2 = 1 , a_3 = 7 \times 13$ 的情况也不会发生.

(2) 若 $a_2 = 7 , a_3 = 13$, 不管 a_1 为何值, $a_1 a_2$ 也含有因子 7, 但 b_3 中不含因子 7, 故 $b_3 \neq a_1 a_2$, 所以这种情况也不会发生.

(3) 若 $a_2 = 13 , a_3 = 7$, 则由 $b_2 = a_1 a_3$ 知, $7 \times 19 \times$

$23 = a_1 \cdot 7$, 故 $a_1 = 19 \times 23$. 此时,$a_1a_2 = 19 \times 23 \times 13$, 但 $b_3 = 11 \times 13 \times 19$,故 $b_3 \neq a_1a_2$,这种情况也不会发生.

可知定理 2 不能解决这一问题. 但却可以用定理 4 解决这一问题

$$t_1 = (b_2, b_3) = (7 \times 19 \times 23, 11 \times 13 \times 19) = 19$$
$$t_2 = (b_1, b_3) = (7 \times 13, 11 \times 13 \times 19) = 13$$
$$t_3 = (b_1, b_2) = (7 \times 13, 7 \times 19 \times 23) = 7$$

由 $b_1 = b'_1 t_2 t_3 = b'_1 \times 13 \times 7$ 得 $b'_1 = 1$. 同理可求得 $b'_2 = 23, b'_3 = 11$. 由定理 4 立知

$$F(91, 3\,059, 2\,717)$$

$$= \left(\sum_{i=1}^{3} b'_i - 1 \right) t_1 t_2 t_3 - \sum_{i=1}^{3} b_i$$

$$= (1 + 23 + 11 - 1) \times 19 \times 13 \times 7 - (191 + 3\,059 + 2\,717)$$

$$= 52\,819$$

由上例可以看出,定理 4 确是定理 2 的加强.

参 考 文 献

[1] 华罗庚. 数论导引[M]. 北京:科学出版社,1979.

[2] 柯召,孙琦. 数论讲义(上册)[M]. 北京:高等教育出版社,1986.

[3] 柯召,孙琦. 谈谈不定方程[M]. 上海:上海教育出版社,1980.

Frobenius 问题的一个递推解法

第 8 章

1 引　言

本章论及的数皆为整数. 设 $a_i > 0, i = 1, 2, \cdots, n (n \geqslant 2)$, 且满足 $(a_1, a_2, \cdots, a_n) = 1$, 则存在一个被称作 Frobenius 数的数 $F(a_1, a_2, \cdots, a_n)$.

当 $M > F(a_1, a_2, \cdots, a_n)$ 时, M 可以用 $a_1, a_2, \cdots, a_n$ 线性表示成

$M = a_1 x_1 + a_2 x_2 + \cdots + a_n x_n, x_i \geqslant 0, i = 1, 2, \cdots, n$

但数 $F(a_1, a_2, \cdots, a_n)$ 本身却不能表示成如上形式, $F(a_1, a_2, \cdots, a_n)$ 又叫作线性型 $a_1 x_1 + a_2 x_2 + \cdots + a_n x_n$ 的最大不可表数.

桂林电子科技大学(基础部)的陈宝根、康生强、陈克西三位教授 1997 年给出了一个用递推的方法求 $F(a_1, a_2, \cdots, a_n)$ 的途径.

2 主 要 结 论

引理　设 $a_i > 0, i = 1, 2, \cdots, n, (a_1, a_2, \cdots, a_n) = 1$, 记

$L_1^{(n)}, L_2^{(n)}, \cdots, L_{a_1-1}^{(n)}$ 分别为满足下列各同余式的 $a_2 x_2 +$ $a_3 x_3 + \cdots + a_n x_n$ 的最小值

$$a_2 x_2 + a_3 x_3 + \cdots + a_n x_n \equiv i \pmod{a_1}$$

$$x_j \geqslant 0, j = 2, 3, \cdots, n; i = 1, 2, \cdots, a_1 - 1$$

再记 $L = \max\limits_{1 \leqslant i \leqslant a_1 - 1} L_i^{(n)}$，则 $F(a_1, a_2, \cdots, a_n) = L - a_1$.

定理 设 $(a_1, a_2, \cdots, a_n) = k_1, 1 \leqslant k_1 < a_1; (a_1, a_2, \cdots, a_{m-1}) = k_2, m \geqslant 3$，记 $L_{k_2}^{(m-1)}, L_{2k_2}^{(m-1)}, \cdots, L_{(\frac{a_1}{k_2}-1)k_2}^{(m-1)}$ 分别为满足下列各同余式的 $a_2 x_2 + a_3 x_3 + \cdots + a_{m-1} x_{m-1}$ 的最小值

$$a_2 x_2 + a_3 x_3 + \cdots + a_{m-1} x_{m-1} \equiv i k_2 \pmod{a_1}$$

$$i = 1, 2, \cdots, \frac{a_1}{k_2} - 1$$

再设 $(a_1, a_m) = k_3$，且设 $l_i a_m \equiv i k_3 \pmod{a_1}, i = 1, 2, \cdots, \frac{a_1}{k_3} - 1, 1 \leqslant l_i \leqslant \frac{a_1}{k_3} - 1$，记 $T_{pk_1}^{(m)} = \min(b L_{qk_2}^{(m-1)} + l_n a_m)$，其中 $b = 0, 1$;

$$0 \leqslant l_n \leqslant \frac{a_1}{k_3} - 1, b L_{qk_2}^{(m-1)} + l_n a_m \equiv pk_1 \pmod{a_1}，则$$

$L_{pk_1}^{(m)} = T_{pk_1}^m, p = 1, 2, \cdots, \frac{a_1}{k_1} - 1, L_{pk_1}^{(m)}$ 的定义见引理.

证明 由 $L_{pk_1}^{(m)}$ 的定义知

$$L_{pk_1}^{(m)} = a_2 x_2 + a_3 x_3 + \cdots + a_{m-1} x_{m-1} + a_m x_m$$
$$\equiv pk_1 \pmod{a_1}$$

此时，若 $x_m = 0$，则有

$$L_{pk_1}^{(m)} = a_2 x_2 + a_3 x_3 + \cdots + a_{m-1} x_{m-1} \geqslant L_{pk_1}^{(m-1)} \geqslant T_{pk_1}^{(m)},$$

上式中的 $L_{pk_1}^{(m-1)}$ 的存在性是显然的，同时我们又有 $L_{pk_1}^{(m)} \leqslant T_{pk_1}^{(m)}$，故在 $x_m = 0$ 时得到 $L_{pk_1}^{(m)} = T_{pk_1}^{(m)}$. 若 $x_m > 0$，

则 $a_m x_m \equiv i k_3 (\bmod\ a_1)$，显然有 $a_m x_m = l_i a_m, 1 \leqslant l_i \leqslant$ $\dfrac{a_1}{k_3} - 1$，故又知

$$a_2 x_2 + a_3 x_3 + \cdots + a_{n-1} x_{m-1} \equiv j k_2 (\bmod\ a_1), 0 \leqslant j \leqslant \dfrac{a_1}{k_2} - 1$$

且 $j k_2 + i k_3 \equiv p k_1 (\bmod\ a_1)$.

因此

$$L_{pk_1}^{(m)} = (a_2 x_2 + a_3 x_3 + \cdots + a_{m-1} x_{m-1}) + l_i a_m$$
$$\geqslant b L_{2k_2}^{(m-1)} + l_i a_m \geqslant T_{pk_1}^{(m)}$$

其中，当 $a_2 x_2 + a_3 x_3 + \cdots + a_{m-1} x_{m-1} \equiv 0 (\bmod\ a_1)$ 时，$b = 0$；当 $a_2 x_2 + a_3 x_3 + \cdots + a_{m-1} x_{m-1} \equiv j k_2 (\bmod\ a_1)$ 时，$b = 1, 1 \leqslant j \leqslant \dfrac{a_1}{k_2} - 1$.

再由 $L_{pk_1}^{(m)} \leqslant T_{pk_1}^{(m)}$，从而也有

$$L_{pk_1}^{(m)} = T_{pk_1}^{(m)}$$

至此定理得证.

推论　设 $(a_1, a_2, \cdots, a_n) = 1, n \geqslant 3$，则 $L_p^{(n)} = T_p^{(n)}, p = 1, 2, \cdots, a_1 - 1$，且 $F(a_1, a_2, \cdots, a_n) = (\max\limits_{1 \leqslant p \leqslant a_1 - 1} L_p^{(n)}) - a_1$.

证明　在定理中令 $k_1 = 1$，再结合引理的结论，而知推论的结果是正确的.

3　例

求 $F(14, 16, 17, 21)$.

因为 $(14, 16) = 2$，易求得

$$L_2^{(2)} = 16, L_4^{(2)} = 32, L_6^{(2)} = 48$$
$$L_8^{(2)} = 64, L_{10}^{(2)} = 80, L_{12}^{(2)} = 96$$

又 $17 \equiv 3 \pmod{14}, 2 \times 17 \equiv 6 \pmod{14}, 3 \times 17 \equiv 9 \pmod{14}, 4 \times 17 \equiv 12 \pmod{14}, 5 \times 17 \equiv 1 \pmod{14}, 6 \times 17 \equiv 4 \pmod{14}, 7 \times 17 \equiv 7 \pmod{14}, 8 \times 17 \equiv 10 \pmod{14}, 9 \times 17 \equiv 13 \pmod{14}, 10 \times 17 \equiv 2 \pmod{14}, 11 \times 17 \equiv 5 \pmod{14}, 12 \times 17 \equiv 8 \pmod{14}, 13 \times 17 \equiv 11 \pmod{14}.$

由定理知,$L_1^{(3)} = 32, L_2^{(3)} = 16, L_3^{(3)} = 17, L_4^{(3)} = 32, L_5^{(3)} = 33, L_6^{(3)} = 34, L_7^{(3)} = 49, L_8^{(3)} = 50, L_9^{(3)} = 51, L_{10}^{(3)} = 66, L_{11}^{(3)} = 67, L_{12}^{(3)} = 68, L_{13}^{(3)} = 83.$

再由 $(21,14) = 7$,故 $1 \times 21 \equiv 7 \pmod{14}$.

最后由定理可得

$L_1^{(4)} = 71, L_2^{(4)} = 16, L_3^{(4)} = 17, L_4^{(4)} = 32, L_5^{(4)} = 33, L_6^{(4)} = 16, L_7^{(4)} = 21, L_8^{(4)} = 50, L_9^{(4)} = 37, L_{10}^{(4)} = 38, L_{11}^{(4)} = 53, L_{12}^{(4)} = 54, L_{13}^{(4)} = 55.$

故 $F(14,16,17,21) = \left(\max_{1 \le i \le 13} L_i^{(4)} \right) - 14 = 71 - 14 = 57.$

参 考 文 献

［1］华罗庚. 数论导论［M］. 北京:科学出版社,1979.

［2］陈宝根. 一个数论问题［J］. 桂林电子工业学院学报,1987(1,2):132-135.

Frobenius 问题的一种算法

1 引 言

Frobenius 问题是一个著名的数论问题,问题如下:

设 $a_1, a_2, \cdots, a_n (n \geq 2)$ 都是正整数,且 $(a_1, a_2, \cdots, a_n) = 1$. 记线性型 $a_1 x_1 + a_2 x_2 + \cdots + a_n x_n$,当 $x_i \geq 0$ 且 $x_i \in \mathbf{Z} (i = 1, 2, \cdots, n)$ 时不可表出的最大正整数为 $g(a_1, a_2, \cdots, a_n)$. 研究 $g(a_1, a_2, \cdots, a_n)$ 的存在性、解法及其具体公式的问题. 该问题不仅在理论上有重要意义,而且在经济学中也有许多重要的应用. 许多学者都对 Frobenius 问题进行了研究,但该问题一直没有得到彻底解决. 柯召对该问题做出过较大贡献,早在 1955 年,他就给出了 $n = 3$ 时最大不可表出数的范围和在一定条件限制下最大不可表出数的公式(柯召,关于方程 $ax + by + cz = n$. 四川大学学报(自然科学版),1955(1):1-4). 吴佃华等人在论文《Frobenius 问题的一个结果》中给出了在增加一定约束条件后 Frobenius 问题最大不可表出数的递推公式. 裘卓明、牛长源在论文《关于 Frobenius 问题》,王兴全在论文《关于三元一次不定方程的 Frobenius 问题》中在此基础上也用不同方法解决了 $n=2$ 时的 Frobenius 问题,讨论了特殊条件下 $n=3$ 或 4 时的 Frobenius 问题,并给出了计算 $g(a,b,c)$ 的一种简便而适用的方法. 2000 年,林源洪在论文《关于 Frobenius 问题与相关的问题》中给出了 $n=2$ 时 Frobenius 问题的另一种解法,给出了 $n=3$ 时 Frobenius 问题最大不可表出数的最大下界.

四川师范大学数学与软件科学学院的廖群英、孙峰、刘川、张婷、邓小梅五位教授 2007 年对该问题进行了进一步地研究,运用同余的知识给出了 Frobenius 问题的一个简便算法,并讨论了特殊条件下的 Frobenius 问题,得到以下主要结果:

定理 1 设 $a_1,a_2,\cdots,a_n(n\geq 2)$ 均为正整数,且 $(a_1,a_2,\cdots,a_n)=1$,则 $\forall r\in\{1,2,\cdots,a_1-1\}$,$a_2x_2+a_3x_3+\cdots+a_nx_n\equiv r(\mathrm{mod}\ a_1)$ 有非负整数解.

定理 2 若 $m-a_1+t(t=1,2,\cdots,a_1)$ 能表成

$$\sum_{i=1}^{n}a_ix_i(x_i\geq 0\ \text{且}\ x_i\in\mathbf{Z},i=1,2,\cdots,n)$$

的形式,则凡大于 $m-a_1$ 的整数均能表成 $\sum_{i=1}^{n}a_ix_i(x_i\geq 0\ \text{且}\ x_i\in\mathbf{Z},$

$i = 1, 2, \cdots, n$) 的形式.

定理 3　设 $n \geqslant 2, a_1, a_2, \cdots, a_n$ 均为正整数, 且 $(a_1, a_2, \cdots, a_n) = 1$. 记 $f_k = a_1 x_1 + \cdots + a_{k-1} x_{k-1} + a_{k+1} x_{k+1} + \cdots + a_n x_n (x_i \geqslant 0$ 且 $x_i \in \mathbf{Z}, i = 1, \cdots, k-1, k+1, \cdots, n; k \in \{1, 2, \cdots, n\}$). 又记 m_r 为能表成 f_k 的形式且同余于 r 模 a_k 的最小正整数, 其中 $r = 1, 2, \cdots, a_k - 1$. 令 $m = \max\{m_1, m_2, \cdots, m_{a_k - 1}\}$, 则 $g(a_1, a_2, \cdots, a_n) = m - a_k$.

2　主要结果的证明

为证明定理及推论, 我们先给出如下引理:

引理　(Frobenius 问题解的存在性) 设 $a_1, a_2, \cdots, a_n (n \geqslant 2)$ 均为正整数, 且 $(a_1, a_2, \cdots, a_n) = 1$. 线性型 $a_1 x_1 + a_2 x_2 + \cdots + a_n x_n$ 存在仅与 $a_1, a_2, \cdots, a_n$ 有关的正整数 $g(a_1, a_2, \cdots, a_n)$, 使得当 $N > g(a_1, a_2, \cdots, a_n)$ 时, $a_1 x_1 + a_2 x_2 + \cdots + a_n x_n = N$ 有非负整数解 $(x_1, x_2, \cdots, x_n)$.

定理 1 的证明　假设结论不成立, 即存在 $-r_0 \in \{1, 2, \cdots, a_1 - 1\}$, 使得 $a_2 x_2 + a_3 x_3 + \cdots + a_n x_n \equiv r_0 (\mathrm{mod}\ a_1)$ 无非负整数解. 于是形如 $k a_1 + r_0 (k \in \mathbf{Z})$ 的正整数均不能表成 $\displaystyle\sum_{i=2}^{n} a_i x_i (x_i \geqslant 0$ 且 $x_i \in \mathbf{Z}, i = 2, 3, \cdots, n)$ 的形式, 当然也就不能表成 $\displaystyle\sum_{i=1}^{n} a_i x_i (x_i \geqslant 0$ 且 $x_i \in \mathbf{Z}, i = 1, 2, \cdots, n)$ 的形式. 于是当 $k \to +\infty$ 时, $\displaystyle\sum_{i=1}^{n} a_i x_i (x_i \geqslant 0$ 且 $x_i \in \mathbf{Z}, i = 1, 2, \cdots, n)$ 不可表出的最大正整数 $g(a_1,$

$a_2, \cdots, a_n$)不存在,这与引理矛盾. 故 $\forall r \in \{1, 2, \cdots,$ $a_1 - 1\}$,同余方程 $a_2 x_2 + a_3 x_3 + \cdots + a_n x_n \equiv r \pmod{a_1}$ 均有非负整数解. 定理 1 得证.

定理 2 的证明 因为 $m - a_1 + t$ 能表成 $\sum\limits_{i=1}^{n} a_i x_i$ ($x_i \geqslant 0$ 且 $x_i \in \mathbf{Z}, i = 1, 2, \cdots, n$)的形式,即 $\exists x_i \geqslant 0$ 且 $x_i \in \mathbf{Z}(i = 1, 2, \cdots, n)$ 使得 $m - a_1 + t = \sum\limits_{i=1}^{n} a_i x_i (x_i \geqslant 0$ 且 $x_i \in \mathbf{Z}, i = 2, 3, \cdots, n)$, $\forall k \in \mathbf{N}$,当 $t = 1, 2, \cdots, a_1$ 时. 由 $m - a_1 + t$ ($t = 1, 2, \cdots, a_1$)通过模 a_1 的完全剩余系,知 $\{x \mid x > m - a_1, x \in \mathbf{Z}\} = \bigcup\limits_{t=1}^{a_1} \{m - a_1 + t + k a_1 \mid k \geqslant 0, k \in \mathbf{Z}\}$. 所以凡大于 $m - a_1$ 的整数均能表成 $\sum\limits_{i=1}^{n} a_i x_i$ ($x_i \geqslant 0$ 且 $x_i \in \mathbf{Z}, i = 1, 2, \cdots, n$)的形式. 证毕.

定理 3 的证明 不失一般性,证明 $k = 1$ 的情形,此时 $f_k = f_1 = \sum\limits_{i=1}^{n} a_i x_i (x_i \geqslant 0$, 且 $x_i \in \mathbf{Z}, i = 1, 2, 3, \cdots, n)$,且记 $f_0 = a_1 x_1 + a_2 x_2 + \cdots + a_n x_n (x_i \geqslant 0$ 且 $x_i \in \mathbf{Z}, i = 1, 2, \cdots, n)$. 由定理 1 知 $\forall r \in \{1, 2, \cdots, a_1 - 1\}$, $a_2 x_2 + a_3 x_3 + \cdots + a_n x_n \equiv r \pmod{a_1}$ 均有非负整数解,于是 $m_1, m_2, \cdots, m_{a_1 - 1}$ 都存在. 又当 $i \neq j$ 时,$m_i \neq m_j$,故 m 存在且唯一.

下面证明 $g(a_1, a_2, \cdots, a_n) = m - a_1$. 分两步进行:

(1)凡大于 $m - a_1$ 的整数均能表成 f_0 的形式. 对于此问题只需证 $m - a_1 + t (t = 1, 2, \cdots, a_1)$ 能表成 f_0

的形式. 因为若 $m - a_1 + t$ 能表成 f_0 的形式, 由定理 2 知所有大于 $m - a_1$ 的整数均能表成 f_0 的形式.

事实上, $m + t(t = 1, 2, \cdots, a_1)$ 通过模 a_1 的完全剩余系, 即 $\forall t = 1, 2, \cdots, a_1$, 存在唯一的 $r \in \{0, 1, \cdots, a_1 - 1\}$ 使 $m + t \equiv r \pmod{a_1}$.

（ⅰ）若 $r = 0$, 则 $m + t = ka_1 (k \in \mathbf{Z})$. 由 m 的定义易知 $m > 0$, 于是 $k \geqslant 1$, 即 $m - a_1 + t = (k - 1)a_1$ 能表成 f_0 的形式, 只需取 $x_1 = k - 1, x_2 = \cdots = x_n = 0$ 即可.

（ⅱ）若 $r \neq 0$, 则 $m + t = ka_1 + m_r (k \geqslant 0, k \in \mathbf{Z})$.

（a）如果 $m \neq m_r$, 即有 $m > m_r$. 要使上式成立必有 $k \geqslant 1$, 于是 $m - a_1 + t = ka_1 + m_r - a_1 = (k - 1)a_1 + m_r$ $(k \geqslant 1)$. 又由 m_r 的定义知, m_r 能表成 f_1 的形式, 从而 $m - a_1 + t$ 能表成 f_0 的形式.

（b）如果 $m = m_r$, 此时 $t = a_1$ 且 $k = 1$. 于是 $m - a_1 + t = m - a_1 + a_1 = m = m_r$, 当然 m_r 能表成 f_0 的形式.

（2）$m - a_1$ 不能表成 f_0 的形式. 假设 $m - a_1$ 能表成 f_0 的形式, 取 $x_1 = k \geqslant 0 (k \in \mathbf{Z})$, 于是 $m - a_1 = ka_1 + f_1$, 则 $m - (k + 1)a_1 = f_1$, 即 $m - (k + 1)a_1$ 能表成 f_1 的形式. 又因为 $m - (k + 1)a_1 = m_r - (k + 1)a_1 \equiv r \pmod{a_1} (r \in \{1, 2, \cdots, a_1 - 1\})$. 于是 $m - (k + 1)a_1 = m_r - (k + 1)a_1 < m_r$, 这与 m_r 的最小性矛盾, 故 $m - a_1$ 不能表成 f_0 的形式.

综上, $g(a_1, a_2, \cdots, a_n) = m - a_1$. 证毕.

注1 为计算简便,常取 $a_k = \min\{a_1, \cdots, a_n\}$.

推论 1 设 a, b 都是正整数,且 $(a, b) = 1$,则 $g(a, b) = ab - a - b$.

证明 此即 $n = 2$ 时的 Frobenius 问题,最先由柯召证明(《关于方程 $ax + by + cz = n$》中定理 8). 利用定理 3 可给出一个非常简单的证明如下:

显然 $f_k = bx(x \geqslant 0$ 且 $x \in \mathbf{Z})$,$k = 1$. 因 $(a, b) = 1$,当 x 通过模 a 的完全剩余系时,bx 通过模 a 的完全剩余系,此时 $m_1 = b, \cdots, m_r = br(r = 1, 2, \cdots, a - 1)$,于是 $m = b(a - 1)$,故 $g(a, b) = b(a - 1) - a = ab - a - b$.

推论 2 若 $(a_1, a_2, \cdots, a_n) = 1$,且 $a_1, a_2, \cdots, a_n$ 中有一个的取值为 2,则 $g(a_1, a_2, \cdots, a_n) = a - 2$,其中 $a = \min\{a_i \mid 1 \leqslant i \leqslant n$ 且 a_i 为奇数$\}$.

证明 不妨设 $a_1 = 2$,由 $(a_1, a_2, \cdots, a_n) = 1$ 知,$a_2, a_3, \cdots, a_n$ 中至少有一个为奇数,于是 $a = \min\{a_i \mid 2 \leqslant i \leqslant n, a_i$ 为奇数$\}$ 且 $a \equiv 1 \pmod 2$ 适合条件. 由定理 3 知 $g(a_1, a_2, \cdots, a_n) = a - 2$.

推论 3 设 $a_1 = n, a_2 = n + 1, \cdots, a_n = n + (n - 1)$ $(n \in \mathbf{Z})$,则 $g(a_1, a_2, \cdots, a_n) = n - 1$.

证明 因为 $a_1 = n, a_2 = n + 1, \cdots, a_n = n + (n - 1)$ $(n \in \mathbf{Z})$. 显然 $(a_1, a_2, \cdots, a_n) = 1$. 易知

$$m_1 = n + 1 = a_2$$
$$m_2 = n + 2 = a_3$$
$$m_{n-1} = n + n - 1 = a_n$$

满足定理 3 的条件,于是 $m = m_{n-1} = n + n - 1$,即

$$g(a_1, a_2, \cdots, a_n) = n + (n-1) - n = n - 1$$

参 考 文 献

[1]柯召,孙琦. 谈谈不定方程[M]. 上海:上海教育出版社,1980.

[2]柯召. 关于方程 $ax + by + cz = n$[J]. 四川大学学报:自然科学版,1955(1):1-4.

[3]吴佃华,刘玉记. Frobenius 问题的一个结果[J]. 广西师范大学学报(自然科学版),1994,12(4):37-40.

[4]王兴权. 关于三元一次不定方程的 Frobenius 问题[J]. 宁夏大学学报(自然科学版),1984,2(2):5-8.

[5]裘卓明,牛长源. 关于 Frobenius 问题[J]. 山东大学学报(自然科学版),1986,21(1):16.

[6]林源洪. 关于 Frobenius 问题与其相关的问题[J]. 集美大学学报(自然科学版),2000,5(1):7-10.

一次不定方程（$n \geqslant 3$）的弱型 Frobenius 问题

第 10 章

1 引言及主要结论

一次不定方程的弱型 Frobenius 问题是：对 $n(n \geqslant 2)$ 元线性型 $a_1 x_1 + a_2 x_2 + \cdots + a_n x_n$，$a_i$ 是正整数，x_i 是非负整数，$i = 1$，$2, \cdots, n$，$(a_1, a_2, \cdots, a_n) = 1$，确定其最大不可表出整数.

$n = 2$ 时，Frobenius 问题已解决. 对于 $n \geqslant 3$，一般地只找到了求出 Frobenius 数的一些算法，泰州师范高等专科学校数理系的管训贵教授 2010 年给出 n 元一次不定方程的弱型 Frobenius 问题的一个结果.

定理 设 $a_1, a_2, \cdots, a_n$ 为 n 个正整数，且 $(a_i, a_j) = 1$，$i, j = 1, 2, \cdots, n$，$i \neq j$，若

$$A = a_1 a_2 \cdots a_n = a_1 A_1 = a_2 A_2 = \cdots = a_n A_n$$

则 n 元线性型

$$A_1 x_1 + A_2 x_2 + \cdots + A_n x_n, x_1 \geqslant 0, x_2 \geqslant 0, \cdots, x_n \geqslant 0$$

其最大不可表出整数为

$$(n-1)A - \sum_{i=1}^{n} A_i$$

2 关键性引理

引理 设 $a_1, a_2, \cdots, a_n$ 为 n 个正整数,且 $(a_i, a_j) = 1, i, j = 1, 2, \cdots, n, i \neq j$,若

$$A = a_1 a_2 \cdots a_n = a_1 A_1 = a_2 A_2 = \cdots = a_n A_n$$

$x_{10}, x_{20}, \cdots, x_{n0}$ 为不定方程

$$A_1 x_1 + A_2 x_2 + \cdots + A_n x_n = N \tag{1}$$

的一组整数解,则(1)的全部整数解可表为

$$\begin{cases} x_1 = x_{10} + a_1 (t_1 + t_2 + \cdots + t_{n-1}) \\ x_2 = x_{20} - a_2 t_1 \\ \vdots \\ x_n = x_{n0} - a_n t_{n-1} \end{cases} \tag{2}$$

其中 $t_1, t_2, \cdots, t_{n-1}$ 为任意整数.

证明 (2)显然是方程(1)的整数解. 另一方面,从

$$A_1 x_1 + A_2 x_2 + \cdots + A_n x_n = N$$

及

$$A_1 x_{10} + A_2 x_{20} + \cdots + A_n x_{n0} = N$$

得到

$$A_1 (x_1 - x_{10}) + A_2 (x_2 - x_{20}) + \cdots + A_n (x_n - x_{n0}) = 0 \tag{3}$$

由 $(a_i, a_j) = 1, i, j = 1, 2, \cdots, n, i \neq j$,知

$$(a_i, A_i) = 1, i = 1, 2, \cdots, n, a_i \mid A_j, j \neq i$$

故有 $a_i \mid (x_i - x_{i0}), i = 1, 2, \cdots, n$. 于是

$$x_1 = x_{10} + a_1 T_1, x_2 = x_{20} + a_2 T_2, \cdots, x_n = x_{n0} + a_n T_n$$

$$(4)$$

把(4)代入(3)得

$$T_1 + T_2 + \cdots + T_n = 0$$

取 $T_2 = -t_1, T_3 = -t_2, \cdots, T_n = -t_{n-1}, T_1 = t_1 + t_2 + \cdots + t_{n-1}$，即得(2). 引理得证.

3 定理的证明

由引理知,不定方程(1)的全部整数解可表为(2). 不难知道,可取整数 $t_i (i = 1, 2, \cdots, n-1)$, 使

$$0 \leqslant x_{20} - a_2 t_1 < a_2$$

$$0 \leqslant x_{30} - a_3 t_2 < a_3, \cdots, 0 \leqslant x_{n0} - a_n t_{n-1} < a_n$$

即

$$0 \leqslant x_{20} - a_2 t_1 < a_2 - 1$$

$$0 \leqslant x_{30} - a_3 t_2 < a_3 - 1, \cdots, 0 \leqslant x_{n0} - a_n t_{n-1} < a_n - 1$$

如果 $N > (n-1)A - \sum_{i=1}^{n} A_i$, 那么由

$$A_1(x_{10} + a_1(t_1 + t_2 + \cdots + t_{n-1})) = N -$$

$$A_2(x_{20} - a_2 t_1) - \cdots - A_n(x_{n0} - a_n t_{n-1})$$

可得

$$A_1(x_{10} + a_1(t_1 + t_2 + \cdots + t_{n-1})) >$$

$$(n-1)A - \sum_{i=1}^{n} A_i - A_2(a_1 - 1) - \cdots -$$

$$A_n(a_n - 1) = -A_1$$

即 $x_{10} + a_1(t_1 + t_2 + \cdots + t_{n-1}) > -1$, 故

$$x_{10} + a_1(t_1 + t_2 + \cdots + t_n - 1) \geqslant 0$$

因此凡大于 $(n-1)A - \sum_{i=1}^{n} A_i$ 的整数都可由 $A_1 x_1 + A_2 x_2 + \cdots + A_n x_n$ 表出,其中 $A = a_1 a_2 \cdots a_n = a_1 A_1 = a_2 A_2 = \cdots = a_n A_n$,$a_i (i = 1, 2, \cdots, n)$ 都是正整数,并且符合条件 $(a_i, a_j) = 1, i, j = 1, 2, \cdots, n, i \neq j, x_1 \geq 0, x_2 \geq 0, \cdots, x_n \geq 0$.

又若 $(n-1)A - \sum_{i=1}^{n} A_i = A_1 x_1 + A_2 x_2 + \cdots + A_n x_n$,则

$$(n-1)A = (1 + x_1)A_1 + (1 + x_2)A_2 + \cdots + (1 + x_n)A_n$$

因为 $(a_i, A_i) = 1, i = 1, 2, \cdots, n, a_i \mid A_j, j \neq i$,故有

$$a_1 \mid (1 + x_1), a_2 \mid (1 + x_2), \cdots, a_n \mid (1 + x_n)$$

再由 $x_1 \geq 0, x_2 \geq 0, \cdots, x_n \geq 0$ 可得

$$1 + x_1 \geq a_1, 1 + x_2 \geq a_2, \cdots, 1 + x_n \geq a_n$$

因此

$$(n-1)A \geq a_1 A_1 + a_2 A_2 + \cdots + a_n A_n = nA$$

不成立. 则符合定理条件的最大不可表出整数是

$$(n-1)A - \sum_{i=1}^{n} A_i$$

定理得证.

参考文献

[1]柯召,孙琦. 谈谈不定方程[M]. 上海:上海教育出版社,1980.

[2]潘承洞,潘承彪. 初等数论[M]. 北京:北京大学出版社,1997.

有限群的表示一百年[①]

第11章

1 引 言

任何一门学科领域里的数学概念的发现和发展常常要经过一段时间,因此通常不可能为一个发现指定特别的日期.但是有几个情形,一个发现可能与具有唯一的或特有性质的事件伴随,使得这个发现本身能够与那个事件等同.这方面的一个众所周知的事例是 Hamilton 发现四元数,这总是与他在 1843 年 10 月 16 日沿着都柏林 Royal 运河的著名的散步联系在一起.他把四元数满足的关系式刻在 Brougham 桥的一块石头上,这使 1843 年 10 月 16 日作为四元数的诞生日而被永远写进数学史中.50 年后另一个事例成了注意中心——

---

① 作者 T. Y. Lam. 原题:Representations of Finite Groups:A Hundred years,Part Ⅰ.译自:Notices of the AMS,Vol. 45,No. 3(1998).丘维生译,冯绪宁校.

有限群表示论的创立. 1896 年 4 月 12 日, Frobenius 给 R. Dedekind 写了第一封信, 叙述他在分解与一个有限群相联系的某个齐次多项式的新的想法, 这个齐次多项式称为"群行列式". 他接着很快又写了两封信(在 1896 年的 4 月 17 日和 4 月 26 日). 到那年 4 月底, Frobenius 有了有限群的特征标理论的雏形. 群表示这一概念的完全发展必须再花一些时间, 但是 1896 年 4 月著名的 Frobenius-R. Dedekind 的短暂交往现在被历史学家兴奋地称为标志有限群表示论诞生的极为重要的事件.

　　作为代数学的一名学生, 我一直被群表示论迷住. 三十年前我写博士学位论文时涉猎了这一学科并且此后我一直是这一学科的使用者和赞赏者. 当我认识到 1996 年 4 月是有限群表示论发现的一百周年纪念日时, 某种"庆祝"这一时刻的诱惑是强烈的. 完全偶然地在 1996 年 3 月我接到我们系的学术讨论会主席 A. Weinstein 的电话, 他要我推荐一个人填补学术讨论会安排中的一个空位. 在我挂断电话之前, 我发觉我已经"自愿"做学术讨论会的演讲者作纪念群表示论一百年的报告! 我将永远为提议自己作为学术讨论会的演讲者感到羞愧, 但是我得到了一次机会, 于 1996 年 4 月 18 日, 在 Frobenius 给 R. Dedekind 写第一封著名的群 – 行列式的信之后差不多正好一百年, 讲述与表示论的诞生有联系的迷人的故事. 5 月份在俄亥俄州立大学我作了同样的演讲, 内容有些变化. 接着同年 6 月在我的母校香港大学举行的"数学的面貌"学术会议上也作了这样的演讲. 由于我在数学科学研究所的行政职务的关系,这篇文章的写作被推迟了一年多.1997 年秋季的休假学期最终使我能够完成这个题目的写作,于是现在我高兴地提交这篇慢慢写成的我的演讲的汇总. 带有一些技术性细节的较长的版本将同时发表在香港大学出版的"数学的面貌"会议录上. 特别地,这篇文章中删去的一些证明可以在香港会议录上找到.

2 取舍与参考文献

在我们试图告诉读者这篇文章是什么之前,我们也许应当首先告诉他(她)这篇文章不是什么. 有限群表示论的历史本来包括的范围要花不少于完整的一卷来叙述. 从 Molien, Cartan, R. Dedekind, Frobenius, Burnside 的开拓性工作开始,接下去由 Schur, Noether 改写一学科的基础,然后是 Brauer 关于群的常表示论和模表示论的关键性工作,也许可以说在巨大的有限单群分类项目上达到高潮(如果没有特征标理论的帮助,有限单群的分类肯定是不可能的). 这样庞大的任务最好留给专家,而且我很高兴地听说 C. Curtis 教授正在为美国数学会的数学史丛书准备这一内容的一卷①. 在我的一小时报告里,我的全部时间就是用来给

---

① C. W. Curtis, Frobenius, Burnside, Schur and Brauer. Pioneers of representation theory, Amer, Math. Soc. , Providence, RI, to appear.

听众一些有关这个大故事的快照,集中在表示论的起源,作为对一百周年的纪念. 我们从 19 世纪数学的一些背景出发,综述 R. Dedekind, Frobenius 和 Burnside 的工作,接着讲一点关于 Schur 和 Noether 的工作,在这之后我们简单地宣布自己"被铃声搭救了". 这篇写成的文章是我的演讲的扩充了的版本[①],但是它仍然至多是概略的和多轶事的,因此它不是文献中列举的这门学科的更加学术性的论著的代用品. 对于后者,我们推荐 Hawkins 的文章[②],这是从历史学家的观点写的;还有 Curtis 的著作[③]以及 Ledermann 的著作[④]. 这些是从数学家的观点写的. 对于表示论在调和分析的更

---

① 　为节省篇幅,关于舒尔和诺特的部分不包括在目前这篇文章.

② 　T, Hawkins, The origins of the theory of group characters, Archive Hist. Exact Sci. 7(1971),142 – 170.

—, Hypercomplex Numbers, Lie Groups, and the Creation of Group Representation Theory, Archive Hist. Exact Sci. ,8(1971), 243 – 287.

—, New light on Frobenius' creation of the theory of group characters, Archive Hist. , Exact Sei. ,12(1974),217 – 243.

—, The creation of the theory of group characters, Rice Univ. Stud. 64(1978),57 – 71.

③ 　C. W. Curtis, Representation theory of finite groups: form Frobenius to Brauer, Math. Intelligencer 14(1992),48 – 57.

④ 　W. Ledermann, The origin of group characters, J. Bangladesh Math. Soc. 1(1981),35 – 43.

宽广的框架里的综述,我们推荐 Mackey 的文章[1]和 Knapp 的文章[2]. 最近 K. Conrad 用详细的证明和有趣的计算例子完成的文章对准备自己动手推导一番的人也提供了好的读物.

因为大多数素材取自现存的资料(在上述引文中),所以我们丝毫不假装这篇文章有独创性. 我们在这篇文章写成时,的确试图冲击数学和数学界的人之间的平衡;关于数学家和数学事件的一些更多阐述性的评论是我自己的. 希望通过混合历史和数学,以及通过学术讨论会演讲的闲话家常般的风格讲述这个故事,我们能够提供使人爱读的和资料丰富的有限群表示论的起源.

我非常感激 C. Curtis,他慷慨地给我提供他的将出版的书[3]的各章,我很高兴地感谢 K. Conrad, H. Lenstra, M. Vazirani 以及 *Notices* 的编辑部全体人员对这篇文章的评论、建议和修改.

---

[1]　G. Mackey, Harmonic analysis as exploitation of symmetry, Bull. Amer. Math. Soc. (N. S.)3(1980),543 – 698.

[2]　A. Knapp, Group representations and harmonic analysis from Euler to Langlands, Ⅰ, Ⅱ, Notices Amer, Math. Soc. 43 (1996),410 – 415,537 – 549.

[3]　C. Curtis, Frobenius, Burnside, Schur and Brauer. Pioneers of representation theory, Amer, Math. Soc. , Providence, RI, to appear.

3　19 世纪后期群论的背景

在我们开始讲故事之前,很快地回顾一下 19 世纪后几十年在欧洲的群论的状况或许是合适的. 如果我们把群论看作起源于 Gauss,Cauchy 和 Calois 的时代,那么这门学科到 19 世纪后几十年已经有半个多世纪了. 初露头角的德国数学家 F. Klein 于 1872 年开创了他的 Erlangen 纲领,宣告群论是研究各种几何的焦点;同一年,挪威高等学校的教师西洛在(数学年刊)第 5 卷上发表了他的现在很著名的定理的第一个证明. A. Cayley和 C. Jordan 是当时的群论专家. 群论的第一批专题论文中有 C. Jordan 的 *Traité des Substitutions et des Équations Algébriques*(1870)和 E. Netto 的 *Substitutionentheorie und Ihre Anwendungen auf die Algebra*(1882). 这两本书都是关于置换群理论的,它们与群论是同义的. (仅有的值得注意的例外是 V. Dyck 在 1882 - 1883 年用生成元和关系定义群的工作.)当时最受欢迎的代数教科书是 Serret 的 *Cours d'Algébre Supérieure*,它的第 2 版(第 3 版,1866)包含了适量的置换群的内容. 抽象群只是在后来才被研究,可能首先出现在 Weber 的 *Lehrbuch der Algebra* 这本教科书里. 群论文章的作者并不总是仔细的,事实上有时易出错. O. Hölder 明显地开创了写长篇的群论文章的传统,一种情况一种情况地分析群,但是也会忽略少数情形. 甚至连被认为是"彻底精通数学的每个分支里已做的每一件事情"的伟大的凯莱,迟至 1878 年,在

《美国数学杂志》第 1 期发表的他的文章中,由于轻率地列举 3 个 6 阶群而把读者弄糊涂了.

显然,当时对于群表示论没有太多涉及. F. Klein 在 19 世纪 70 年代至 80 年代的工作中肯定使用了矩阵来实现群,但是他仅仅对于少数特殊的群做这件事,并且没有暗示可能的理论. 在数论里,Legendre 符号 $\left(\dfrac{a}{p}\right)$($p$ 是奇素数)也许提供了"特征标"的第一个例子. 这个符号取值为 $\{\pm 1\}$,并且对于变量 a 是可乘的. Gauss 使用了类似的符号来论述 Gauss 和与二元二次型,而允许这些符号取值单位根. 在 Dirichlet 的关于算术级数中的素数的工作中,Dirichlet 的 L – 序列

$$L(s,\chi) = \sum_{n=1}^{\infty} \frac{\chi(n)}{n^s}$$

显著地出现了"模 k 特征标"χ. 它是 n 的可乘函数,并且当 n 与 k 不互素时其值为 0. 我们把(Abel)特征标的抽象定义归功于 Dedekind. Dedekind 在他给 Dirichlet 的数论讲义的补遗之一[①](1879 年)中,形式地定义一个有限 Abel 群 G 的特征标是从 G 到非零复数乘法群的同态. 在函数按点相乘的乘法下,G 的特征标形成一个群 Ĝ(称为特征标群). 它的基数等于群 G 的基数 |G|. 特征标之间的正交关系被证明,它包含在

---

① P. G. Lejeune Dirichlet, Vorlesungen über Zahlentheorie, 3rd ed., published and supplemented by R. Dedekind, Vieweg, Braunschweig, 1879.

Weber 的代数教程的第二卷中. 这一阶段为任意有限群的一般特征标理论的发现作了准备工作.

4　Dedekind 和群行列式

对于学习数学的现代学生来说,按照下述方式扩充特征标的定义是完全自然的:取群 G 到 $GL_n(\mathbf{C})$(n 级可逆复矩阵的群)的同态 D,然后定义$\chi_D(g) = \text{trace}(D(g))$($g \in G$)便得到特征标. 然而这一步对于 19 世纪的数学家并不是显然的. 因此一般群的特征标的概念的发现必须绕一个相当大的圈子,通过 Dedekind 称之为群行列式的概念.

作为 Gauss 的著名的哥廷根学派的最后一代,Dedekind 无可争辩地是直到 19 世纪末的德国的抽象代数的老前辈. 尽管他宁愿在家乡布伦瑞克(Braunschweig)[①]的地方学院里当教师,而不愿要更有声望的大学里的职位,但是他产生的数学影响也许仅次于 K. Weierstrass. Dedekind 的最大贡献是在数论领域. 他在反复考察具有规范基的正规数域的判别式的形式时,得到了一个类似的群论里的行列式. 给定一个有限群 G,设$\{x_g : g \in G\}$是可交换的不定元的集合,形成一个$|G| \times |G|$矩阵,它的行和列用 G 的元素作为下标,矩阵的(g, h)元为 $x_{gh^{-1}}$(我们也可以取矩阵的(g, h)元为 x_{gh}(就像 Dedekind 第一次做的那样),但是这两个矩阵的差别仅在于列的置换). 矩阵$(x_{gh^{-1}})$的行

---

①　现在的布伦瑞克工业大学.

列式命名为 G 的“群行列式”;我们沿用 Dedekind 的记号,用$\Theta(G)$表示它.

在 Abel 群 G 的情形,$\Theta(G)$通过 G 的特征标完全分解因式成 **C** 上的线性型如下

$$\Theta(G) = \prod_{\chi \in \hat{G}} \left(\sum_{g \in G} \chi(g) x_g \right) \tag{1}$$

其中 $\hat{G}$ 是 G 的特征标群. 证明是相当容易的,事实上,对于固定的$\chi \in \hat{G}$,用$\chi(g)$乘行列式的第 g 行,然后把所有行都加起来,在第 h 列上,我们得到

$$\sum_{g \in G} \chi(g) x_{gh^{-1}} = \left(\sum_{g' \in G} \chi(g') x_{g'} \right) \chi(h)$$

于是对于每一个特征标χ,$\Theta(G)$都能被 $\sum_{g \in G} \chi(g) x_g$ 整除. 因为有$|G|$个不同的特征标,并且它们产生不同的线性型,所以我们得到式(1). $\Theta(G)$的分解因式肯定是有先例. 在循环群的情形,“群矩阵”$(x_{gh^{-1}})$恰好是循环矩阵,它的行列式用$|G|$次单位根的术语进行因式分解对于 19 世纪的数学家是众所周知的.

在一般群 G 的情形,我们能够形成一个“Abel 化”的群 $G/[G,G]$,其中$[G,G]$是由 G 里的换位子生成的(正规)子群. 上述证明仍然给出 $\Theta(G)$的(至少)$|G/[G,G]|$个线性因子,它们对应于 $G/[G,G]$的特征标. 然而这些因子不再穷尽群行列式. 例如,如果$G=[G,G]$,这仅给出平凡的因子 $\sum_{g \in G} x_g$. 像大多数 19 世纪的数学家一样,Dedekind 有坚实的计算基础. 他对于第一个非 Abel 群 S_3 详细计算了 $\Theta(G)$,并且发现除了对应于 $G/[G,G]$的平凡特征标和符号特征标的线

性因子 $\sum\limits_{g \in G} x_g$ 和 $\sum\limits_{g \in G} \text{sgn}(g) x_g$ 以外, $\Theta(G)$ 还有余下的不可约二次的平方因子. 他对于 8 阶四元数群也进行了类似的计算, 并且提出了奇妙的见解: 如果纯量域 **C** 扩展到适当的"超复系"(或者用现代的术语"代数"), 他的两个例子里的 $\Theta(G)$ 将分解成线性型, 就像 Abel 的情形那样, Dedekind 在 1880 年和 1886 年对这个问题有些零星的研究, 但是没有得到任何确定的结论. 于 1896 年 3 月 25 日给 Frobenius 发出了信, 信中内容主要是关于哈密顿群的, 此外也提到了他较早的时候对于群行列式的研究, 包括在在 Abel 情形里的因式分解 (35.1), 以及他对于在一般情形里超复系可能起的作用的思考. 接着于 1896 年 4 月 6 日发出的信包含了他已经算出的两个非 Abel 的例子, 以及对于 $\Theta(G)$ 的线性因子的数目应当等于 $|G/[G,G]|$ 的结论的一些推测的话. 然而由于觉得他自己不可能对这个问题取得任何结论, Dedekind 请弗罗贝尼乌斯研究这个问题. 结果, Dedekind 写的这两封信写成了创造抽象非 Abel 群的特征标理论的催化剂.

5　Frobenius

比 Dedekind 小 18 岁的 Frobenius 到 1896 年已经有了很高的声望. 他在著名的柏林大学受到数学教育, 得到杰出的教师例如 E. Kummer, L. Kronecker 和 K. Weierstrass 的指导. 1870 年他在魏尔斯特拉斯的指导下写了关于微分方程的级数解的毕业论文, 此后在柏林大学的预科和大学里教了短暂的几年课. 柏林大学传统地为苏黎世(Zurich)多科工艺学校(现在的苏黎世联邦工业大学,简称 E. T. H.)培养教员,因此毫不奇怪 Frobenius 于 1875 年搬到苏黎世接受那儿的教授职位.

Frobenius 在 E. T. H. 任职的 17 年间通过对于宽广的领域中各种各样的数学论题的贡献赢得了他的名声,特别是在线性微分方程,单变量和多变量的椭圆函数和 θ 函数,行列式和矩阵论,以及双线性型方面. 他对论述代数对象的偏爱到 19 世纪 80 年代后期已日益明显地增长,当时他也开始在探索有限群论方面作出有影响的工作. 1887 年他发表了关于抽象群(而不仅是置换群)的西洛定理的第一证明:他用类方程对于西洛群的存在性作出的归纳证明直到今天仍然在使用. 同一年又发表了他的另一篇重要的群论文章[①];这篇文章对有限群的双陪集作出了透彻的分析,并且包含了著名的 Cauchy-Frobenius 计数公式,这个公式目前在组合论里无处不在. Frobenius 并不知道所有他的群论工作正在为他赠给数学的最伟大的礼物做着准备:这就是他很快要创造的特征标理论.

19 世纪 90 年代早期是 Frobenius 的职业生涯转变的时期,Kronecker 于 1891 年 12 月逝世,柏林大学出现了一个空缺职位. 邀请柏林大学的备受宠爱的前学子 Frobenius,任何人都决不会感到奇怪. 43 岁的处于

---

① F. G. Frobenius, Gesammelte Abhandlungen Ⅰ,Ⅱ,Ⅲ, (J. P. Serre,ed.),Springer-Verlag,Berlin,1968.

创造力最高潮的 Frobenius 显然是 Kronecker 的很好的
继任者. 可是如果让 Kronecker 自己来选择继任者事情
就不会那么显然. Kronecker 对他的箴言:"上帝创造了
整数, 其余一切都是人的工作"笃信无疑, 他几乎批评
了每一个热衷于考虑含有实数或超越数问题的人. 他
对函数论专家的攻击是如此不留情面, 有时甚至大肆
咆哮, 以至于使老教授 K. Weierstrass 潸然泪下. Krone-
cker 大概还会在下述想法上踟蹰不前: 他的继任者居
然是 K. Weierstrass 的学生, 显然这不会是他的选择.

　　Frobenius 诞生在柏林的一个郊区 Charlottenburg,
远离家乡的 17 年是一段很长的时间, 在当时人们明显
地倾向于在他们的家乡度过一生. 于是由于从柏林来
的邀请, Frobenius 很高兴地带他的一家于 1893 年回
到德国, 在 Charlottenburg 的莱布尼兹街 70 号安顿了
他的新家. 同年他被选为有声望的普鲁士科学院的成
员. 由于 Kronecker 和 Kummer 两位都已逝世, 并且他
的前指导教师 K. Weierstrass 已 80 高龄, 因此 Frobe-
nius 从那个时候起必将成为柏林数学学派的主要执炬
者之一.

　　Frobenius 虽然已精通群论, 但是在 1896 年以前
他从来也没有听说过群行列式的定义[①]. 然而他是行
列式理论的伟大专家. 并且他在 θ 函数和线性代数的
较早的工作中实际上涉及了有点类似的行列式. 因

----

① 　Dedekind 没有发表他在这个专题上发现的任何东
西.

277

此, Dedekind 的群行列式的因式分解问题立即引起了他的注意. 他被 Dedekind 在 Abel 情形分解 $\Theta(G)$ 迷住了, 但是他不确信超复数会提供在一般情形下分解的恰当的工具. 于是他打算只是在复数域上研究 $\Theta(G)$ 的因式分解. 他以令人惊异的速度解决这个问题. 他狂热地工作, 不到一个月就创造了有限群的一般的特征标理论, 并且应用这个新发现的理论解决群行列式因式分解问题. 他在 1896 年 4 月 12 日、17 日和 26 日给 Dedekind 的三封长信里报告了他的发现. 这些信连同当前保存在布伦瑞克工业大学档案馆里的 Frobenius-Dedekind 通信联系的其他东西一起, 现在成为创造有限群特征标理论的第一个文字记载.

　　下图上面一份是 Frobenius 于 1896 年 4 月 12 日写给 Dedekind 的信的第一页的部分内容. 这封信以"Hochgeehrter Herr College!"开头, 这是 Frobenius 时期在同事之间的普遍的客气称呼. 下面一份是最后一页的部分内容, 在这一页 Frobenius 以"您的忠诚的同事, Frobenius"结尾, 并且在左边的空白处写了他的家庭地址: "Charlottenburg, Leibnizstr, 70", 注明这封信的日期"d. 12. April 1896", 这封信写在 6 大张纸上, 每张上有 4 页.

　　我感谢 C. Kimberling 友好地给我这封信的复印件. 数学界应该大大地感谢 C. Kimberling, 他在 Noether 的遗产里保留下来的书信文件集中间重新发现了 Frobenius 给 Dedekind 写的这封信 (以及各种其他的 Dedekind 的信). 围绕这些信的发现的有趣的细节在

C. Kimberling 的 U. R. L 的网页上有报告,网址是 ht-tp://www. evansville. edu/ ~ ck6/bstud/dedek. html.

——T. Y. L. a

因为 Frobenius 的信已经被 Hawkins 和 Cartis 的文章(在上述引文中)详细分析,所以我们将试图从另一个角度探讨它们. 由于假定我们正在与现代听众谈话,因此我们将首先讨论用现代的表示论工具如何分解群行列式. 有了这个事后的认识,我们将回到 Frobenius 的工作,阐述他在 1896 年是如何解决 $\Theta(G)$ 的因式分解问题,以及在那个时候他是如何创造群的特征标理论的.

我们的方法实际上也有战略上的理由,虽然首先引导 Frobenius 创造群的特征标的是群行列式,但是现代的群表示论不再通过群行列式发展. 事实上,没有几本当代的表示论教科书还接触这个专题,因此很可能现代的学习表示论的学生从来也没听说过群行列式. 下一节用表示论的现代方法阐述 Frobenius 的部分工作,因此它将作为在老的方法和新的方法之间的有用的环节.

6 为现代读者的 $\Theta(G)$ 的因式分解

实际上我们在这一节将要做的并非都是"现代的". 我们在这里将谈论的每一件事情都是 Noether 熟悉的,读者可以通过读她的关于表示论的奠基性文章①中关于群行列式的论述很容易证实这一点. 事实上,纯粹形式上看,Noether 考虑了在可能的非半单代数上的更一般的"系统 – 矩阵"和"系统 – 行列式". 对于我们的目的而言用群代数 CG 就够了. CG 是由有限

---

①　E. Noether, Hyperkomplexe Grössen und Parstellungs-theorie, Math. Zeit, 30(1929),641 – 692.

的形式线性组合 $\sum\limits_{g \in G} a_g g\,(a_g \in \mathbf{C})$ 组成的代数,它们按照自然的方式相加和相乘.

正如我们在较早一节中指出的,群 G 的一个表示是一个群同态 $D:G \to GL_n(\mathbf{C})$,数 n 称为这个表示的维数(或次数). 表示 D 称为不可约的,如果 $\mathbf{C}^n$ 没有任何(非平凡的)子空间在 $D(G)$ 的作用下是不变的,每一个表示 D(不可约的或可约的)引起一个特征标 χ_D : $G \to \mathbf{C}$,由下式定义

$$\chi_D(g) = \mathrm{trace}(D(g)) \quad (\text{对于任意 } g \in G)$$

两个 n 维表示 D,D' 称为是等价的,如果存在一个矩阵 $U \in \mathrm{GL}_n(\mathbf{C})$ 使得 $D'(g) = U^{-1}D(g)U$ 对于一切 $g \in G$ 成立. 此时,显然有 $\chi_D = \chi_{D'}$. 反之,如果 $\chi_D = \chi_{D'}$ 并且 G 是有限群,表示论的一个基本结果保证 D 和 D' 是等价的.

现在让我们通过引进有限群 G 的任一表示的行列式来扩大群行列式的观点,如下所述,给定一个表示 $D:G \to GL_n(\mathbf{C})$,我们与前面一样取一组不定元 $\{x_g : g \in G\}$,并且令

$$\Theta(G) = \deg(\sum_{g \in G} x_g D(g)) \qquad (2)$$

我们指出下面的三个事实:

(1)如果我们把 $\sum\limits_{g \in G} x_g g$ 看作是群代数 $\mathbf{C}(G)$ 里的"一般"元素 x,那么上面的矩阵 $\sum\limits_{g \in G} x_g D(g)$ 恰好是 $D(x)$,这里把 D 扩充成 $\mathbf{C}$ – 代数同态 $CG \to M_n(\mathbf{C})$. 实际上,把表示 D 看成是这个代数同态"给出"的,这往

往是方便的.

(2) $\Theta_D(G)$ 仅依赖于表示 D 的等价类,因为表示矩阵的共轭不改变行列式.

(3) 当 D 是正则表示的情形(使得 $D(g)$ 是与 g 在 G 上的左乘联系的置换矩阵),$\Theta_D(G)$ 恰好是群行列式 $\Theta(G)$,事实上,在第 h 列,矩阵 $x_{g'}D(g')$ 有一个元素 $x_{g'}$ 在第 $g'h$ 行而其余元素全为零. 因此,在第 h 列,$\sum_{g' \in G} x_{g'}D(g')$ 恰好有元素 $x_{gh^{-1}}$ 在第 g 行.

显然 $\Theta_{D_1 \oplus D_2}(G) = \Theta_{D_1}(G)\Theta_{D_2}(G)$. 因此,为了计算 $\Theta(G)$,我们可以首先把正则表示"分解"成它的不可约成分. 这是有限群的表示论的标准过程,它利用了归功于 Maschke 和 Wedderburn 的 $\mathbf{C}G$ 的基本结构定理. 根据这个定理.

$$\mathbf{C}G \cong M_{n_1}(\mathbf{C}) \times \cdots \times M_{n_s}(\mathbf{C}) \qquad (3)$$

对于适当的 $n_1, \cdots, n_s$ (使得 $\sum_i n_i^2 = |G|$). 从 $\mathbf{C}G$ 到 $M_{n_i}(\mathbf{C})$ 上的投影提供了第 i 个不可约复表示 D_i,然后运用环论的一点知识,我们从(3)看出正则表示等价于 $\oplus_i n_i D_i$. 其次我们注意下面的事实.

引理 每个 $\Theta_{D_i}(G)$ 是 $\mathbf{C}$ 上的一个不可约多项式,并且它与 $\Theta_{D_j}(G)$ 不成比例,对于每个 $j \neq i$.

证明 这里的关键一点是,如果我们记 $D_i(x) = (\lambda_{jk}(x))$,则这些线性型 $\lambda_{jk}(x)$ 在 $\mathbf{C}$ 上是线性无关的. 事实上,假设 $\sum_{j,k} c_{jk}\lambda_{jk}(x) = 0$,其中 $c_{jk} \in \mathbf{C}$. 因为 $D_i : \mathbf{C}G \to M_{n_i}(\mathbf{C})$ 是映上的,所以我们能够找到这些 x_g

在 **C** 上的适当的值使得 $D_i(x)$ 变成单位矩阵 $E_{j_0k_0}$ [①]. 把这些 x_g 的值代入 $\sum\limits_{j,k} c_{jk}\lambda_{jk}(x) = 0$ 中, 我们看出每个 $c_{j_0k_0} = 0$. 在证明了这些 $\lambda_{jk}(x)$ 线性无关之后, 我们能够把它们扩充成 $\{x_g : g \in G\}$ 的所有线性型组成的线性空间的一个基. 这个基现在将作为多项式环 **C**$[x_g : g \in G]$ 里的新的变量, 用这些新的变量的术语, 众所周知 $\det(\lambda_{jk}(x))$ 是不可约的.

为了证明引理的最后的陈述, 只要注意 $\Theta_{D_i}(G)$ 实际上决定了表示 D_i. 为此可把 $\Theta_{D_i}(G)$ 看成 x_1 的多项式. 因为 $D_i(1) = I_{n_1}$, 所以 x_1 仅出现在 $D_i(x)$ 的对角线上. 记 $D_i(g) = (a_{jk}(g))$, 我们有 $\lambda_{jj}(x) = \sum\limits_{g \in G} a_{jj}(g)x_g$, 因此

$$\Theta_{D_i}(G) = \prod_{j=1}^{n_i} \lambda_{jj}(x) + \cdots$$
$$= x_1^{n_i} + \sum_{g \in G \setminus \{1\}} \chi_{D_i}(g) x_1^{n_i-1} x_g + \cdots \qquad (4)$$

于是这个不可约因式决定了特征标 χ_{D_i}, 并且正如我们前面已说过的, χ_{D_i} 决定 D_i, 这正是所要求的.

用上述观点便得出

$$\Theta(G) = \prod_{i=1}^{s} \Theta_{D_i}(G)^{n_i} \qquad (5)$$

是群行列式到 **C** 上的不可约多项式的完全因式分解. 这里因为表示 D_i 有维数 n_i, 所以不可约因式 $\Theta_{D_i}(G)$

---

① $E_{j_0k_0}$ 是指在 (j_0, k_0) 位置为 1, 其余位置全为 0 的矩阵.

的次数是 n_i ——与 $\Theta_{D_i}(G)$ 出现在 $\Theta(G)$ 里的重数相同. 还有从式(3)看出 s 似乎是 $Z(\mathbf{C}G)$($\mathbf{C}G$ 的中心)的 $\mathbf{C}$ - 维数,它由 G 的共轭类的数目给出. 我们将在下一节的稍微后面一些回到这一点.

从(4)和(5)我们明显地看到,$\Theta(G)$ 的分解因式与 G 的不可约特征标有密切联系.

7　Frobenius 的(不可约)特征标的第一个定义

当然,在上一节给出的 $\Theta(G)$ 的因式分解的高效率的处理是基于大量的事后认识. 数学的开拓者没有事后的认识,必须也只能指望善于发现意外收获的能力和纯粹的行列式. 正如我们大家知道的,数学的任何新方向的第一步通常是最困难的一步. Frobenius 知道他需要创造新的特征标理论来分解群行列式,但是不像我们,他基本上没有线索来着手这个问题. 于是看一看他实际上如何在漆黑的通道里设法找到第一道亮光,这对于我们是非常有启发的.

正如我们在前面指出的,"群表示"不在 19 世纪数学家的词汇表里,因此"特征标"的现代定义对于 Frobenius 在 1896 年是不存在的. 代替这个,Frobenius 通过对某个交换 $\mathbf{C}$ - 代数的研究首次达到特征标的定义,后来他认识到这个 $\mathbf{C}$ - 代数就是群代数的中心 $Z(\mathbf{C}G)$. 为了迅速地阐述他的想法,利用现代读者已经熟悉的那些内容的有利条件又是比较容易的. 尽管我们将试图作出有关的评论:Frobenius 由于缺少现代方法而使他解决问题时在哪些地方碰到了困难. 下面的

讲解的理论基础是 $\mathbf{C}$ 上的交换半单代数的概念.

设 $g_j(1\leqslant j\leqslant s)$ 是有限群 G 的共轭类的完全代表系(具有 $g_1=1$),并且设 $C_j\in\mathbf{C}G$ 是"类和"(与 g_j 共轭的群元素的和). 众所周知(并且容易证明)这些 C_j 给出了 $Z(\mathbf{C}G)$ 的一个 $\mathbf{C}$—基,具有由下述等式定义的结构常数

$$C_jC_k = \sum_i a_{ijk}C_i \qquad (6)$$

这里在倍数的意义上(由第 i 个共轭类的大小给出),a_{ijk} 是使得 $x\sim g_j,y\sim g_k,z\sim g_i$,且 $z=xy$ 的有序三元组 $(x,y,z)\in G^3$ 的数目(其中"$\sim$"意思是在 G 里共轭). Frobenius 通过对方程 $xyw=1$ 而不是对 $xy=z$ 的讨论稍微有点不同地建立这些数;差别仅是记号上的. 特点是,他非常熟悉这些常数,它们表出了这些方程在群里的解的数目,现在我们引进一点更现代化的内容. 即,Wedderburn 分解式(3). 取这个分解的中心,我们得到

$$Z(\mathbf{C}G) = \mathbf{C}\varepsilon_1\times\cdots\times\mathbf{C}\varepsilon_s \qquad (7)$$

对于适当的中心幂等元 $\varepsilon_i\in\mathbf{C}G$ 满足 $\varepsilon_i\varepsilon_j=0$ 当 $i\neq j$. 从(7)我们知道 $Z(\mathbf{C}G)$ 是(交换的且)半单的. Frobenius 没有配备所有这些现代的专门术语,因此他不得不对数目 $\{a_{ijk}\}$ 做大量的特别的计算来检验我们现在所知道的作为半单性的迹条件. 无论如何 Frobenius 做了这点,因此他能够利用这个半单性的信息,尽管是隐含的.

从(3)出发,设 $D_i:\mathbf{C}G\to M_{n_i}(\mathbf{C})$ 是给出第 i 个不

可约表示的投影映射,并且设 χ_i 是对应的特征标 $(\chi_i(g)) = \text{trace}(D_i(g))$. 因为 D_i 把中心映到中心,我们有

$$D_i(C_j) = c_{ij}I_{n_i}, \text{对于适当的 } c_{ij} \in \mathbf{C} \qquad (8)$$

计算迹,我们得到 $h_j\chi_i(g_j) = n_i c_{ij}$,其中 h_j 是第 j 个共轭类的基数. 因此

$$c_{ij} = \frac{h_j\chi_i(g_i)}{n_i} = \frac{h_j\chi_i(g_i)}{\chi_i(1)} \qquad (9)$$

从(8)我们有 $C_j = \sum_i c_{ij}\varepsilon_i$,特别地

$$C_j\varepsilon_i = c_{ij}\varepsilon_i \qquad (10)$$

于是 $\{\varepsilon_1, \cdots, \varepsilon_s\}$ 是 $Z(\mathbf{C}G)$ 的一个基,它是由用 $\{C_1, \cdots, C_s\}$ 的(交换的)左乘算子的公共的特征向量组成. 用 C_j 的左乘算子的特征值是在(9)给出的那些 c_{ij}.

我们得到的上述计算比 Frobenius 做的迅速得多,因为他必须把他的较早的一篇关于交换算子的文章的主要结果汇总来说明这些特征向量的存在性和无关性,而无关性证明的关键依赖于前面提到的 $Z(\mathbf{C}G)$ 的半单性质,他的那篇文章是于 1896 年在 S'Ber. Aked. Wiss. Berlin 发表的著名的三部曲的第一篇,此文又是受 K. Weierstrass,Dedekind 和 Study 关于交换超复系的较早的工作激励. 然而用现代的方法,Frobenius 的工作的全部内容都能够如上所述用几行就得出来的.

在做了这个工作之后,通过等式(9)特征值 c_{ij} 现

在能被用来定义特征标的值 $\chi_i(g_j)$（当然我们首先必须知道 $n_i = \chi_i(1)$，但这是相对次要的问题[①]）. 正如看上去绕了一圈，这正是 Frobenius 在他的著作如何第一次定义特征标 χ_i 作为 G 上的类函数！在定义这些 χ_i 之后，Frobenius 立刻得到了（不可约）特征标之间的第一和第二正交关系（见下面框内的叙述）.

$$\sum_{g \in G} \chi_i(g)\,\overline{\chi_j(g)} = \delta_{ij}\,|\,G\,|$$

$$\sum_i \chi_i(g)\,\overline{\chi_i(h)} = \delta_{g,h}\,|\,C_G(g)\,|$$

Frobenius 证明的在不可约特征标 χ_i 之间的这些第一和第二正交关系至今仍然是有限群的特征标理论的基点. 这里 δ_{ij} 是通常的 Kronecker 记号，如果 g,h 在 G 里共轭，则 $\delta_{g,h} = 1$，否则为 0；$C_G(g)$ 表示 g 在 G 里的中心化子.

虽然今天我们有更加容易的途径通向特征标（通过表示论），但是 Frobenius 采取的最初的途径并没有

①　Frobenius 对于这个问题有些含糊，它引起 Hawkins 的评论：在"Gesammelte Abhandlungen Ⅰ，Ⅱ，Ⅲ"里"特征标从未被完全定义"，但是在"Gesammelte Abhandlungen Ⅰ，Ⅱ，Ⅲ"里有如此大量的信息可以利用，以至于这个问题能被一种或另一种方式解决. 例如，一旦我们知道了对于所有 j 的比值 $\chi_i(g_j)/\chi_i(1)$，那么 $\chi_i(1)$ 能够从第一正交关系被决定.

被忘记. Frobenius 的上述结果现在用下面的简洁形式保存下来:

定理　结构常数 $\{a_{ijk}\}$ 与特征标表 $(\chi_i(g_j))$ 彼此决定.

实际上,假设这些 a_{ijk} 被给定. 那么这些 a_{1jk} 决定了 $h_j(1 \leqslant j \leqslant s)$,于是上面的工作决定了这些 χ_i. 反之,如果这些 χ_i 被给定,利用第二正交关系进行计算导致用各种特征标的值表示 a_{ijk} 的一个详细的公式.

上述 Frobenius 的定理至今仍是特征标理论里的一个有深刻意义的结果,它的证明的内在性是这样一个结果:一个不可约特征标 χ 的值的 Q – 生成子空间总是一个代数数域,现今称为 χ 的特征标域. 用特征标的值的术语精确表示 a_{ijk} 的公式在有限单群的构造和研究中有各种各样有趣的应用;关于这方向的恰当的参考文献是 Higman 的文章①.

Frobenius 从一开始就认识到群的特征标是具有高度算术性质的对象,他注意到了常数 c_{ij} 总是代数整数②,并且后来说明了特征标的值也总是代数整数. 利

---

① G. Higman, Construction of simple groups from character tables, Finite Simple Groups (M. B. Powell and G. Higman, eds.). Academic Press, London-New York, 1971.

② 一个效率高的现代的证明如下:因为环 $\sum\limits_{i} ZC_i$ 是有限生成的 Abel 群,所以每个 C_i 在 Z 上是整的. 运用这点到式 (10),我们看出对于每个 c_{ij} 同样是真的.

用所有这些连同第一正交关系,他推导出一个重要的算术结果:每一个特征标的次数 n_i 整除 $|G|$.

8　Frobenius 的群行列式文章

在发表了群的特征标的文章之后,Frobenius 最后准备论证他心中已经有的关于 Dedekind 的群行列式 $\Theta(G)$ 的因式分解问题的应用领域. 他在 1896 年写的系列文章的最后一篇做了这件工作. 因为他在处理这个问题时没有任何现代方法,所以 $\Theta(G)$ 的因式分解仍是颇费周折的.

首先 Frobenius 写下 $\Theta(G)$ 的因式分解如下

$$\Theta(G) = \prod_{i=1}^{t} \Phi_i^{e_i} \qquad (11)$$

其中这些 Φ_i 是不同的(齐次)不可约多项式,次数设为 f_i. 在大略估计之后,我们可以假设每个 Φ_i 有一项是 $x_1^{f_i}$;这唯一决定了这些 Φ_i(除了它们出现的次序以外). 要做的工作是描述这些 Φ_i 并且决定式(11)中的指数 e_i. 如果我们将现代的方法用于 $\Theta(G)$ 并且假设我们在较早一节里关于 $\Theta(G)$ 的因式分解已经做的工作,那么下述信息立即得到:

(1)式(11)中的不同的不可约因式的数目 t 等于 G 里的共轭类的数目 s.

(2)对于所有 i,f_i(Φ_i 的次数)等于式(11)中的重数 e_i.

然而对于 Frobenius,这些命题的每一个都必须要有证明.(1)不太难;他用正交关系(见上面框里所述)

处理了它.但是(2)却是一个真正的挑战！当然(2)被
Frobenius 和 Dedekind 知道的所有例子所证实.但是
Frobenius 是一个细心的人,而任何一个细心的人都知
道,数学中的一些过度简单化的例子可能完全是骗人
的！因此,起初 Frobenius 不准备相信 $e_i = f_i$. 对于学数
学史的学生来说,这是一个难得的事例,他们在这儿
有极好的机会通过 Frobenius 和 Dedekind 写的信,来
直接观察 Frobenius 怎样去进攻(有时停止进攻)这个
困难问题.他首先在线性因子($f_i = 1$)的情形证明了
(2),这是不难的;然后他设法解决 2 次因子($f_i = 2$)的
情形,它是非常难的.他给 Dedekind 写信请求帮助或
者给出可能的反例;同时他计算了某些立方因子的例
子来证实(2),他向 Dedekind 吐露:他有时候怎样试图
通过从事完全无关的活动来"达到证明 $e_i = f_i$ 的目的".
例如与他妻子去贸易博览会,然后去艺术陈列馆;在
家里读小说,或者除去他的果树上的毛虫等.为了显
示令人愉快的幽默感,他在 1896 年 6 月 4 日给 Dede-
kind 写信：

> 我希望您不要泄露这职业秘密给任何
> 人,我的论数学研究的方法的伟大著作(其
> 附录涉及逮毛虫)利用了它,这部著作将在
> 我逝世后出版.

Frobenius 许诺的书从未出版,但是显然他的"数
学研究的方法"今天在数学教授和他们的研究生中间

仍在广泛地实践着. Frobenius 关于 $e_i = f_i$ 问题的前哨战持续了五个月,但是以一个愉快的注记结束:到 1896 年底他最后以完全一般的形式设法证明了它,这使他能写完关于群行列式的文章. 在该文的第 9 节他写道:

包含在群行列式里的素因子的幂指数等于那个因子的次数.

现在把这个结论称为"群行列式理论的基本定理",这肯定是他于 1896 年在特征标理论的不朽的工作中的王冠上的宝石. Frobenius 的证明是令人惊奇的技巧魔力的展示,占了 Sitzungsberichte 的 4 页半. 当然今天来证明基本定理要容易得多,就像我们在较前的一节关于 $\Theta(G)$ 的因式分解已经做的那样. 在那一节使用的方法也清楚地表明 $\Theta(G)$ 的不可约因式如何对应于不可约特征标 χ_i:在相差一个排列的意义上,式 (11) 中的 Φ_i 简单地就是式 (4) 中的 $\Theta_{D_i}(G)$,因此它对应于特征标 $\chi_i := x_{D_i}$(并且当然有 $e_i = f_i = n_i$). 等于 (11) 说明在 Θ_i 里 $x_i^{n_i-1} x_g$ 的系数是 $\chi_i(g)$ 当 $g \neq 1$. 更一般地,其他系数也能被明晰地决定. 首先 Frobenius 用数学归纳法把每个 χ_i 从一元函数扩充成 n 元函数(对于任意明晰地决定),首先 Frobenius 用数学归纳法把每个 χ_i 从一元函数扩充成 n 元函数(对于任意 $n \geq 1$);每个 $\chi_i(g_1, \cdots, g_n)$ 是 χ_i 的值的多项式特征函数. (例如,作为数学归纳法的开始,令 $\chi_i(g, h) = \chi_i(g)\chi_i(h) - \chi_i(gh)$.) 然后 Frobenius 用这些已定义的"$n$ 重特征

标"通过下述著名的公式决定了 Φ_i

$$n_i! \cdot \Phi_i = \sum \chi_i(g_1, g_2, \cdots, g_{n_i}) x_{g_1} x_{g_2} \cdots x_{g_i} \quad (12)$$

其中求和是跑遍 G 的元素组成的所有 n_i 元组. 这计算了 Φ_i 的所有系数作为常特征标值 $\{\chi_i(g) : g \in G\}$ 的多项式函数. 迄今为止,群论学家没有对这些"高级"特征标有实质上的应用,可能这里有很多的工作可做.

在我们离开群行列式之前,我们应当指出在这个专题上最近一些相当令人惊奇的发展. 众所周知群的特征标不足以决定这个群;例如,8 阶二面体群和四元素群碰巧有相同的特征标表. 然而,Formanek 和 Sibley[①] 已证明群行列式 $\Theta(G)$ 的确决定 G,并且 Hoehnke 和 Johnson[②] 已证明(上面指出的) G 的 1 重、2 重和 3 重特征标也足以决定 G. 这些新发现的事实可能会使群行列式理论的先辈感到惊奇.

迄今为止,我们仅仅讨论了特征零的群行列式(即,在复数域上). L. E. Dickson 在 1902 年和 1907 年的几篇文章中已经研究了在特征 $P > 0$ 的域上的群行列式. 我们建议读者参看 Conrad 的文章[③],该文很好地

---

① E. Formanek and D. Sibley, The group determinant determines the group, Proc. Amer. Math. Soc. 112 (1991), 649 – 656.

② H. – J. Hoehnke and K. W. Johnson, The 1 – , 2 – , and 3 – , characters determine a group, Bull. Amer. Math. Soc. (N. S.)27(1992),243 – 245.

③ K. Conrad, The origin of representation theory, to appear.

综述了 Dickson 的工作.

9　收获:1897 - 1917

Frobenius 在他的第一篇群特征标的文章的引言里早就表达了他相信这个新的特征标理论将导致有限群论的本质上的丰富和意义重大的进展. 在他的一生的最后 20 年中,以似乎永无止境的精力写了另外 15 篇群论的文章(不包括其他领域的多篇文章),进一步发展了群的特征标和群表示的理论,并且将它应用到有限群理论上. 这里我们仅给出故事的这一部分的概述.

(1)在 1896 年文章的三部曲之后的第一个有意义的发展是 Frobenius 能够形式地引进群表示的概念并且把它与群行列式联系起来;他按照 Dedekind 的建议又做了这件事. 看一看 Frobenius 如何形式化这一定义,具有历史上的价值,因此我们直接引用原文:

> 设 $\mathfrak{n}$ 是抽象群,$A,B,C,\cdots$ 是它的元素. 我们给元素 $A,B,\cdots$ 指定矩阵 $(A),(B),\cdots$, 等等,用这种方式群 $\mathfrak{n}'$ 同构于[①]群 $\mathfrak{n}$,即 $(A)(B) = (AB)$. 那么我称代换或者矩阵 $(A),(B),(C),\cdots$ 表示群 $\mathfrak{n}$.

---

①　在 Frobenius 时代,这个术语并不排除映射 $A \to (A)$ 是多对 1.

虽然对于现代读者来说这有一点笨拙,但是这本质上是群表示的定义,就像今天我们所知道的那样. Frobenius 也首次指出,他定义的特征标由不可约的(或者,用他自己的话,"本原的")表示的代表矩阵的迹给出. Frobenius 用群行列式 $\Theta_D(G)$ 的不可约来定义表示的不可约,不可约的概念在后来几年经历几次重新变动和重新阐述.

有重大意义的事实是,Frobenius 清楚地肯定了 Molien 的贡献,是 Eduard Study 引起他注意到了这篇文章. Molien 的将群代数分析为超复系的有力方法是受 W. Killing 和 E. Cartan 的李代数方法所激励的. 在相当大的程度上,它预示了后来 Maschke,Wedderburn 和诸特的工作;它也是更接近于今天研究表示论的途径之一. Molien 对半单性概念的理解(和有效地使用它的能力)是他工作的基点,尽管这个工作没有被他的同时代人广泛认识. 然而 Frobenius 毫不犹豫地赞扬它,并且把它[①]看成一项"出色的工作". 在得知 Molien 在 Dorpat 仅仅是一个无薪大学教师之后,Frobenius 甚至于写信给有影响的 Dedekind,看他是否能帮助提升 Molien 的职务. 然而 Molien 的工作相对而言仍然不引人注目. 今天人们记得他主要是通过他在多项式不变量理论中的生成函数公式. 现代读者有幸从 Hawkins

---

① T. Molien, Über Systeme höherer complexer Zahlen, Math. Ann,41(1893),83 – 156.

的文章①看到关于 Molien 对于表示论的贡献的出色分析.

（2）在两篇相继的文章中，Frobenius 引进了特征标的"合成"（现在称为张量积），并且导出了一个群的特征标与它的子群的特征标之间的关系. 诱导表示的所有重要的概念来自这后一工作. 这是真正的天才手法，在他创造特征标理论仅仅两年之内，他提出了辉煌的诱导表示的互反律，现在这一定律以他的名字命名. 在 20 世纪仍认为这两篇文章为表示论到群的结构理论的许多应用提供了最有力的工具.

现今我们有群代数，张量积，态射－函子等方法，它们使每一件事情都变得容易和"自然"，但是在数学里，"自然"仅仅是时间的函数. 今天对于我们是自然的东西在 19 世纪末却不存在. 为了证明诱导表示和特征标的合成的主要事实，Frobenius 能够采取的工具只有一个：群行列式. 对于现代读者来说，看一看 Frobenius 如何使群行列式在表示论中唱真正的重头戏，并且在一篇又一篇的文章中利用它到达这个专题一个个的新的里程碑实在是相当令人惊奇的！尽管 Frobenius 的群行列式证明的大部分（即使不是全部）现在被较容易的现代证明所取代，但是按我的观点它们仍然是 19 世纪数学家的令人生畏的能力和尽善尽美的技巧的最恰当的证明.

---

① K. Conrad, The origin of representation theory, to appear.

（3）Frobenius 对于某些特殊群的特征标的计算在表示论中有深刻的影响，这是从射影幺模群 $PSL_2(P)$ 的特征标开始的，他在特征标理论的开创性文章中已经计算了它. 几年之后这一工作发展成李型有限群的表示论的令人惊奇的丰富的研究专题[①]. Frobenius 很早就已注意到对称群的特征标值全部是有理整数. 此后不久，他独立地开始研究对称群 S_n 和交错群 A_n 的表示论. 他对于 S_n 的特征标（因此也是对表示）的分类和分析是在 R. A. Young 的工作之前，并且为新的世纪里关于对称函数的大多数进一步的工作奠定了坚实的基础. Frobenius 从 S_n 的特征标值建立了某种生成函数，并且定出了这些生成函数. 于是至少在原理上他设法计算了 S_n 在任一给定的共轭类上的特征标. 这种计算的最值得注意的情形是 Frobenius 关于 S_n 的特征标次数的行列式公式：关于对应于 n 的划分 $\lambda = (\lambda_1, \cdots, \lambda_r)$（其中 $\lambda_1 \geqslant \cdots \geqslant \lambda_r \geqslant 0$）的不可约特征标 χ_λ，Frobenius 证明了

$$\chi_\lambda(1) = n! \, \det\left(\frac{1}{(\lambda_i - i + j)!}\right)_{1 \leqslant i,j \leqslant r} = \frac{n! \, \Delta(\mu_1, \mu_2, \cdots, \mu_r)}{\mu_1! \, \mu_2! \, \cdots \mu_r!} \tag{13}$$

其中 $\mu_i = \lambda_i + r - i$ 并且 $\Delta(\mu_1, \mu_2, \cdots, \mu_r)$ 是具有参数 μ_i 的 Vandermunde 行列式. 同一公式被 Young 独立地

---

① 具有讽刺意味的是，众所周知 Frobenius 对于 S. 李的工作极其蔑视.

得到,但是 Frobenius 在这一方面似乎有优先权. 更后来关于(S_n)的特征标次数的 Frobenius-杨行列式公式被另一个用划分 λ 的 Ferrer 图的"钩长"$h_{ij}(\lambda)$的术语的等价的组合形成给出: Frame-Robimson-Thrall 钩长公式把特征标次数重新写成形式

$$\chi_{\lambda}(1) = \frac{n!}{\prod\limits_{i,j} h_{ij}(\lambda)} \qquad (14)$$

今天 S_n 的表示论位于代数和组合论的中心,并且影响纯粹数学和应用数学的许多分支.

(4)Frobenius 甚至于在他的特征标理论的工作之前就已经对有限可解群怀有强烈的兴趣,并且在 1893 年和 1895 年发表了关于它们的两篇文章,集中在它们的子群的存在性和结构上. 在该世纪末他在这个专题上的兴趣扩大到他新创造的群的特征标理论上. 他写了在可解群序列方面的另外 3 篇文章,以及关于多重传递群的其他几篇文章,其中一些利用了特征标理论. 他的最引人注目的结果现在是有限群表示论的任何研究生课程的主要内容:

定理 如果 G 是传递地作用在一个集合上的有限群,使得在 $G\backslash\{1\}$ 里没有任何元素可固定多于一个的点,则 G 的没有不动点的元素连同单位元组成的集合形成 G 的一个(正规)子群 K(如果 $K \subsetneqq G$,则 G 称为 Frobenius 群,并且 K 称为它的 Frobenius 核. 任何一点对群作用的稳定子群称为 Frobenius 补).

一个世纪之后,Frobenius 用诱导特征标和不可约表示的核的概念给出的这个定理的证明仍没有失去

它的魔力和魅力. 更奇怪的是, 直到今天都还没有找到这个貌似简单的命题的纯粹群论的证明, 因此 Frobenius 原来的论证仍然是定理的唯一知道的证明! 几年之后 Frobenius 定理激发了关于例外特征标的 Brauer-Suzuki 理论, 以及 Zassenhaus 分类双传递 Frobenius 群, 把它们与有限拟域的分类联系起来. Frobenius 群的理论也帮助了 Fields 奖获得者 J. G. Thompson 踏上卓越的研究生涯, 他在他的芝加哥(大学的)毕业论文里证明了长期未解决的猜想: Frobenius 核是幂零群.

(5) Frobenius 和他的学生 I. Schur 引进了一个不可约特征标 χ 的指数(或者指标)的概念

$$s(\chi) := \frac{1}{|G|} \sum_{g \in G} \chi(g^2) \qquad (15)$$

并且证明了 $s(\chi)$ 取的值属于 $\{1, -1, 0\}$. 在这个 Frobenius-I. Schur 理论里, 这些 χ 分成三种不同的类型: $s(\chi) = 1$ 当 χ 来自实表示, $s(\chi) = -1$ 当 χ 不是来自实表示但是它是实值函数, $s(\chi) = 0$ 当 χ 不是实值函数. Frobenius-I. Schur 指数包含群 G 的超出它的特征标表的重要信息: 例如, 一个元素 $g \in G$ 的平方根的数目能够通过式(15)中的指数用表达式 $\sum_{\chi} s(\chi) \chi(g)$ 计算, 这是群论里的一个相当重要的事实. 在与他们关于第一种类型的特征标的工作的联系中, Frobenius 和 I. Schur 也证明了有趣的结果: 一个有限群的任一复正交表示等价于一个实正交表示.

10　Frobenius 和数论

在数论和群论之间的类似亲属的密切关系由下述事实提供:数域的任一正规扩张 K/F 产生一个有限伽罗华群 $G = Gal(K/F)$. 于是 Frobenius 的特征标理论在数论中的可应用性应当没有任何奇怪之处. 然而在这两个理论之间的真正的相互作用在 Frobenius 生前并没有发生,而要等到 20 世纪 20 年代,当代数数论和解析数论发展得更加充分的时候.

在数论里用伽罗华群的表示的想法首先出现在 1923 年阿廷的工作中,对于正如在上面一段里所说的伽罗华群 $G = Gal(K/F)$ 的任一特征标 χ,阿廷引进了现在称之为与 χ 伴随的阿廷 L - 函数 $L(s, \chi, K/F)$. 这是复变量 $s(|s| > 1)$ 的函数,它把关于 χ 以及关于 F 和 K 里的素元的信息译成码. 例如,当 χ 分别是 G 的平凡特征标(或正则特征标)时,$L(s, \chi, K/F)$ 是 F(或 K)的 Dedekind zeta 函数. (一个数域的 Dedekind zeta 函数又是有理数域上的 Riemann zeta 函数的直接推广)阿廷的 L - 函数理论以两种方式利用了 Frobenius 的工作,首先,阿廷证明了:在 G 是 Abel 群且 $\chi(1) = 1$ 的情形,他的 L - 函数与较早由 Hecke 研究的 L - 函数一致. 这要求阿廷互反律的全部力量,它是阿廷通过利用 Frobenius 猜想(现在称为 Tchebotarёv 密度定理)的 Tchebotarёv 的证明的想法建立的. 第二,阿廷证明了:在非 Abel 的情形,Frobenius 的诱导特征标提供了完美

的方式把阿廷 L – 函数与(Abel 情形的)Hecke L – 函数联系起来. 后来 Brauer 证明了 G 的任一特征标是从 G 的适当子群的 1 维特征标诱导的特征标的整系数组合,从而完备了阿廷的工作. 布劳尔用这个有力的诱导定理证明了 $L(s, \mathcal{X}, K/F)$ 延拓为 **C** 里的亚纯函数,并且 Dedekind zeta 函数的商 $\zeta_K(s)/\zeta_F(s)$ 是一个整函数. 在这个工作里(由于它,布劳尔在 1949 年获得了美国数学会的 Frank Nelson Cole 奖),特征标理论和数论的相互作用结出了果实. 后来伽罗瓦群的表示变成模形式论的一个重要专题,但那是另一个故事.

11 结　尾

大约一百年前 Dedekind 给 Frobenius 提出伴随一个有限群的某种行列式的因式分解问题. 解决这个抽象问题导致 Frobenius 创造特征标理论,以及后来的有限群表示论. 今天这些理论为代数的各个分支提供基本的工具,并且它们对拓扑群和李群的情形的推广在调和分析中起着重要的作用. 同时群的特征和表示已广泛地使用在许多应用领域,例如光谱学、结晶学、量子力学、分子轨道理论和配位场论等. 这些令人惊奇的多种多样的应用通过 Dedekind 和 Frobenius 的提前了几十年的理论的工作变成可能,这似乎为数学的伟大的"超乎寻常的效力"提供了又一个惊人的例子.

从 Frobenius 到 Brauer 的有限群表示论[①]

第

12

章

在快要进入 20 世纪之际,Frobenius,Burnside 和 Schur 开始了有限群表示论的最初研究. 他们的工作部分地是由 19 世纪就已存在的、在很大程度上不相关的两个学科所激发. 首先是有限 Abel 群特征,以及它们被 19 世纪伟大的数论学家所做的应用. 其次是有限群结构理论的出现,它们是由 Calois 在他临死前夜所写的著名信件中的主要思想的简短概括开始的,其后西洛及其他人(包括 Frobenius)的工作继续着.

---

① 作者 Charles W. Curtis. 原题:Representation Theory of Finite Groups from Frobenius to Brauer. 译自:The Mathematical Intelligencer,14:4(1992),48 - 57. 黄华乐译,沈信耀校.

本章的目的,是给早期的部分工作以注释:所考虑的问题,所做的猜想,然后,从这些数学思想发展的起源到它们在 Brauer 模表示论中的地位,理出一些头绪.

1　有限 Abel 群特征和 19 世纪数论

有限 Abel 群 A 的特征就是从 A 到复数域 $\mathbf{C}$ 的乘积群的一个同态,换句话说,它是一个函数 $\chi:A\to\mathbf{C}^* = \mathbf{C} - \{0\}$,而且满足以下条件

$$\chi(ab)=\chi(a)\chi(b),\text{对所有 } a,b \in A$$

最简单的例子(它们出现在初等数论中)涉及有限剩余类域 $Z_p = Z/pZ, \bar{a} = a + pZ$,对某个素数 p 的加法群和乘法群. Z_p 的加特征是 Z_p 的加法群特征,由定义有性质 $\chi(\bar{a}+\bar{b})=\chi(\bar{a})\chi(\bar{b})$,对任意剩余类 $\bar{a}$ 和 $\bar{b}$.这些特征通过取 p 次单位根的幂次得到,因此,$\chi(\bar{a})=\omega^a$,这里 $\omega^p = 1$. Z_p 的乘特征是 Z_p 的乘法群特征,这包括 Legendre 二次剩余符号 $(a/p) = \pm 1$,对非 0 剩余类 $\bar{a}$, $(a/p) = 1$ 当方程 $x^2 \equiv a(\bmod\ p)$ 有解,反之为 -1.

Gauss 把加特征和乘特征(分别记为 χ 和 π)组合起来形成一些单位根之和(现在称为 Gauss 和),它具有以下形式

$$g(\chi,\pi) = \sum \chi(\bar{\imath})\pi(\bar{\imath}),0 \neq \bar{\imath} \in Z_p$$

在 *Disquisitiones Arithmeticae*[①] 中, 在一些特殊情况下, 利用像 $x^n + y^n \equiv 1 (\bmod p)$ 的剩余类解数的信息, 他得到 $g(\chi, \pi)$ 这种表示满足的多项式方程. 我们现在倒过来用它, 实际上, Gauss 和对得到一类广泛的多项式剩余类的解数公式, 而且对计算在有限域上多项式方程解的个数这个更一般的问题, 被证明是基本的. 关于这些事情的很好讲述, 同时还有历史评注, 可以从 Weil 的关于有限域上方程解的个数的论文[②]的第一部分找到.

Dirichlet[③] 用乘特征来重新解释 Gauss 关于二元二次型分类的工作, 在这里, 用到了二次剩余符号(a/p)的特征论性质同时, 在他定义 L - 序列及用 L - 序列来证明某些算术级数包含无限多个素数时[④], 都用到

---

① C. F. Gauss, Disquisitiones Arithmeticae, Leipzig, 1801; English translation by A. A. Clake, Yale University Press, New Haven, 1966.

② A. Weil, "Numbers of solutions of equations in finite fields," Bull. A. M. S. 55(1949), 497 – 503; Collected Papers, Ⅰ, 399 – 410.

③ P. G. Lejeune Dirichlet, Vorlesungen uber Zahlentheorie, 4th ed. Published and supplemented by R. Dedekind, Vieweg, Braunschweig, 1894.

④ P. G. Lejeune Dirichlet, "Beweis des Satzes, dass jede unbegrenzte arithmetische Progression, deren erstes Glied und Differenz ganze Zahlen ohne gemeinschaftlichen Factor sind, unendlich viele Primzahlen enthält," Abh. Akad. d. Wiss. Berlin(1837), 45 – 81. Werke Ⅰ, 313 – 342.

了乘特征.

R. Dedekind 将 Dirichlet 的数论讲义编辑出版, 并加了包含有他自己的东西的补充材料. 鉴于在 Dirichlet 的工作中, 不同形式的特征已被用到, 在一个附录中, R. Dedekind 叫大家注意可以有一个一般的有限 *Abel* 群特征的定义. Weber 也对 Abel 群特征感兴趣, 而且发表了一篇关于特征的论文, 并且在他的 *Lehrbuch der Algebra*[①] 中, 给出一个完整的阐述, 这里包含了一个利用把 Abel 群分解为循环群的直积而给出特征的结构.

有限群表示论的起点是 R. Dedekind 关于有限 Abel 群的群行列式的分解这一工作, (很明显, 这篇文章未发表) 和他在 1896 年给 Frobenius 的信中的建议, 或许 Frobenius 对一般群 (不必为 Abel 的) 的这同一问题也感兴趣. 以下是这问题的阐述.

令 $\{x_g\} = \{x_{g_1}, \cdots, x_{g_n}\}$ 是复数域 **C** 上的 n 个不定元集合, 这里指标集 $\{g_1, \cdots, g_n\}$ 是一个 n 阶的有限群的元素. 我们构造一个矩阵, 它的第 i 行, 第 j 列元素为不定元 $x_{g_i g_j^{-1}}$. G 的群行列式就是这个矩阵的行列式 $\Theta = |x_{gh^{-1}}|$, 它是一整系数的关于不定元 x_{g_i} 的多项式. 对有限 Abel 群, R. Dedekind 证明了以下优美的结果: 在复数域上, 群行列式 Θ 可以分解为线性因子的乘积, 它们的系数由这群的不同特征所给出

---

①   H. Weber, Lehrbuch der Algebra, vol. 2, Vieweg, Braunschweig, 1896.

$$\Theta = \prod_{\chi} (\chi(g)x_g + \chi(g')x_{g'} + \cdots)$$

当他写信给 Frobenius 时,他也研究了一些特殊情形的非 Abel 群的群行列式的分解,而且,在他已做的情形中,他发现 Θ 含有次数高于 1 的不可约因子.

Θ 的分解并不像它外表那样仅仅是一特殊问题. 它与把正则表示中的特征多项式分解为不可约因子相关联,这个特征多项式是群代数 $\sum x_g g (x_g$ 为不定元)中的一个元素. Killing 和 Cartan, Cartan 和 Molien 应用完全相同的思想极为成功地得到复数域上的半单李代数和结合代数的结构.[1]

2　Frobenius 关于特征论的第一批文章

受 R. Dedekind 的来信的鼓舞,在 1896 年,Frobenius 发表了三篇文章而突然出现在这一领域,在这些文章中,他创立了有限群的特征论,非 Abel 群的群行列式分解,且建立了许多现在在这一领域已成为标准的结果. 当时,他已经在柏林接受了 L. Kronecker 的位子,而且由于以下的研究工作他已相当出名:Θ 函数,行列式与双线性型,和有限群的结构,所有这些,为他进行的新尝试提供了有益的思想.

---

① 　T. Hawkins, "Hypercomplex numbers, Lie groups, and the creation of group representation theory," Archive Hist. Exact Sc. 8(1971),243－287.

他在 *Über Gruppen Charaktere*[1] 中的第一个工作是定义有限非 Abel 群的特征,他的方法关键之处是研究有限群 G 中的共轭类 $\{C_1, \cdots, C_s\}$ 所应满足的乘积关系. 从他以前关于有限群论的工作,他很清楚计算群 G 中方程的解数之重要性. 他的出发点是考虑整数 $\{h_{ijk}\}$,它们表示方程 $abc = 1$ 的解数,这里 $a \in C_i, b \in C_j, c \in C_k$,从这些数中,他定义了一个新的整数集合,$a_{ijk} = h_{i'jk}/h_i$,这里 $C_{i'} = C_i^{-1}$,且 h_i 是共轭类 C_i 中元素的个数. 然后,他做出一主要的断言,即 a_{ijk} 满足一恒等式,假如 E 是 $\mathbf{C}$ 上基为 $\{e_1, \cdots, e_s\}$ 的一个向量空间,E 上的一双线性积按以下公式给出

$$e_j e_k = \sum a_{ijk} e_i \qquad (1)$$

那么,该恒等式隐含着该乘积为结合和交换的,也就是说,我们有

$$e_i(e_j e_k) = (e_i e_j) e_k \text{ 且 } e_i e_j = e_j e_i \text{ 对所有 } i, j, k$$

鉴于 *Über Vertauschbare Matrizen*[2],对他来说,这是熟悉的情况,这唤起他继续研究现在我们称为交换半单代数的不可约表示定理. 这个定理说:在代数半单性的一个等价条件下,存在 $s = \dim E$ 个线性无关的方程(1)的数值解 $(\rho_1, \cdots, \rho_s)$,使得 $\rho_j \rho_k = \sum a_{ijk} \rho_i$. 这个条件就是 $\det(p_{kl}) \neq 0$,这里 (p_{kl}) 是由元素

① F. G. Frobenius, "Über Gruppen charaktere," S'ber. Akad. Wiss. Berlin(1896),985—1021,Ges. Abh. Ⅲ,1–37.

② F. G. Frobenius, "Über vertauschbare Matrizen," S'ber. Akad. Wiss. Berlin(1896),601–614,Ges. Abh. Ⅱ,705–718.

$$p_{kl} = \sum_{i,j} a_{ijk} a_{jil}$$

组成的矩阵. 在这种情况, 基于相交类数 $\{h_{ijk}\}$ 的性质, 他给出一个巧妙的直接证明. 这个结果的一些特殊情形, 已经由 R. Dedekind, K. Weierstrass 和施图迪[1]所得到, 还有确定定理的新说明 (由 Frobenius 他本人所给出), 都在 1896 年系列中的第一篇文章 *Über Vertauschbare Matrizen*[2] 里.

有限群 G 的特征 $\mathcal{X} = (\mathcal{X}_1, \cdots, \mathcal{X}_s)$ 根据方程 (1) 的解 ρ_i 来定义, 即按以下公式

$$h_j \mathcal{X}_j / f = \rho_j$$

这里 f 为一适当的比例常数因子, 和上面一样, $h_j = |C_j|$. 直观上看, 这很难成为一定义. 当我们像 Frobenius 一样意识到特征可看成一复值类函数 $\mathcal{X}: G \to \mathbf{C}$, 它在同一共轭类中取常值 (这就是类函数的意思), 满足以下关系

$$\mathcal{X}_j \mathcal{X}_k = f \sum a_{ijk} \mathcal{X}_i \qquad (2)$$

这里 $\mathcal{X}_j = \mathcal{X}(x)$ 对 $x \in C_j$, 常数 f 称为特征 $\mathcal{X}$ 的度数, 为 $\mathcal{X}(1)$, $\mathcal{X}$ 在 G 中恒等元 1 的取值, 那么事情就更清楚

① R. Dedekind, "Zur Theorie der aus n Haupteinheiten ge-bildeten complexen Grössen," Göttingen Nachr. (1885), 141 – 159.

② F. G. Frobenius, "Über vertauschbare Matrizen," S'ber. Akad. Wiss. Berlin(1896),601 – 614,Ges. Abh. II,705 – 718.

了. 正如 Frobenius 在后来[1]所意识到,代数 E 同构于 G 的群代数之中心,因此,对 Abel 群来说,在群代数的积所描述的常数 a_{ijk} 和方程(36. 2),很明显是前面给出的 Abel 群特征定义的推广.

第一个关于特征的主要结果是我们现在称为正交关系,对两个特征 χ 和 ψ,它是说

$$\frac{1}{|G|}\sum_{g \in G}\chi(g)\psi(g^{-1}) = \begin{cases} 1, \text{如果} \chi = \psi \\ 0, \text{如果} \chi \neq \psi \end{cases}$$

(这里牵涉常数 f 的选择). 根据用以得到特征的定理,不同特征的个数与共轭类个数是一样的,因此,特征就定义了一 $s \times s$ 矩阵,称为 G 的特征表,它在 (i,j) 上的元素为第 i 个特征在第 j 个共轭类上取的值. 在一定意义下,正交关系表明特征表的行和列是正交的.

这自然产生了一问题:对一有限群 G,它的特征表含有什么信息. Frobenius 本人着手了这一问题的研究,从那时起,就令群论学家们着迷. 他对这一问题的第一个贡献很容易从他的处理特征的方法得到[2]. 利用正交关系,他推断一个用特征表来表示类相交数 h_{ijk} 的公式,后来证明这个结果对特征论在有限群上的应用是基本的.

---

① F. G. Frobenius, "Über die Darstellung der endlichen Gruppen durch lineare Substitutionen," S'ber. Akad. Wiss. Berlin (1897),994 – 1015,Ges. Abh. Ⅲ,82 – 103.

② F. G. Frobenius, "Über vertauschbare Matrizen," S'ber. Akad. Wiss. Berlin(1896),601 –614,Ges. Abh. Ⅱ,705 –718.

正交公式的另一解释是特征构成了 G 上类函数所成向量空间的一组正交基,其上的积是由以下所定义的 Hermite 内积

$$(\zeta,\eta) = |\,G\,|^{-1}\sum_{g\in G}\zeta(g)\,\overline{\eta(g)},$$ 对类函数 ζ,η

$$(3)$$

这就使得在类函数向量空间上做 Fourier 分析成为可能,在这里,类函数 $\zeta = \sum a_\chi\chi$ 按照特征函数展开的"Fourier 系数"$a_\chi = (\zeta,\chi)$,对每个特征χ.

在他 1896 年第二篇论文中建立了特征论基础之后,在他的第三篇论文中,他转向求解 R. Dedekind 所提的问题:有限群 G 的群行列式 $\Theta = |x_{gh^{-1}}|$ 的分解问题. 他漂亮地解决了这一问题,证明了 $\Theta = \prod \Phi^f$ 有 s 个不可约因子,系数由 G 的 s 个不同特征所决定,真正困难的结果(他称为群行列式论中的基本定理)是:不可约因子 Φ 的度数和 Φ 为 Θ 的因子分解中所出现的重数相等,都等于相应特征的度数f. 他指出以下结果:假如 n 为有限群 G 的阶,那么 n 等于特征度数的平方和

$$n = \sum f_\chi^2,$$ 这里$f_\chi = \deg\chi$

前面我们已注意到,有限群 G 特征定义(2),不象有限 Abel 群特征的概念一样,与群 G 的构造没有直接关系. 在接下来的一年即 1897 年,他首次介绍了有限群的表示这一概念,使得事情变得很清晰. 跟我们今天一样,他定义一个表示是一同态 $T:G\to GL_d(\mathbf{C})$,这

里 $GL_d(\mathbf{C})$ 是 $\mathbf{C}$ 上可逆的 $d \times d$ 矩阵群, d 称为该表示的度数,因此,我们有

$$T(gh) = T(g)T(h),\ 对所有\ g,h \in G$$

对 Abel 群来说,前面所定义的特征是度数为 1 的表示. 在一般情形下,他定义两个表示 $\boldsymbol{T}$ 和 $\boldsymbol{T'}: G \rightarrow GL_{d'}(\mathbf{C})$ 为等价的,假如他们有相同的度数, $d = d'$,且存在一可逆矩阵 $\boldsymbol{X}$,使得 $\boldsymbol{T}(g)\boldsymbol{X} = \boldsymbol{X}\boldsymbol{T'}(g)$ 或 $\boldsymbol{X}^{-1}\boldsymbol{T}(g)\boldsymbol{X} = \boldsymbol{T'}(g)$,对所有 $g \in G$. 换句话说,通过变换向量空间的基,就可以从 $\boldsymbol{T}$ 得到 $\boldsymbol{T'}$,特别地,矩阵 $\boldsymbol{T}(g)$ 和 $\boldsymbol{T'}(g)$ 是相似的,对 $g \in G$,因此,它们有相同的关于相似性的数值不变量:相同的特征值集,相同的特征多项式、迹和行列式. 表示论的重要不变量是迹函数

$$\chi(g) = \boldsymbol{T}(g) 的迹, g \in G$$

Frobenius 称它为表示的特征. 前面按公式(2)定义的特征其实是一表示的迹函数,该表示由多项式之不可约性所刻画,类似于群行列式与他们之关系.

不虚心并不是 Frobenius 的缺点. 从开始特征论的研究起,他就深刻意识到他们对群论和代数之潜在重要性. 他知道他在作一件重要的工作. 总之,从 1896 到 1907 年之间,他发表了二十多篇论文,从各个方向扩展了特征论和表示论,而且把这些结果应用到有限群论上.

在 1896 年后发表的文章中,一个突出工作是对群

G 特征和 G 的子群 H 的特征之间的关系的深刻分析[①]. 正如他在序言中所说,这种关系的了解对表示和特征的实际计算来说,是极端重要的——从那时直至现在都是正确的论断! 在这篇文章中的主要思想之一是:对 G 的子群 H 的一个类函数 ψ,给出诱导类函数 ψ^G 的定义,它是按以下公式给定

$$\psi^G(g) = |H|^{-1} \sum_{x \in G} \dot\psi(xgx^{-1}), g \in G$$

这里 $\dot\psi$ 是 G 上的一函数,它的定义是

$$\dot\psi(g) = \begin{cases} \psi(g), \text{如果 } g \in H \\ 0, \text{如果 } g \notin H \end{cases}$$

他证明了一个现在称为 Frobenius 互反律的基本结果,即

$$(\psi^G, \xi)_G = (\psi, \xi|_H)_H$$

为 H 上的类函数 ψ 和 G 上的 ζ,这里 $(\ ,\ )_G$ 和 $(\ ,\ )_H$ 是 G 和 H 上类函数所成的向量空间的内积(36.3),且 $\zeta|_H$ 表示类函数 ζ 在 H 上的限制. 利用把类函数展开成特征之和式这种 Fourier 分析,则互反律隐含如果 ψ 是 H 一个表示的特征,那么 ψ^G 是 G 的一表示之特征,因此,这就给出了 G 和 H 特征间关系的预期信息.

　　Frobenius 极喜欢计算,越富有挑战性,他越喜欢,在他完成的众多系列文章中,他算出了以下诸无穷族中所有群的特征表:射影么模群 $PSL_2(p)$(这里 p 为奇

①　F. G. Frobenius, "Über Relationen zwischen den Charakteren einer Gruppe und denen ihrer Untergruppen," S'ber. Akad. Wiss. Berlin(1898),501–515,Ges. Abh. Ⅲ,104–118.

素数),对称群 S[1] 和交错群 A_n[2]. 为完成这些计算,他所使用的方法牵涉他的所有关于特征的思想,还有组合学和代数学的新技巧,这些技巧远远走在时代的前面,而且对组合学和代数学有着持续而强烈的影响.

对于 Frobenius 第一批关于特征论的文章,他与 R. Dedekind 的通讯,以及同时代的在代数和表示论的其他工作,T. Hawkins 在其著作[3]中给出了一个综述性的历史分析.

3 特征论和有限群结构

Burnside 大约在 Frobenius 首批关于特征论的文章出现的同时,Burnside 发表了他的专著,《有限阶群论》(1897). 在 1875 年从剑桥毕业之后,Burnside 追随着剑桥应用数学之传统,他致力于流体动力学的研究,直到 1885 年成为 Greenwich 的数学教授为止,他在群论方面的工作始于 1892 年关于自守函数的论文,

---

① F. G. Frobenius, "Über den Charaktere der symmetrischen Gruppe," S'ber. Akad. Wiss. Berlin (1900), 516 – 534; Ges. Abh. Ⅲ, 148 – 166.

② F. G. Frobenius, "Über die Charaktere der alternirenden Gruppe," S'ber. Akad. Wiss. Berlin (1901), 303 – 315; Ges. Abh. Ⅲ, 167 – 179.

③ T. Hawkins, "The origins of the theory of group characters," Archive Hist. Exact Sc. 7 (1971), 142 – 170.

T. Hawkins, "New light on Frobenius's creation of the theory of group characters." Archive Hist. Exact Sc. 12 (1974), 217 – 243.

接着他从事不连续群的研究,然后是有限群,直到导致他的书①.

起初,他对表示论在有限群论可能的应用并不乐观,在他的书第一版序言中,为回答他为什么用那么多篇幅讨论变换群,而对线性变换群只字不提这一问题,他解释:"对这个问题的回答是,在我们已有的知识中,通过使用替换群(即变换群)的性质,纯理论中的许多结果非常容易就可得到,然而,如果考虑线性变换群的话,能够很直接地得出一个结果都是困难的."

然而,他了解 Frobenius 的工作,而且他独立地发展了自己的表示论和特征之方法.思索一下他们的工作是如何相互影响的是很有趣的.在他们的文章中,他们经常引用对方的工作,然而,就我所知,他们从未见过面,或者相互之间有广泛的通信.

在第二版序言中(1911),他说:"……在初版序言中所给的忽略线性变换群的理由不再很好地成立.实际上,更确切地说,抽象理论更进一步的发展,必须主要注意群的线性变换的表示".后来,他描述了他对 Frobenius 工作的感谢:"有限阶群作为线性变换之表示论主要由 Frobenius 教授创立,而同源的群特征论完全由他创立".接着他列出了我们在上一节所讨论的 Frobenius 的文章,他继续说,"在这系列的文章中,在

---

①　W. Burnside, Theory of Groups of Finite Order, Cambridge, 1897; Second Edition, Cambridge, 1911.

很大程度上,Frobenius 的方法是间接的. 以下两篇文章也是这样的《关于任意给定的有限阶群所定义的连续群》I 和 II, Pro. L. M. S. Vol. XXIV(1898),在这里,作者独立得到了 Frobenius 早先论文中的主要结果".

在他给 R. Dedekind 的一封信中,Frobenius 按如下方式说明这一事情[①]. "就是这个 Burnside,几年前就使我困扰,因为他很快地重新发现了我已发表的群论中的所有定理,而且是相同的顺序没有例外……".

Burnside 在群论中最著名的成果之一是,用特征论证明的定理:每一个阶只被两个素数整除的有限群 G 是可解的,即 $|G| = p^\alpha q^\beta, p, q$ 为素数,隐含着 G 是可解的. 用另外的话说, $p^\alpha q^\beta$ - 定理含着一有限、单的、非 Abel 群的阶至少被三个不同的素数所整除. 单的意味着没有非平凡的正规子群. 每一个有限群都存在一个因子为单群的复合列,因此,从某种意义上说,所有有限群都可由单群构造出来. Burnside 对有限单群的分类极感兴趣,这个问题直到 20 世纪 80 年代解决之前,在有限群的研究中具有支配的地位.

正是这个联系,在他的书的第二版注记 M 中,他说:"在一些方面,偶数阶和奇数阶群有显著的不同之处". 他进行了奇数阶非 Abel 单群可能存在之讨论,注意他已经证明了阶为复合奇数的单群的可能素因子至少有 7 个. 他继续说:"这些结果所表明的奇数阶群

①   W. Ledermann, "The origin of group characters, "J. Bangladesh Math. Soc. 1(1981), 35 – 43.

和偶数阶群之鲜明对照必然暗示着非 Abel 奇数阶单群不存在."

在很长的时间之后,这个问题才获得了更进一步的进展. 在 1957 年,突破性的进展来自 M. Suzuki[①] 证明的以下结果:不存在具有所有非恒等元的中心化子为 Abel 群性质的复合奇数阶单群. 在他的证明中,Frobenius 关于诱导特征工作的巧妙推广居于重要地位,这一推广称为例外特征理论. 接下来一步是 Feit, Hall 和 Thompson 的定理[②]:对具有非恒等元的中心化子是幂零群这一性质的群,以上结果也成立.

在 1963 年,随着 Walter Feit 和 John Thompson 后来众所周知的奇数阶论文的发表(它包含一个定理:所有有限奇数阶群是可解的),这方面的研究达到高潮,尽管已经找到了 Burnside $p^{\alpha}q^{\beta}$ – 定理的纯群论证明(不用特征),但奇数阶定理的证明很明显仍需特征论的支援,Feit 和 Thompson 的证明中包含 250 页的严密推理,直至现在,这个证明也不能得到有效的简化,因此,直到 Burnside 提出这一问题 50 年之后才得到这证明,也就不奇怪了.

---

① M. Suzuki, "The nonexistence of a certain type of simple group of odd order," Proc. A. M. S. 8(1957), 686 – 695.

② W. Feit, M. Hall, and J. G. Thompson, "Finite groups in which the centralizer of any nonidentity element is nilpotent," Math. Z. 74(1960), 1 – 17.

4 特征论的新基础

在 1894 年，I. Schur 进入柏林大学学习数学和物理. 在他学位论文末尾的简短自传中，他对他教师中的 Frobenius, Fuchs, Hensel 和 Schwarz 教授表达了特别的感谢. 这论文本身是关于一般线性群的多项式表示的分类，它是如此卓著以致使他立即与他的著名的表示论前辈平起平坐.

我们已经提到 Frobenius 的特征论方法的主要定理证明之困难性. 假如所有想进入这一领域的人都必须掌握错综复杂的群行列式，那么，对除了少数人的几乎所有人来说，表示论还是可望不可及.

Burnside 对表示论基础的阐述，使得它朝着更易接近的方向迈出了一大步. 特别地，很明显他是第一个把不可约表示和完全可约性当作特别重要概念的人. 有限群 G 的表示 T 称为可约的，如果它等价于以下形式的表示 T'

$$T'(g) = \begin{pmatrix} T_1(g) & A(g) \\ 0 & T_2(g) \end{pmatrix} \quad \text{对所有 } g \in G$$

T_1, T_2 是比 T 更低的度数的表示. 假如不出现这种情况，那么，这个表示就是不可约的. 利用 Loewy[①] 的结果

---

① A. Loewy, "Sur les formes quadratiques définies à indétérminées conjuguées de M. Hermite," Comptes Rendus Acad. Sci. Paris 123 (1896), 168 – 171.

和 E. H. Moore[1] 关于 G – 不变厄米特型的存在性，Maschke[2] 证明了每个表示 T 是完全可约的，也就是说，T 或者是不可约的，或者等价于不可约表示的直和.

　　然而，Schur 仍有事可做，使他给出了一个完全基本的和自身完整的对表示论和特征论中主要事实的综述[3]. 他的出发点是现在称为 Schur 引理这一结果，他指出这一结果在 Burnside 的阐述中也起着重要的作用. 他分两部分来阐述这一结论：

　　（1）令 T 和 T' 为有限群 G 的不可约表示，度数分别为 d 和 d'. 令 P 为一常 $d \times d'$ 矩阵，使得

$$T(g)P = PT'(g)，\quad 对所有 g \in G$$

那么，或者 $P = 0$，或者 T 和 T' 等价，并且 P 为可逆 $d \times d$ 矩阵.

　　（2）T 为一不可约表示，则与所有 $T(g)$，$g \in G$ 交换的矩阵仅为恒同矩阵的数积.

―――――――――

　　①　E. H. Moore，"A universal invariant for finite groups of linear substitutions：with applications in the theory of the canonical form of a linear substitution of finite period，" Math. Ann. 50（1898），213 – 219.

　　②　H. Maschke，"Beweis des Satzes, dass diejenigen endlichen linearen Substitutionsgruppen in welchen einige durchgehends verschwindende Coefficienten auftreten, intransitiv sind，" Math. Ann. 52（1899），363 – 368.

　　③　I. Schur，"Neue Begründung der Theorie der Gruppencharaktere，" S'ber. Akad. Wiss. Berlin（1905），406 – 432，Ges. Abh. I，143 – 169.

作为 Schur 引理的结果,他给出矩阵系数函数 $\{a_{ij}(g)\}$,即不可约表示 T 的特征 $T(g) = (a_{ij}(g))$ 的正交性质的简短、易懂的证明. 他也给出一个关于完全可约性的 Maschke 定理的新证明,这个证明完全不用双线性型不变量的存在性,它简单、直接,它与现在所用的标准证明在想法上有很大的相同之处. 这么一个表达清楚论证漂亮的讲义教程,使得学生和专业数学家都能接触到这一领域,而不需要特别的准备.

他的一个学生 Walter Ledermann 谈到他的演讲受欢迎的程度时,回忆道,听他在讲厅上的代数课有 400 多人,当他有时很不幸只能坐在后面的位置上时,就必须使用看歌剧用的望远镜才能注视着这位演说者[①].

Schur 的研究开创了两个更重要的研究领域,首先[②],他引进了有限群 G 的射影表示即从 G 到射影一般线性群 $PGL_n(\mathbf{C}) = GL_u(\mathbf{C})/\{纯量阵\}$ 的同态 τ. 他精确地分析了什么时候这种表示 τ 能提升到一个适当定义的覆盖群 $\bar{G}$ 的一个通常表示 T,使得图表

---

①　W. Ledermann, "Issai Schur and his school in Berlin," Bull. London Math. Soc. 15(1983),

②　I. Schur, " Untersuchungen Über die Darstellung der endlichen Gruppen durch gebrochene lineare Substitutionen," J. reine u. angew. Math. 132 (1907), 85 – 137, Ges. Abh. I, 198 – 205.

$$\begin{array}{ccc} \widetilde{G} & \xrightarrow{T} & GL_d(\mathbf{C}) \\ \downarrow & & \downarrow \\ G & \xrightarrow{\tau} & PGL_d(\mathbf{C}) \end{array}$$

交换,而且从 $\widetilde{G}$ 到 G 的这一同态的核包含在 $\widetilde{G}$ 的中心内. 他构造了一有覆盖群 $\widetilde{G}$,对所有的技射表示 τ,$\widetilde{G}$ 能放在以上图表中(对 T 作适当的选择). 他用以构造 $\widetilde{G}$ 和从 $\widetilde{G}$ 到 G 的核的方法,是所谓群的上同调这个群论中重要部分的开端.

Schur 研究的另一主题是表示的算术性质,这就产生了与代数数论的联系,中心思想是有限群 G 的分裂域 K 这个概念. 这个 K 是复数域 $\mathbf{C}$ 的子域,它有性质:每一个不可约表示 $T:G\to GL_d(\mathbf{C})$ 等价于 K - 表示 $T':G\to GL_d(K)$. 一个分裂域称为最小的,假如它没有真子域为分裂域. 从 Frobenius 的工作,可以知道,对任一给定的有限群 G,存在一个成为代数数域(即有理数域的有限扩张)的分裂域 K. 分裂域问题是去决定,上述由有限群 G 决定的代数数域是否为最小分裂域,分裂域以一种什么方式反映着群的构造仍是个谜. 例如,循环群的分裂域必须把单位根添加到有理数域上,而有理数域都是对称群 S_n 的分裂域.

Burnside 和 Schur 都对分裂域问题感兴趣,而且均有证据支持以下猜想:m 次单位根的分圆域总是 G 的分裂域,这里 m 是 G 中元的阶数的最小公倍数. 利用精巧的方法,即所谓的 Schur 指标,Schur 证明了对可解群而言,以上猜想是对的[1].

5 近代表示论之曙光

通过发现用简单的代数思想表述数学理论的本质构造,Emmy Noether 改造了 20 世纪数学的许多不同部分. 有限群的表示论也不例外:自从她的论文 *Hyperkomplexe Grössen und Darstellungstheorie*(1909)[2]发表之后,表示论再也不是从前的样子了. 她的思想奠定了任意域上有限维代数的表示论的基础. 在有限群这种情形的表示论,涉及的代数是域 K 上 G 的群代数 KG. 它是一结合环,它作为加群是 K 上具有以群 G 的元素作指标的一个特定基所成的向量空间. 为了在 KG 中定义乘积,只要对基中,相应于 G 中 g 和大的元的积就足够了;这个积就定义为基中相应于 G 中的积 $g \cdot h$ 的元.

G 在域 K 上的表示可看成同态 $T: G \to GL(V)$,这里 V 是 K 上的有限维向量空间,$GL(V)$ 是 V 上可逆线性变换. 以前给出的定义,相当于在 V 中取一组基,再用同构:$GL(V) \cong GL_d(K)$,这里 d 是 V 在 K 上的维数.

Emmy Noether 的主要观点是,每一个表示 $T: G \to GL(V)$,按以下方式在 V 上定义了一个左 KG – 模构造

---

① I. Schur, "Arithmetische Untersuchungen uber endliche Gruppen linearer Substitutionen"S'ber. Akad. Wiss. Berlin(1906), 164 – 184;Ges. Abh. I,177 – 197.

② E. Noether, "Hyperkomplexe Grössen und Darstellungstheorie,"Math. Z. 30(1929),641 – 692,Ges. Abh,563 – 992.

$$a \cdot v = \sum_{g \in G} a_g T(g) v, v \in V, a = \sum_{g \in G} a_g g \in KG$$

（这里我们把 $g \in G$ 与相应的 KG 中基元素当作同一元素）. 反过来, 每一个左 KG – module V 可定义一个表示 $T:G{\rightarrow}GL(V)$, 只要把以上过程反过来.

很容易验证: 两个表示为等价的当且仅当它们对应的 KG – 模同构. 因此, 表示论中的主要问题, 即有限群 G 的表示在等价意义下的分类问题, 变成了群代数上模的构造和分类问题. 这个问题对任意域 K 均有意义. 对特征为零的域, 或特征素数 P 不整除群的阶的域, 那么, 根据 Maschke 型定理, 左 kG – 模均为半单的, 即是单模的直和. 这隐含着群代数 KG 是半单的, 其他诸如在一分裂域中不可约表示等价类的个数等于共轭类的个数, 这样一些表示论中的主要事实, 变成了 Wedderburn 关于半单代数结构定理的直接应用.

关于她的论文更详尽的分析, 可以参看 Jacobson 的文章[①].

6　Brauer 和模表示论

有限群表示论中接下来的一大进展是 Brauer 和他的学生及后继者们关于模表示论方面的研究. 这些工作把本文早先开始的一些思路紧密联系了起来. Brauer 是柏林的一学生, 在 1926 年, 他在 Schur 的指导下, 完成了博士论文, 他的早期关于表示论和单代

---

①　N. Jacobson, Introduction, in Emmy Noether, Ges. Abh. ,Springer – Verlag,Berlin,1983,12 – 26.

数的工作,包括他发现的称为 Brauer 群(他反对这样称呼),坚实地奠定了他在欧洲数学界的地位. 1933 年,当希特勒上台时,Brauer,Emmy Noether 和其他许多德国犹太大学教师被解除了职位而去了美国. 他到达美国之后不久,Brauer 开始发表他在模表示论中的主要文章,而且这个课题一直是他此后整个研究生涯中的焦点.

我在表示论上的兴趣,是在我当研究生时听 Brauer 的演讲所激发的. 这包括他在 1948 年美国数学会在 Madison 夏天会议上所做的所有四次通俗报告,以及在纽约的另一次会议上,他所做的解决阿廷关于在一般群特征的 L-级数猜想的演讲,由于这个工作,在这次会议上,他被授予美国数学会的 Cole 奖. 我不能说当时我对这些讲演理解得很透彻,但它们给我一个很深的印象.

在几年之后的 1954 年,我和 Irving Reiner 在 Princeton 的高等研究所度过一年. 当时我们均不大了解表示论,但是,对我们来说,仿佛在这领域里正产生令人激动的东西,特别是那些与 Brauer 工作有联系的东西. 我们组织了一个非正式的讨论班,专门讨论 Brauer 关于模表示论的工作和特征论的其他课题. 这导致了我们的写书协议,作为学习这一分支的一种方法.

模表示论是 kG-模的分类,这里 kG 是有限群 G 在特征 $p > 0$ 的域 k 上的群代数. 在 p 整除群 G 的阶这一情形时,群代数 kG 不是半单的,而且 kG-模也不必是单模的直和,因此,他们的分类就更困难. Leonard

Eugene Dickson[1] 首先考虑了模表示论,另外,他也是第一个指出,在群的阶被域的特征素数所整除的情形,表示论有本质上的不同.

在这个领域 Brauer 最早的结果之一是定理[2]:在特征 $p > 0$ 的分裂域中,有限群 G 的不可约表示在等价意义下的个数,等于 G 中包含的阶数与 p 互素的共轭类的个数. 如果 p 不整除 G 的阶,那么每个共轭类均有这个性质,从而这个结论与已知的复数域 $\mathbf{C}$ 上的表示的性质一致.

Brauer 一直保持着对不可约复值特征和有限群构造之间的联系的兴趣. 他的一个目的是用模表示论得到 $\mathbf{C}$ 上不可约特征值的新信息,并且应用到有限群构造上. 在各类会议和研讨会上,他的演讲中包含了一串未解决的问题,这些问题经常牵涉到有限单群和他们特征的性质.

为了发现模表示论和复值特征之间的关系,他引

---

① 　L. E. Dickson,"On the group defined for any given field by the multiplication table of any given finite group,"Trans. A. M. S. 3(1902),285 – 301.

L. E. Dickson, "Modular theory of group matrices," Tran. A. M. S. 8(1907),389 – 398.

L. E. Dickson,"Modular theory of group characters,"Bull. A. M. S. 13(1907),477 – 488.

② 　R. Brauer, Über die Darstellungen von Gruppen in Galoischen Feldern, Actualités Scientifiques et Industrielles 195 ,Hermann,Paris,1935.

进了现在称为 p - 模系统,这包括 G 的分裂域(同时也是代数数域)K,商域为 K 的离散赋值环 R,极大理想 P,和特征为 p 的剩余类域 $k = R/P$,这里 p 为一固定素数.作为他在阿廷猜想的获奖证明中[①]所发展的特征论的应用,他也成功地证明了 Burnside 和 Schur 的分裂域猜想[②].对包含 n 次单位根的分圆域(这里 n 是 G 的阶),K 及其剩余类域 $k = R/P$ 均为分裂域.

下列步骤解释了模表示论是怎样与域 K 上的表示论联系起来的.每个 KG - 模 V 定义了一个表示 $T: G \rightarrow GL_d(K)$.由于 R 为主理想整环,因此存在一表示 $T': G \rightarrow GL_d(R)$,它与 T 等价:$T'(g) = XT(g)X^{-1}$,对所有 $g \in G$.同态 $R \rightarrow R/P = k$ 能应用到矩阵 $\boldsymbol{T}'(g)$ $(g \in G)$ 的元素上;这个过程得到了一表示 $T': G \rightarrow GL_d$ (k) 和 kG - 模 $M = \bar{V}$.表示 T' 和模 $M = \bar{V}$ 称为 T 和 V 的模 P 简化,因此,T' 是 G 的模表示.但这个过程有些麻烦:同构的 KG - 模并不能决定同构的 kG - 模 $\bar{V}$.然而,在重要的合作论文[③]中,Brauer 和他的多伦多博士生 Cecil Nesbitt 证明了 M 的复合因子是唯一决定的.

①　R. Brauer, "On Artin's L - series with general group characters," Ann. of Math. (2)48(1947),502 – 514.

②　R. Brauer, "On the representation of a group of order g in the field of g th roots of unity," Amer. J. Math. 67(1945),461 – 471.

③　R. Brauer and C. J. Nesbitt, "On the modular representations of groups of finite order I," Univ. of Toronto Studies, Math. Ser. 4,1937.

利用模 P 简化过程,他们按如下方式定义了分解矩阵 $\boldsymbol{D}$. $\boldsymbol{D}$ 的行以单 KG – 模的同构类为指标(或者,换一种说法,不可约表示 $T:G\rightarrow GL_d(K)$ 的等价类),列以单 kG – 模的同构类为指标,D 中的元素 d_{ij} 为第 j 个 kG – 单模在第 i 个 KG – 单模模 P 简化后的复合因子中出现的次数. 他们也引进了 Cartan 矩阵 $\boldsymbol{C}$,它的元素 c_{ij} 为第 j 个 kG – 单模在第 i 个不可分解的左理想的复合因子中出现的次数,该左理想为 kG 在某种指标集下的不可分解的直和项. 1937 年,他们证明了引人注目的结果:Cartan 阵和分解矩阵满足关系 $\boldsymbol{C} = {}^t\boldsymbol{DD}$,这里 ${}^t\boldsymbol{D}$ 为 D 的转置. 这就在特征为零的域 K 上的 G 表示论与特征为 p 的域 K 上的 G 表示论间建立了深刻的联系,它的证明用到了 Frobenius[1] 的一个结果,这个结果他以前关于群行列式分解工作的一个改进.

前面的结果仅仅是 Brauer 理论的开端. 他所寻求的对特征论的改进来自他的 p – 块理论. p 块用来描写把不可约特征集合分解为子集的分法,它们对应于群代数 RG 分解为不可分解的双边理想的直和. 对不可约特征的每个 p – 块,对应地他给出了一个 G 的 p – 子群,称为该块的亏损群. 利用亏损群及其正规化子的模表示论,他得到了给定 p – 块的不可约特征的值的精确信息. 接着,这个工作导致了 Brauer, Suzuki 和其

---

① F. G. Frobenius, " Theorie der hyperkomplexen Grössen," S'ber, Akad. Wiss. Berlin(1903) ,504 – 537,Ges. Abh. Ⅲ ,284 – 317.

他人把特征的 p – 块理论应用到重要的有限单群分类的早期进程.

  Frobenius, Burnside, Schur, Emmy Noether 和 Brauer 相信有限群的表示论有光明的前景. 现在在这个课题高水平研究活动及它与别的数学分支的联系, 似乎支持他们的判断.

Frobenius 群

第 13 章

1 共轭子群的并

定理 1（Jordan） 设 G 为有限群，H 为 G 的子群，H 不等于 G，那么 $\bigcup_{g \in G}(gHg^{-1}) \neq G$. 更确切一点，有

$$\left| \bigcup_{g \in G} gHg^{-1} \right| \leqslant |G| - \left(\frac{|G|}{|H|} - 1 \right)$$

显然，对每个 $g \in G$，1 都属于 $H \cap (gHg^{-1})$. 来考虑 $G - \{1\}$，有

$$\bigcup_{g \in G}(gHg^{-1} - \{1\}) = \bigcup_{g \in G/H}(gHg^{-1} - \{1\})$$

故

$$\left| \bigcup_{g \in G}(gHg^{-1} - \{1\}) \right| \leqslant \frac{|G|}{|H|}(|H| - 1)$$

从而

$$\left| \bigcup_{g \in G} gHg^{-1} \right| \leqslant |G| - \frac{|G|}{|H|} + 1$$

下面将看到,不必假定 G 有限,只要 $(G:H) < \infty$,这个性质仍然成立.[1] 这要用到了一个引理:

引理 1 设 G 为群,H 是 G 的子群,指标为有限数 n,那么,存在 G 的正规子群 N,它含于 H 内,且指标 $(G:N)$ 整除 $n!$.

事实上,群 G 作用在 n 个元素的集合 $X = G/H$ 上,[2] 因此有一个群 G 到 S_X 的同态 φ,这里 S_X 是 X 的置换群,其基数为 $n!$. 群 $N = \ker \varphi$ 就满足条件.

如果将定理 1 用于 G/N 与 H/N,就可看到,在模 N 的情况下,H 的共轭子群之并不会等于 G,从而也就有 $\bigcup_{g \in G} gHg^{-1} \neq G$.

注 在 $G = SO_3(\mathbf{R})$ 与 $H = S_1$ 的情形说明假设条件 $(G:H) < \infty$ 是不能去掉的.[3]

下面是定理 1 的两个等价表述:

定理 1′ 若 G 的子群 H 与 G 的每个共轭类都相交,则 $H = G$.

(这个形式在数论中经常用到,其中 G 为一个

---

① "这个性质"指 $\bigcup_{g \in G} (gHg^{-1}) \neq G$,证明在引理 1 之后.——译注

② X 是 H 的左陪集的集合,G 通过左平移作用在 X 上.——译注

③ 三维空间中的旋转($G = SO_3(\mathbf{R})$ 的元素)都是绕某个轴的旋转. 固定空间中一条直线后,所有以这条直线为轴的旋转就组成了 $H = S_1$ 的一个共轭子群. 因为有无穷条直线,因此 $(G:H) = \infty$.——译注

Galois群.）

定理 1″　若 G 可迁地作用在集合 X 上,且 $|X| \geqslant 2$,那么,G 中有一个元素的作用是没有不动点的.

事实上,设 H 为 X 中某点的稳定子群,就可选一个元素使之不属于 H 的任何共轭子群.[①]

下面是上述定理的两个应用.

每个有限除环都交换[②](Wedderburn 定理):实际上,设 D 为有限除环,F 是它的中心.那么,$(D:F)$ 是一个完全平方 n^2,每个元素 $x \in D$ 都含于某个交换子除环 L 中,这个 L 包含 F 且使 $(L:F) = n$.由于两个这样的子除环同构,Skolem-Noether 定理说明它们是共轭的.若 L 是这样的一个交换子除环,令 $G = D^*$ 及 $H = L^*$,则有 $G = \cup gHg^{-1}$,故 $G = H$,从而 $n = 1$ 而 D 是交换的.

模 p 方程的根:设 $f = X^n + a_1 X^{n-1} + \cdots + a_n$ 是 $\mathbf{Z}$ 系数多项式,在 $\mathbf{Q}$ 上不可约.若 p 为素数,记 f_p 为 f 模 p 的约化,它是 $F_p[X]$ 中的元素.用 p_f 记所有那些素数 p 的集合,它们使得 f_p 在 F_p 中至少有一个根.下面将看到,在 $n \geqslant 2$ 时,P_f 的密度严格小于 1(如果当 $x \to +\infty$ 时

---

①　这是由定理 1 的证明推出定理 1″.反过来,假设定理 1″来推定理 1:可取 X 为 H 的所有共轭子群的集合.若 $|X| = 1$,则 H 为正规子群,结论成立;若 $|X| \geqslant 2$,则让 G 共轭作用在 X 上,G 中没有不动点的元素就不属于 H 的共轭子群.——译注

②　即每个有限除环都是域.——译注

$$\frac{|\{p \leqslant x, p \in P\}|}{|\{p \leqslant x\}|} \to \rho$$

则称 P 的密度等于 ρ). 设 $X = \{x_1, \cdots, x_n\}$ 是 f 在 **Q** 的某个扩域中的根, G 为 f 的 Galois 群. 这个群可迁地作用在 X 上, 设 H 为 x_1 的稳定子群, 则有 $X \simeq G/H$. 可以证明 (Chebotaryor-Frobenius 定理): P_f 的密度存在并且等于

$$\frac{1}{|G|} | \bigcup_{g \in G} gHg^{-1} |$$

由上面的定理, 这个密度小于 1.

推论 1 若 $n \geqslant 2$, 则有无穷多个素数 p 使得 f_p 在 F_p 中没有根.

更多细节可以参看: J. P. Serre, On a thorem of Jordan, Bull. A. M. S. 40(2003), 429 – 440.

2 Frobenius 群的定义

下面要考虑满足

$$| \bigcup_{g \in G} gHg^{-1} | = |G| - \left(\frac{|G|}{|H|} - 1 \right)$$

的群对 (G, H). 这说明, 若 g 与 h 模 H 不同余, 则 $(gHg^{-1} - \{1\})$ 与 $(hHh^{-1} - \{1\})$ 不相交; 或者说, 若 $g \notin H$, 则 H 与 gHg^{-1} 的交等于 $\{1\}$. 我们说 H 是"与其共轭子群不交的".

假定 H 为 G 的真子群, 令 $X = G/H$. 一个等价的性质是, 当 G 作用在 X 上时, G 的每个 (不等于 1 的) 元素在 X 中至多有一个不动点, 或者说, G 中有两个不动点的元素必为单位元.

例 1 设 a 与 b 属于有限域 F，且 $a \neq 0$，形如 $h(x) = ax + b$ 的所有变换 h 组成群 G。令 H 为子群 $\{x \mapsto ax\}$。若 N 是 G 中平移组成的子群，则 N 是 G 的正规子群，而 G 是 H 与 N 的半直积。那么，(G, H) 就是满足前述条件的一个例子。

来考虑一下这个性质能否推广。

定义 1 群 G 称为 Frobenius 群，若它有一个不等于 $\{1\}$ 与 G 的子群 H，使得 $\left| \bigcup_{g \in G} gHg^{-1} \right| = |G| - (|G|/|H| - 1)$。此时，$(G, H)$ 称为一个 Frobenius 群对。

例 2 （1）设 N 与 H 为两个有限群，且 H 作用在 N 上：对每个 $h \in H$，用公式 $\sigma_h(n) = hnh^{-1}$ 定义 $\sigma_h : N \rightarrow N$。则对 $h_1, h_2 \in H$ 有 $\sigma_{h_1 h_2} = \sigma_{h_1} \circ \sigma_{h_2}$，令 G 为相应的半直积。[1] 考虑一下 (G, H) 何时是 Frobenius 群对。一个充要条件是：对每个 $n \in N - \{1\}$ 都有 $H \cap nHn^{-1} = \{1\}$。[2] 事实上，设 $h \in H \cap nHn^{-1}$，则 h 可写成 $nh'n^{-1}$，其中 $h' \in H$。取模 N 的商，就得到 $h = h'$（因为 $G/N \cong H$）。因此，$h = nhn^{-1}$，从而 $n = h^{-1}nh = \sigma_{h^{-1}}(n)$。所以，$n$ 是 $\sigma_{h^{-1}}$ 的不动点。如果 $h \neq 1$，则必须 $n = 1$。由此知道，(G, H) 为 Frobenius 群对的一个充要条件是，不存在元

---

① 这里叙述的逻辑次序或有颠倒，应该是：H 在 N 上的作用给出了一个同态 $\sigma : H \rightarrow \mathrm{Aut}(N)$，即对每个 $h \in H$，有自同构 $\sigma_h : N \rightarrow N$。用 σ 来构造半直积 G。在 G 中，σ_h 恰好可以表示成公式 $\sigma_h = hnh^{-1}$。——译注

② 这个充要条件是由于 G 的每个元素都可写作 nh。以下从这个条件出发导出 H 必然是自由作用在 $N - \{1\}$ 上的。——译注

素对 (h, n)，使 $h \neq 1$，$n \neq 1$ 且 $\sigma_h(n) = n$. 也就是要求 H 自由地作用在 $N - \{1\}$ 上. 此时，有 $\bigcup_{g \in G} gHg^{-1} = \{1\} \cup (G - N)$（实际上 $\bigcup_{g \in G} gHg^{-1} \subset \{1\} \cup (G - N)$，[①]而计算两边元素个数就可得等式[②]），从而有 $G - \bigcup_{g \in G} gHg^{-1} = N - \{1\}$.

（2）设 p 为素数，F 是有限域，它含有一个 p 次单位根 ξ. 设 N 是对角线上元素都等于 1 的 $p \times p$ 上三角矩阵的集合. 这是一个群. 假定 H 是由

$$\begin{pmatrix} 1 & 0 & \cdots & \cdots & 0 \\ 0 & \xi & \ddots & & \vdots \\ \vdots & \ddots & \ddots & \ddots & \vdots \\ \vdots & & \ddots & \xi^{p-2} & 0 \\ 0 & \cdots & \cdots & 0 & \xi^{p-1} \end{pmatrix}$$

生成的循环群，那么 H 正规化 N. 群 $G = N \cdot H$ 是对角线元素为 ξ^k 的上三角矩阵群，可以验证 H 的作用没有不动点.[③]

这些例子实际上具有代表性，因为有

定理 2（Frobenius） 设 (G, H) 为 Frobenius 群对.

---

① 这个包含关系是说对每个 $g \in G$ 都有 gHg^{-1} 与 $N - \{1\}$ 不相交，因为假定 $ghg^{-1} = n$，则 $h = g^{-1}ng \in N$（因为 N 是 G 的正规子群）. 但 $H \cap N = \{1\}$，所以 $h = 1$，从而 $n = 1$. ——译注

② 计算元素个数时用到定义 1 中的等式，并注意此时有 $|G| = |H| \cdot |N|$. ——译注

③ 指除了单位元（恒等矩阵）以外没有不动点，即 H 自由地（共轭）作用在 N 上. ——译注

则 G 中那些不与 H 中元素共轭的元素(以及单位元 1)的集合 N 是一个正规子群,且有 $G = N \cdot H$.

要点在于证明 N 确实是一个子群,这要用到特征标理论,我们以后再证(参考定理 33.12). 那么,由于群 N 在共轭下不变,所以一定是正规子群. 另一方面,由于

$$\left| \bigcup_{g \in G} gHg^{-1} \right| = |G| - ((G : H) - 1)$$

故有 $|N| = (G : H)$. 最后,由于 $N \cap H = \{1\}$,故有 $G = N \cdot H$.

可以证明(我们不证),一个群 G 仅能以"唯一的方式"成为一个 Frobenius 群,即,若 (G, H_1) 与 (G, H_2) 是 Frobenius 群对,则 H_1 与 H_2 共轭. 特别,正规子群 N 是唯一决定的.

现在,我们通过研究 N 与 H 的结构来将 Frobenius 群分类.

3　N 的 结 构

假设 N 与 H 不等于 $\{1\}$,并且可以作为一个 Frobenius 群 G 的子群.[①] 取 $x \in H$ 使其阶为素数 p. 元素 x 定义了 N 的一个 p 阶自同构,除 1 之外它没有不动点. 因此,N 可以作为一个 Frobenius 群的子群,当且仅当

---

①　这句话的意思是有一个群 G,使 N, H 为其子群,并且它们由定理 31.2 来描述.——译注

N 有一个素数阶的自同构 σ, 它除 1 之外没有不动点.[①]

命题 1 设 σ 是有限域 N 的 p 阶自同构(p 不必为素数), 它除 1 之外没有不动点. 那么

(1) N 到 N 的映射 $x \mapsto x^{-1}\sigma(x)$ 是双射.

(2) 对所有 $x \in N$, 有 $x\sigma(x)\sigma^2(x)\cdots\sigma^{p-1}(x) = 1$.

(3) 如果 x 与 $\sigma(x)$ 在 N 中共轭, 则 $x = 1$.

证明 (1) 因为 N 有限, 所以证明映射是单的就行了. 假定 $x, y \in N$ 使 $x^{-1}\sigma(x) = y^{-1}\sigma(y)$, 则 $yx^{-1} = \sigma(yx^{-1})$, 故元素 yx^{-1} 是 σ 的不动点, 从而等于 1.

(3) 设 $x \in N$, 并假定有 $a \in N$ 使 $\sigma(x) = axa^{-1}$. 由 (1) 知道有 $b \in N$ 使 $a^{-1} = b^{-1}\sigma(b)$, 故 $\sigma(x) = \sigma^{-1}(b) bxb^{-1}\sigma(b)$, 因此 $\sigma(bxb^{-1}) = bxb^{-1}$. 这说明 $bxb^{-1} = 1$, 从而 $x = 1$.

(2) 令 $a = x\sigma(x)\sigma^2(x)\cdots\sigma^{p-1}(x)$, 故有
$$\sigma(a) = \sigma(x)\sigma^2(x)\cdots\sigma^{p-1}(x)x = x^{-1}ax$$
因此由 (3) 知道 $a = 1$.

推论 2 若 l 为素数, 则存在 N 的西洛 l - 子群在 σ 作用下稳定.

设 S 是 N 的西洛 l - 子群, 则群 $\sigma(S)$ 也是 N 的西洛 l - 子群, 故存在 $a \in N$ 使 $aSa^{-1} = \sigma(S)$. 设 $a^{-1} = b^{-1}\sigma(b)$, 故 $\sigma(b^{-1})bSb^{-1}\sigma(b) = \sigma(S)$, 从而 $bSb^{-1} = \sigma(b)\sigma(S)\sigma(b^{-1}) = \sigma(bSb^{-1})$. 所以, N 的西洛 l - 子群

---

① 上面的讨论证明了必要性. 充分性可以通过构造 N 与 $\langle\sigma\rangle$ 的半直积来证明. 参看例 2(1). ——译注

bSb^{-1} 在 σ 作用下稳定.

推论 3 设 $a \in N$,则自同构 $\sigma_a : x \mapsto a\sigma(x)a^{-1}$ 在 $\mathrm{Aut}(G)$ 中与 σ 共轭,特别,σ_a 的阶为 p 且没有(不等于 1 的)不动点.

根据命题 31.1 之(1),存在 $b \in G$ 使 $a = b^{-1}\sigma(b)$,故 $\sigma_a(x) = b^{-1}\sigma(bxb^{-1})b$,从而 $b\sigma_a(x)b^{-1} = \sigma(bxb^{-1})$,[①]即下交换

$$
\begin{array}{ccc}
N & \xrightarrow{\ \sigma_a\ } & N \\
\text{用}b^{-1}\text{作共轭}\downarrow & & \downarrow\text{用}b^{-1}\text{作共轭} \\
N & \xrightarrow{\ \sigma\ } & N
\end{array}
$$

由此即得结果

例 3 (1)若 $p = 2$,则对所有 $x \in N$ 都有 $x\sigma(x) = 1$,从而 $\sigma(x) = x^{-1}$. 由于 σ 是自同构,故 N 为交换群.

(2)$p = 3$ 的情形(Burnside),令 $\sigma(x) = x'$,$\sigma^2(x) = x''$. 对 σ 与 σ^2 分别应用命题 31.1 之(2),得到 $xx'x'' = 1$ 与 $xx''x' = 1$,因此 x' 与 x'' 交换. 轮换考虑这些元素,显然可以知道 x, x' 与 x'' 是两两交换的. 同理,对所有 a, x 与 $ax'a^{-1}$ 交换,x 与 $ax''a^{-1}$ 也交换,所以 x' 及 x'' 与 x 的所有共轭都交换. 由于 $x = (x'x'')^{-1}$,故 N 有下述性

---

① 设 $I \in \mathrm{Aut}(N)$ 由公式 $I(x) = bxb^{-1}$ 定义,此式说明 $I\sigma_a = \sigma I$. 故在 $\mathrm{Aut}(N)$ 中有 $\sigma_a = I^{-1}\sigma I$. ——译注

质:两个共轭的元素是交换的,[①]从而 x 与 (x,y) 也交换. 最后得到, 对所有 $x,y \in N$ 都有 $(x,(x,y)) = 1$. 于是, N 的导群含在 N 的中心内, 这推出 N 为幂零群且幂零次数至多为 2.

（3）Higman 处理了 $p = 5$ 的情形. 此时群 N 的幂零次数至多为 6（这个界是最佳的）.

Thompson 推广了这些结果, 有以下的

定理 3（Thompson） N 是幂零群.

证明可参看 B. Huppert, Endliche Gruppen I, 第 5 章, 定理 8.14. 至于 N 的幂零次数, Higman 猜想, 若 p 为 G 的阶, 则 N 的次数小于或等于 $(p^2 - 1)/4$.

5 H 的 结 构

设 H 为一个群. 若存在群 G, 它包含 H 但不等于 H, 使 (G,H) 为 Frobenius 群对, 则称 H 具有性质 F. 根据 Frobenius 定理与 Thompson 定理, 这等价于说, 存在一个幂零群 $N \neq \{1\}$ 使 H 能够无不动点地作用于其上（即自由地作用在 $N - \{1\}$ 上）.

例 4 设 F 是特征为 l 的有限域, H 为 $SL_2(F)$ 的子群, 其阶与 l 互素. 如果取 N 为 F 上的向量空间 F^2,

---

① 由于 $x = (x'x'')^{-1}$, 故 x 与它的所有共轭元交换, 从而 $(axa^{-1})(bxb^{-1}) = b \cdot (b^{-1}axa^{-1}b)x \cdot b^{-1} = b \cdot x(b^{-1}axa^{-1}b) \cdot b^{-1} = (bxb^{-1})(axa^{-1})$. ——译注

则容易验证 H 自由作用在 $N - \{0\}$ 上.[①]因此,H 具有性质 $\mathscr{A}$特别,这一结果可以用在二元(binary)二十面体群上,它是一个 120 阶的非可解群).

定理 4　设 H 为有限群,则下列性质等价:

(1)H 具有性质 $\mathscr{F}$(即 H 可以出现在某个 Frobenius 群对中).

(2)存在一个域 K 及线性表示 $\rho : H \to GL_n(K)$,其中 $n \geqslant 1$,使得 ρ"没有不动点"(即 H 自由地作用在 $K^n - \{0\}$ 上).

(3)对每个特征不整除 $|H|$ 的域 K,都存在一个没有不动点的线性表示 $\rho : H \to GL_n(K)$.

(4)H 可以线性而且自由地作用在一个球面 S_{n-1} 上.

(注意(2)与(3)推出 ρ 是忠实表示.)

首先,如果存在一个没有不动点的线性表示 $H \to GL_n(K)(n \geqslant 1)$,则说域 K 有性质 (2_K). 在证明此定理之前,先对这一性质做一些讨论.

(a)这一性质仅依赖于 K 的特征 p.[②]

实际上,假设 K 有性质 (2_K),x 是 K^n 中的非零向

---

①　$SL_2(F)$ 中使 $\begin{pmatrix} 1 \\ 0 \end{pmatrix}$ 稳定的元素是对角线元素为 1 的上三角阵,它们组成一个 l 阶的循环群. 由此可以推出,若 H 有一个不等于 0 的不动点,则它含有一个 l 阶循环群,这与它的阶与 l 互素的假设矛盾. ——译注

②　即,或者每个特征 p 的域 K 都有性质 (2_K),或者每个都没有. ——译注

量. 设 K_0 为素域(即 F_p 或 $\mathbf{Q}$), x 在 H 作用下的轨道在 K_0 上生成一个有限 N 维向量空间,[①]它使得表示 $H \to GL_N(K_0)$ 没有不动点. 将系数域扩张, 就可推出每个包含 K_0 的域都有一个无不动点的表示.

(b)若(2_K)成立, 则 K 的特征 p 或者为 0, 或者为不整除$|H|$的素数.

因为若 H 自由作用在 $F_p^n - \{0\}$ 上, 则 H 的阶整除 $p^n - 1$, 因此不能被 p 整除.[②]

(c)若特征 0 时有性质(2_K), 则每个不整除$|H|$的特征 p 也有性质(2_K).

实际上, 由(a)知道, 存在一个 $\mathbf{Q}$ 上的有限维(维数大于或等于 1)向量空间 V, 而 H 无不动点地作用在 V 上. 设 $x \in V$ 为非零向量, x 在 H 作用下的轨道在 $\mathbf{Z}$ 上生成了 V 的一个网格, 将它记作 L.[③]群 H 无不动点地作用在 L 上. 它也作用于 F_p 上的向量空间 $V_p = L/pL$. 我们来证明当 p 不整除 H 的阶时, 这个作用是没有不动点的. 设 $s \in H$ 阶为 m, s 在 V 上定义的自同构 s_V 不以 1 为特征值, 并且满足 $s_V^m = 1$. 从而有

$$1 + s_V + s_V^2 + \cdots + s_V^{m-1} = 0$$

---

① 即$\{hx | h \in H\}$在 K_0 上生成的向量空间.——译注

② 这里 F_p 是 K 的素域, 参阅(a). $F_p^n - \{0\}$分解成有限条 H 轨道, 每条轨道的长度为$|H|$, 从而$|H|$除尽 $p^n - 1$.——译注

③ L 是$\{hx | h \in H\}$的所有整系数线性组合的集合. 它是一个交换群, 故 L/pL 是 F_p 上的向量空间.——译注

当然,这个方程在 V_p 中也成立. 由于 m 与 p 互素,这导出对每个非零的 $x \in V_p$ 都有 $sx \ne x$.[①]因此,F_p 有性质 (2_K).

(d)若特征 $p \ne 0$ 时有性质(2_K),则特征 0 时也有性质(2_K).

实际上,设 $\rho_p : H \to GL_n(\mathbf{Z}/p\mathbf{Z})$ 是 H 的无不动点的线性表示,由(b)知,p 不整除 $|H|$. 在第 29 章已经看到,可以将 ρ_p 提升为同态 $\rho_{p^{\infty}} : H \to GL_n(\mathbf{Z}_p)$,其中 $\mathbf{Z}_p = \varprojlim \mathbf{Z}/p^{\nu}\mathbf{Z}$ 是 p 进整数环. 由于 $\mathbf{Z}_p \subset \mathbf{Q}_p$,从而得到一个特征 0 的线性表示 $H \to GL_n(\mathbf{Q}_p)$,这是个没有不动点的表示. 实际上,若非零向量 $\boldsymbol{x} = (x_1, \cdots, x_n)$ 是 H 作用下的不动点,在将 x 乘以一个常数之后,可以假定每个 x_i 都属于 $\mathbf{Z}_p$,并且其中有一个不能被 p 整除. 将 x_i 模 p 约化以后,就可得到 F_p^n 中的一个非零向量,它是 H 作用的不动点,这就与假设矛盾.

作了上述讨论之后,可立得定理的证明. 实际上,由(a),(b),(c)和(d)推出,性质(2_K) 与 K 无关,[②]由此得到定理中$(2) \Leftrightarrow (3)$的等价性.

现在来证明:

$(1) \Rightarrow (2)$ 假定 H 没有不动点地作用在幂零群 $N \ne \{1\}$ 上,则 N 的中心 C 不等于$\{1\}$. 设 p 为 $|C|$ 的素因子,由满足 $x^p = 1$ 的所有元素 $x \in C$ 组成的群 C_p 是

---

① 　设 $x \in V_p$ 使 $sx = x$,则上面的方程给出 $mx = x + sx + s^2 x + \cdots + s^{m-1} x = 0$. 由于 m 与 p 互素,因此 $x = 0$. ——译注

② 　即仅与 H 有关. ——译注

F_p 上的非零向量空间,而 H 没有不动点地作用于其上.

(3)$\Rightarrow$(1)取 K 为有限域,就可得到 H 在某个初等交换群上没有不动点的作用.

(4)$\Rightarrow$(2)取 $K = \mathbf{R}$ 即可.

(3)$\Rightarrow$(4)取 $K = \mathbf{R}$,得到一个无不动点的线性表示 $\rho : H \to GL_n(\mathbf{R})$. 由于 H 是有限的,因此 $\mathbf{R}^n$ 上有一个在 H 作用下不变的正定二次型(取标准二次型 $\sum x_i^2$ 在 H 元素作用下之和即可). 因此,在对 ρ 作一共轭之后,可以假定 $\rho(H)$ 包含在正交群 $O_n(\mathbf{R})$ 中,从而由方程

$$\sum_{i=1}^{n} x_i^2 = 1$$

定义的球面 S_{n-1} 在 H 作用下不变. 这就完成了定理的证明.

注 (1)具有 $\mathscr{F}$ 性质的群 H 可完全分类,参考 J. Wolf:Spaces of Constant Curvature, McGraw-Hill,1967.

(2)在(4)中,H 自由作用在 S_{n-1} 上这个条件是不能去掉的. 例如:$SL_2(F_p)$,$p \geqslant 7$.

附　录

$k(k \geqslant 2)$ 元一次不定方程 $a_1 x_1 + a_2 x_2 + \cdots + a_k x_k = N$(其中 a_i 为非零整数, N 为整数)的一个通解

$k(k \geqslant 2)$ 元一次不定方程

$$a_1 x_1 + a_2 x_2 + \cdots + a_k x_k = N \qquad (1)$$

(其中 a_i 为非零整数, N 为整数)与线性规划,组合数学,图论等数学分支有着密切的联系,所以能尽快地计算出方程(1)诸整数解将是一件有意义的工作. 通常的方法是将 k 元化为二元,然后用辗转相除法逐步得出. 这种方法随着方程中元数的增多,计算颇为繁杂,《谈谈不定素数》(柯召,孙琦. 上海教育出版社,1980)给出了一个求诸整数解的公式

$$x_i = x_0^{(i)} \pm D \frac{m_i}{n_i} [n_1, \cdots, n_{t+1}, n_{t-1}, \cdots, n_k], i = 1, \cdots, t-1, t+1, \cdots, k$$

$$x_t = x_0^{(t)} \pm D [n_1, \cdots, n_{t-1}, n_{t+1}, \cdots, n_k]$$

其中 $x_0^{(i)}$ ($i = 1, 2, \cdots, k$)是方程(1)的任意

一组整数解(特解),D 是任意正整数,而 $n_i \neq 0$,$(m_i, n_i) = 1 (i = 1, \cdots, t-1, t+1, \cdots, k)$ 及

$$\frac{m_{t-1}}{n_{t-1}} = -\frac{1}{a_{t-1}} \Big(\sum_{1 \leqslant i \leqslant k} a_i \frac{m_i}{n_i} + a_t \Big), i \neq t-1, t$$

"$\pm$"的取法是同步的,即取"$+$"皆取"$+$",取"$-$"皆取"$-$". t 取遍 $1, 2, \cdots, k$.

《计算 k 元一次不定方程诸整数解的新方法》(徐肇玉、曹珍富. 哈尔滨工业大学学报(数学增刊),1984 年第二期)给出的方法归结为找方程(1)的特解,参数 D 的系数也有一些限制,但文中没有给出求特解的有效方法. 华南师范大学的凌露娜教授 1985 年给出的方法是利用整数环 Z 上矩阵的行的初等变换,同时将特解和 $k-1$ 个参数系数求出来,而得出方程(1)的通解. 所谓整数环 Z 上矩阵的三种初等行变换是:

(1)以 Z 中的一个非零数乘矩阵的一行;

(2)把矩阵的某一行的 C 倍加到另一行,这里 C 是 Z 中任意一个数;

(3)互换矩阵中两行的位置.

显然(2),(3)是可逆变换.

凌教授给出的方法就是利用上面的第二、三种初等变换求解,这种方法分为三个步骤:

第一步 将方程(1)的 k 个系数按顺序排成一列,在这列的右边添加一个 $k \times k$ 阶单位矩阵,得到下面一个整数环上的 $k \times (k+1)$ 矩阵

$$A = \begin{bmatrix} a_1 & 1 & 0 & \cdots & 0 \\ a_2 & 0 & 1 & \cdots & 0 \\ \vdots & \vdots & \vdots & & \vdots \\ a_k & 0 & 0 & \cdots & 1 \end{bmatrix}$$

第二步 对矩阵 A 进行第二和第三种行的初等变换,将 A 化为左上角是一个正整数,第一列其余元素均为 0 的矩阵 A_1

$$A_1 = \begin{bmatrix} d & a_{11} & a_{12} & \cdots & a_{1k} \\ 0 & a_{21} & a_{22} & \cdots & a_{2k} \\ \vdots & \vdots & \vdots & & \vdots \\ 0 & a_{k1} & a_{k2} & \cdots & a_{kk} \end{bmatrix}$$

第三步 写出通解表达式,其通解可以根据下面的定理得出.

定理 如果 d 不整除 N,则方程(1)没有整数解;如果 d 整除 N,则方程(1)的全部整数解为

$$x_1 = a_{11}\frac{N}{d} + a_{21}V_2 + a_{31}V_3 + \cdots + a_{k1}V_k$$

$$x_2 = a_{12}\frac{N}{d} + a_{22}V_2 + a_{32}V_3 + \cdots + a_{k2}V_k$$

$$\vdots$$

$$x_k = a_{1k}\frac{N}{d} + a_{2k}V_2 + a_{3k}V_3 + \cdots + a_{kk}V_k$$

其中 $a_{i1}(i=1,2,\cdots,k, j=1,2,\cdots,k)$ 是 A_1 中的数,$V_i(i=1,2,\cdots,k)$ 为任意整数.

下面先举两个例子说明介绍的求解方法,然后再证明定理.

Frobenius 问题

例 1 求不定方程

$$53x_1 + 25x_2 + 19x_3 = 83 \qquad (2)$$

的一切整数解.

解 $N = 83, a_1 = 53, a_2 = 25, a_3 = 19.$

写出矩阵 A 并作初等变换

$$\begin{bmatrix} 53 & 1 & 0 & 0 \\ 25 & 0 & 1 & 0 \\ 19 & 0 & 0 & 1 \end{bmatrix} \xrightarrow[\;(2)-(3)\;]{(1)-2\times(3)} \begin{bmatrix} 15 & 1 & 0 & -2 \\ 6 & 0 & 1 & -1 \\ 19 & 0 & 0 & 1 \end{bmatrix} \longrightarrow$$

$$\xrightarrow[\;(3)-3\times(2)\;]{(1)-2\times(2)}$$

$$\begin{bmatrix} 3 & 1 & -2 & 0 \\ 6 & 0 & 1 & -1 \\ 1 & 0 & -3 & 4 \end{bmatrix} \xrightarrow[\;(2)-6\times(3)\;]{(1)-3\times(3)} \begin{bmatrix} 0 & 1 & 7 & -12 \\ 0 & 0 & 19 & -25 \\ 1 & 0 & -3 & 4 \end{bmatrix} \longrightarrow$$

$$\xrightarrow{\;(1)\text{换}(3)\;} \begin{bmatrix} 1 & 0 & -3 & 4 \\ 0 & 0 & 19 & -25 \\ 0 & 1 & 7 & -12 \end{bmatrix}$$

由最后一个矩阵可知 $d = 1$,故方程有整数解,且其全部整数解为

$$x_1 = 0 + V_3$$
$$x_2 = -3 \times 83 + 19V_2 + 7V_3$$
$$x_3 = 4 \times 83 - 25V_2 - 12V_3$$

其中 V_2, V_3 是任意整数.

例 2 求不定方程

$$38x_1 + 76x_2 + 209x_3 + 133x_4 = 157 \qquad (3)$$

的一切整数解.

解 $N = 157, a_1 = 38, a_2 = 76, a_3 = 209, a_4 = 133$

$$\begin{bmatrix} 38 & 1 & 0 & 0 & 0 \\ 76 & 0 & 1 & 0 & 0 \\ 209 & 0 & 0 & 1 & 0 \\ 133 & 0 & 0 & 0 & 1 \end{bmatrix} \xrightarrow[\substack{(3)-5\times(1) \\ (4)-3\times(1)}]{(2)-2\times(1)} \begin{bmatrix} 38 & 1 & 0 & 0 & 0 \\ 0 & -2 & 1 & 0 & 0 \\ 19 & -5 & 0 & 1 & 0 \\ 19 & -3 & 0 & 0 & 1 \end{bmatrix}$$

$$\xrightarrow[\substack{(3)-(4)}]{(1)-2\times(4)} \begin{bmatrix} 0 & 7 & 0 & 0 & -2 \\ 0 & -2 & 1 & 0 & 0 \\ 0 & -2 & 0 & 1 & -1 \\ 19 & -3 & 0 & 0 & 1 \end{bmatrix}$$

$$\xrightarrow{(1)换(4)} \begin{bmatrix} 19 & -3 & 0 & 0 & 1 \\ 0 & -2 & 1 & 0 & 0 \\ 0 & -2 & 0 & 1 & -1 \\ 0 & 7 & 0 & 0 & -2 \end{bmatrix}$$

由于 $d=19$,但 19 不整除 157,故方程(3)没有整数解,为了证明定理,先给出下面两个引理:

引理 1 设 $a_1,\cdots,a_k$ 为非零整数,则在 Z 上的矩阵环 $M_{k\times k}(Z)$ 中,存在可逆矩阵 $\boldsymbol{Q}$,使

$$\boldsymbol{Q}\begin{bmatrix} a_1 \\ a_2 \\ \vdots \\ a_k \end{bmatrix} = \begin{bmatrix} d \\ 0 \\ \vdots \\ 0 \end{bmatrix}$$

其中 $d=\gcd(a_1,\cdots,a_k)$.

证明 不妨设 $|a_1| = \min\limits_{i=1,\cdots,k}\{|a_i|\}$,作带余除法,得 $a_i = q_i a_1 + r_i, 0 \le r_i < |a_1|(i=2,\cdots,k)$,对矩阵 $\boldsymbol{A}$ 进行行的初等变换

347

$$\begin{bmatrix} a_1 & 1 & 0 & \cdots & 0 \\ a_2 & 1 & 1 & \cdots & 0 \\ \vdots & \vdots & \vdots & & \vdots \\ a_k & 0 & 0 & \cdots & 1 \end{bmatrix} \xrightarrow[\text{加到第} i \text{行}]{\text{将第一行乘}(-q_i)} \begin{bmatrix} a_1 & 1 & 0 & \cdots & 0 \\ r_2 & -q_2 & 1 & \cdots & 0 \\ \vdots & \vdots & \vdots & & \vdots \\ r_k & -q_k & 0 & \cdots & 1 \end{bmatrix}$$

记

$$\boldsymbol{Q}_1 = \begin{bmatrix} 1 & 0 & \cdots & 0 \\ -q_2 & 1 & \cdots & 0 \\ \vdots & \vdots & & \vdots \\ -q_k & 0 & \cdots & 1 \end{bmatrix}$$

由于 r_i 是 a_1 与 a_i 的线性组合且 a_i 的系数是 1，以及对矩阵只施行了第二种初等变换，相应的初等矩阵在 $M_{k \times k}(Z)$ 中的逆矩阵是存在的，故有下面两个结论：

（1）$\gcd(a_1, a_2, \cdots, a_k) = \gcd(a_1, r_2, \cdots, r_k)$；

（2）$\boldsymbol{Q}_1$ 在 $M_{k \times k}(Z)$ 中可逆，且

$$\boldsymbol{Q}_1 \begin{bmatrix} a_1 \\ a_2 \\ \vdots \\ a_k \end{bmatrix} = \begin{bmatrix} a_1 \\ r_2 \\ \vdots \\ r_k \end{bmatrix}$$

若 $r_i = 0 (i = 2, \cdots, k)$，则引理已经证完. 否则就重复上面的步骤，由于 $0 \leqslant r_i < |a_1|$，总可以经有限次行的初等变换，使矩阵 $\boldsymbol{A}$ 的第一列变为只有一个非零数 d，其余为 0 的矩阵，这个 d 就是 $a_1, a_2, \cdots, a_k$ 的最大公因数. 如果 d 不在第一行，可施行矩阵的第三种行的初等变换，这时相应的矩阵在 $M_{k \times k}(Z)$ 中也有逆. 设变到最后的矩阵为

$$A_1 = \begin{bmatrix} d & a_{11} & a_{12} & \cdots & a_{1k} \\ 0 & a_{21} & a_{22} & \cdots & a_{2k} \\ \vdots & \vdots & \vdots & & \vdots \\ 0 & a_{k1} & a_{k2} & \cdots & a_{kk} \end{bmatrix}$$

设总共施行了 s 次行的初等变换,有

$$Q_s Q_{s-1} \cdots Q_1 \begin{bmatrix} a_1 \\ a_2 \\ \vdots \\ a_k \end{bmatrix} = \begin{bmatrix} d \\ 0 \\ \vdots \\ 0 \end{bmatrix}$$

由于进行行的初等变换相当于左乘一个相应的初等矩阵,所以从 A 变到 A_1 施行了 s 次初等变换相当于

$$Q_s Q_{s-1} \cdots Q_1 \begin{bmatrix} a_1 & 1 & 0 & \cdots & 0 \\ a_2 & 0 & 1 & \cdots & 0 \\ \vdots & \vdots & \vdots & & \vdots \\ a_k & 0 & 0 & \cdots & 1 \end{bmatrix} = \begin{bmatrix} d & a_{11} & a_{12} & \cdots & a_{1k} \\ 0 & a_{21} & a_{22} & \cdots & a_{2k} \\ \vdots & \vdots & \vdots & & \vdots \\ 0 & a_{k1} & a_{k2} & \cdots & a_{kk} \end{bmatrix}$$

$$Q = Q_s Q_{s-1} \cdots Q_1 = \begin{bmatrix} a_{11} & a_{12} & \cdots & a_{1k} \\ a_{21} & a_{22} & \cdots & a_{2k} \\ \vdots & \vdots & & \vdots \\ a_{k1} & a_{k2} & \cdots & a_{kk} \end{bmatrix}$$

为所求. 引理证毕.

为叙述方便起见,将引理 1 中的矩阵 Q 的行向量记为 β_i,即 $\beta_i = (a_{i1}, a_{i2}, \cdots, a_{ik})$.

引理 2 如果 d 整除 N,则 $\dfrac{N}{d}\beta_1$ 是方程(1)的一个

349

解 $,\beta_2,\beta_3,\cdots,\beta_k$ 是方程

$$a_1x_1 + a_2x_2 + \cdots + a_kx_k = 0 \qquad (4)$$

的 $k-1$ 个解.

证明 由引理 1, 显然成立. 引理证毕.

定理的证明 因为 d 是 $a_1,\cdots,a_k$ 的最大公因数, 若 d 不整除 N, 方程 (1) 显然无解.

如果 d 整除 N, 容易验算定理给出的 $x_1,\cdots,x_k$ 是方程 (1) 的解. 下面只要证明任给方程 (1) 的解 $(x_1, x_2,\cdots,x_k)$ 能表成定理给出的形式, 即表为

$$(x_1,x_2,\cdots,x_k) = \frac{N}{d}\beta_1 + V_2\beta_2 + \cdots + V_k\beta_k$$

因为 $\boldsymbol{Q}$ 在 $M_{k\times k}(Z)$ 中可逆, 所以 $\boldsymbol{Q}$ 的转置矩阵 $\boldsymbol{Q}^{\mathrm{T}}$ 也在 $M_{k\times k}(Z)$ 中可逆, 因而

$$\boldsymbol{Q}^{\mathrm{T}}\begin{bmatrix} V_1 \\ V_2 \\ \vdots \\ V_k \end{bmatrix} = \begin{bmatrix} x_1 \\ x_2 \\ \vdots \\ x_k \end{bmatrix}$$

对 $V_1,\cdots,V_k$ 有整数解, 也就是存在整数 V_k 使

$$(x_1,x_2,\cdots,x_k) = V_1\beta_1 + V_2\beta_2 + \cdots + V_k\beta_k$$

我们来证明 $V_1 = \dfrac{N}{d}$. 由引理 1, $\dfrac{N}{d}\beta_1$ 是方程 (1) 的

解, 所以 $\dfrac{N}{d}\beta_1 - (V_1\beta_1 + V_2\beta_2 + \cdots + V_k\beta_k)$ 是方程 (4) 的

解, 由引理 2, $\beta_2,\cdots,\beta_k$ 是方程 (4) 的解, 这些解的线性组合仍是方程 (4) 的解, 所以 $-(V_2\beta_2 + \cdots + V_k\beta_k)$ 是方程 (4) 的解, 因而 $\dfrac{N}{d}\beta_1 - V_1\beta_1$ 也是方程 (4) 的解. 即

$$\left(\frac{N}{d}-V_1\right)(a_1a_{11}+a_2a_{12}+\cdots+a_ka_{1k})=0$$

但由引理 1

$$a_1a_{11}+a_2a_{12}+\cdots+a_ka_{1k}=d,d\neq0$$

所以 $\dfrac{N}{d}-V_1=0$，$V_1=\dfrac{N}{d}$. 定理证毕.

参 考 文 献

［1］柯召,孙琦. 谈谈不定方程［M］. 上海：上海教育出版社,1980.

［2］张德馨. 整数论(第一卷)［M］. 北京：科学出版社,1965.

［3］MORDELL L J. Diophantine cquations［M］. New York：Academie Press,1969.

数学名著中有关 Frobenius 的几个结果

附录 2

世界著名数学家 N. Weiner 曾指出：

数学主要是一项青年人的游戏，它是智力运动练习. 只有具有青春与力量才能做得满意. 许多青年数学家在发表了一两篇有前途的论文、显示了其能力之后就陷于包围昔日英雄的同一困境之中.

（当然有些数学家并不赞同. 如 André Weil、志村五郎、Don Spencer、Littlewood）.

Frobenius 在近代数学中贡献颇多，以有限群表示论为例.

Frobenius 互反公式

$$(f_H | x_G)_M = (f | x_\rho)_G$$

这里 f 是 G 上的一个类函数，而 f_H 是 f 在 H 上的限制，两边的内积各在 H 和 G 上计算.

令 H 是 G 的一个子群. 假设对于每一个 $t \notin H$,都有 $H \cap tHt^{-1} = \{1\}$,那么就称 H 是 G 的一个 Frobenius 子群. 令 N 是 G 中不与 M 的任何元素共轭的元素所成的集.

(a)令 $g = \mathrm{Card}(G)$,$h = \mathrm{Card}(H)$. 证明,N 的元素个数是 $\dfrac{g}{h} - 1$.

(b)令 f 是 H 上一个类函数. 证明,存在唯一的 G 上的类函数 $\hat{f}$,它是 f 的开拓并且在 N 上取值 $f(1)$.

(c)证明 $\hat{f} = \mathrm{Ind}_H^G f - f(1) \psi$,这里 ψ 是 G 的特征标 $\mathrm{Ind}_h^G(1) - 1$.

(d)证明 $<f_1, f_2>_H = <\hat{f}_1, \hat{f}_2>_G$.

(e)取 f 是 H 的一个不可约特征标. 利用(c)和(d)证明 $\langle \hat{f}, \hat{f} \rangle_G = 1$,$f(1) \geq 0$,并且 $\hat{f}$ 是 G 的不可约特征标的整系数线性组合. 证明 $\hat{f}$ 是 G 的一个不可约特征标. 如果 ρ 是 G 的对应的表示,证明,每一 $s \in N$ 都有 $\rho(s) = 1$.

(f)证明,H 的每一线性表示都可以开拓为 G 的一个线性表示,它的核包含 N. 证明 $N \cup \{1\}$ 是 G 的一个正规子群,并且 G 是 H 与 $N \cup \{1\}$ 的半直积(Frobenius 定理).

(g)反之,设 G 是 H 与一个正规子群 A 的半直积. 证明,H 是 G 的一个 Frobenius 子群必要且只要对于每一 $s \in H - \{1\}$,和每一 $t \in A - \{1\}$,都有 $sts^{-1} \neq t$(即 H 自由地作用在 $A - \{1\}$ 上). (如果 $H \neq \{1\}$,根据 Thompson 的一个定理,由这个性质可以得出 A 是幂

零的.)

1 Frobenius 的一个定理

我们令 A 表示由 g 次单位根所生成的 C 的子环,这里 $g = \text{Card}(G)$.

令 n 是一个大于或等于 1 的整数,(g,n) 是 g 与 n 的最大公因子. 如果 f 是 G 上一个函数,令 $\Psi^n f$ 表示函数 $x \mapsto f(x^n)$. 容易验证,算子 Ψ^n 将 $R(G)$ 映入自身. 再者,我们有:

定理 1 如果 f 是 G 上在 A 内取值的一个类函数,那么函数 $\dfrac{g}{(g,n)} \Psi^n f$ 属于 $A \otimes R(G)$.

设 c 是 G 的一个共轭类. 令 f_c 表示 c 的特征函数,它在 c 上取值 1 而在 $G-c$ 上取值 0,那么函数 $\Psi^n f_c$ 是

$$\Psi^n f_c(x) = \begin{cases} 1, & \text{若 } x^n \in c \\ 0, & \text{其他情形} \end{cases}$$

每一个在 A 内取值的类函数都是这些 f_c 的线性组合. 这样,定理 1 等价于:

定理 1′ 对于 G 的每一共轭类 c,函数 $\dfrac{g}{(g,n)} \Psi^n f_c$ 属于 $A \otimes R(G)$.

我们还可以用另一方式来表述:

定理 1″ 对于 G 的每一共轭类 c 和 G 的每一特征标 χ,我们有 $\dfrac{1}{(g,n)} \displaystyle\sum_{x^n \in c} \chi(x) \in A$.

取 χ 是单位特征标,由此就得出:

推论 1 G 中满足条件 $x^n \in c$ 的元素 x 的个数是

354

(g, n) 的倍数.

特别:

推论2　如果 n 能够整除 G 的阶,那么 G 中满足条件 $x^n = 1$ 的元素 x 的个数是 n 的倍数.

（在这里我们提出 Frobenius 的一个猜想:如果 G 中满足条件 $s^n = 1$ 的元素 s 所成的集合 G_n 含有 n 个元素,那么 G_n 是 G 的一个子群.）

定理1的证明（R. Brauer）　由定理21,只需证明,函数 $\dfrac{g}{(g, n)} = \Psi^n f$ 在 G 的每一初等子群 H 上的限制都属于 $A \otimes R(H)$. 现在设 h 是 H 的阶,那么 $g/(g, n)$ 可以被 $h/(h, n)$ 整除. 因此只需证明,$[h/(h, n)] \Psi^n (\mathrm{Res}_H f)$ 属于 $A \otimes R(H)$. 这样一来,证明就归结到初等子群的情形. 因为初等子群是 $p -$ 群的直积,所以只需对 $p -$ 群的情形来证明即可. 再利用这种群的每一不可约特征标都是由一级特征标所诱导的这样一个事实,最后就归结为证明以下的引理.

引理1　令 c 是 $p -$ 群 G 的一个共轭类,χ 是 G 的一个一级特征标,又令 $a_c = \displaystyle\sum_{x^n \in c} \chi(x)$,那么 $a_c \equiv 0 (\mathrm{mod}(g, n)A)$.

首先,这些 a_c 的和（固定 χ,令 c 变）等于 $\displaystyle\sum_{x \in G} \chi(x)$,也就是说,如果 $\chi = 1$,a_c 则等于 g,否则等于 0. 于是

$$\sum_c a_c \equiv 0 (\mathrm{mod}(g, n))$$

因此,只需对不等于单位类的那些共轭类 c 来证明引理10就够了.

将 n 写成 $p^a m$ 的形式,这里 $(p,m) = 1$. 令 p^b 是 c 中元素共同的阶,又令 C 是 G 中满足条件 $x^n \in c$ 的元素 x 所成的集合. 因为 $x^n = x^{p^a m}$ 的阶是 $p^b > 1$,而 G 是一个 p-群,所以 x 的阶是 p^{a+b}. 由此推出,如果 z 是一个满足条件 $z \equiv 1 (\bmod\ p^b)$ 的整数,那么 $(x^z)^n = x^n$,从而 $x^z \in C$;再者,等式 $x^z \equiv x$ 成立必要且只要 $z \equiv 1 (\bmod\ p^{a+b})$. 换句话说,$(\mathbf{Z}/p^{a+b}\mathbf{Z})*$ 中同余于 $1 (\bmod\ p^b)$ 的元素所成的子群 Γ 自由地作用在 C 上[①]. 这时集合 C 在 Γ 作用下被划分为轨道. 我们只需证明,在每一轨道上的 $\chi(x)$ 的和在环 A 中可以被 (g,n) 整除. 这样一个轨道由元素 $x^{1+p^b t}$ 所组成,这里 t 遍历 $\mathbf{Z}/p^a \mathbf{Z}$. 因此 χ 在这个轨道上的值的和等于

$$a_c(x) = \chi(x) \sum_{t \bmod p^a} z^t$$

这里 $z = \chi(x^{p^b})$. 然而 $\chi(x)$ 是一个 p^{a+b} 次单位根,而 z 是一个 p^a 次单位根,所以

$$\sum_{t \bmod p^a} z^t = \begin{cases} p^a, & \text{若 } z = 1 \\ 0, & \text{若 } z \neq 1 \end{cases}$$

因此 $a_c(x)$ 可以被 p^a 整除. 从而自然可以被 (g,n) 整除.

以上内容是取自法国著名数学家 J. P. Serre 的名著《有限集的线性表示》. 这本书是 Serre1966 年为法国高等师范学校(l'École Normale)二年级学生所写的

[①]　这就是说,除单位元外,Γ 的元素在 C 中没有不动点. ——译者注

教程,后被译成英文,1997 年由 Springer-Verlag 出版. 1984 年由我国代数学家郝钶新先生译成中文,由科学出版社出版.

另一部数论名著是杨武之先生在芝加哥大学的导师 Dickson 先生所著的三大卷《数论史》. 书中也对 Frobenins 的其他数论方面的工作有所介绍.

2 线性方程组

Chang Ch'iu – chien[①](在公元 6 世纪)处理了一个问题等价于

$$x + y + z = 100, 5x + 3y + \frac{1}{3}z = 100$$

并给出了答案$(4,18,78),(8,11,81),(12,4,84)$.

译者注 该问题为著名的"百鸡问题".

《张邱建算经》第三十八问:"今有鸡翁一,值钱五;鸡母一,值钱三;鸡雏三,值钱一. 凡百钱,买鸡百只. 问,鸡翁、鸡母、鸡雏各几何?

答曰:鸡翁四,鸡母十八,鸡雏七十八.

又答曰:鸡翁八,鸡母十一,鸡雏八十一.

又答曰 :鸡翁十二,鸡母四,鸡雏八十四.

Mahavira[②](约在公元 850 年)处理了下式的特殊情形

$$x + y + z + w = n, ax + by + cz + dw = p$$

---

① Suan-ching(Arith.). Cf. Mikami,43-44.

② Ganita-Sara-Sangraha. Cf. D. E. Smith, Bibliotheca Math. ,(3) ,9,1909,106-110.

Shodja B. Aslam[1]（约在公元 900 年），他是一位以 Abū Kamil 之名为人所知的阿拉伯人，求出不定方程组

$$x + y + z = 100, 5x + \frac{y}{20} + z = 100$$

于是

$$y = 4x + \frac{4}{19}x, x = 19; x + y + z = 100 = \frac{1}{3}x + \frac{1}{2}x + 2z$$

有 $x = 60 - \frac{9}{10}y, y = 10m, m = 1, 2, \cdots, 6.$

译者注　根据资料显示他应为处在伊斯兰黄金时代的埃及人.

参考《世界数学通史 上册》梁宗巨等著.

$$x + y + z + u = 100, 4x + \frac{1}{10}y + \frac{1}{2}z + u = 100$$

从而有 $x = \frac{3}{10}y + \frac{1}{6}z$，上述方程组就有 98 组（正整数）解（Abū Kamil 漏记了两组，他认为有 96 组）. 当该方程组中的后一个方程改为 $4x + \frac{1}{2}y + \frac{1}{3}z + u = 100$ 时，有 304 组解. 而下述不定方程组却没有（正整数）解

$$x + y + z = 100 = 3x + \frac{1}{20}y + \frac{1}{3}z$$

下述不定方程组有 2 676 组（正整数）解

$$x + y + z + u + v = 100, 2x + \frac{1}{2}y + \frac{1}{3}z + \frac{1}{4}u + v = 100$$

---

① H. Suter, Bibliotheca Math. , (3) , 11 , 1911 , 110-120, gave a German transl. of a MS. copy of about 1211-1218 A. D.

Alhacan Alkarkhi[1]（在公元 11 世纪或 12 世纪）处理了下述不定方程组

$$\frac{1}{2}x + w = \frac{1}{2}s, \frac{2}{3}y + w = \frac{1}{3}s, \frac{5}{6}z + w = \frac{1}{6}s$$

$$s \equiv x + y + z, w \equiv \frac{1}{3}\left(\frac{x}{2} + \frac{y}{3} + \frac{z}{6}\right)$$

通过取 $z = 1$，有 $x = 33, y = 13$. 他处理了 Diophantus，I，24-28，同 Diophantus 得出的一样，是通过赋给一个未知数一值使不定问题被确定下来.

Leonardo Pisano[2] 在 1228 年讨论了各类线性方程组，第一个被讨论的就是去掉最后一个条件的 Alkarkhi 的那道方程组

$$x + y + z = t, \frac{t}{2} = \frac{x}{2} + u, \frac{t}{3} = \frac{2y}{3} + u, \frac{t}{6} = \frac{5z}{6} + u$$

用 u 来表示 x, y, z, t. 由于 $7t = 47u$，他取 $u = 7$，从而有 $t = 47, x = 33, y = 13, z = 1$. 他的下一个不定问题[3]为

$$t + x_1 = 2(x_2 + x_3), t + x_3 = 4(x_4 + x_1)$$

$$t + x_2 = 3(x_3 + x_4), t + x_4 = 5(x_1 + x_2)$$

① Extrait du Fakhrî, French transl. by F. Woepcke, Paris, 1853, 90, 95-100.

② Scritti di L. Pisano, 2, 1862, 234-236. Cf. A. Genocchi, Annali di Sc. Mat. e Fis., 6, 1855, 169; O. Terquem, ibid., 7, 1856, 119-136; Nouv. Ann. Math., Bull. Bibl. Hist., 14, 1855, 173-179; 15, 1856, 1-11, 42-71.

③ Scritt, II, 238-239 (De quatuor hominibus et bursa). Genocchi, 172-174. Three misprints in the account by Terquem.

由于若 x_1,x_2 同为正时该问题是无解的,故换 x_1 为 $-x_1$. 现在变换后的方程有 $x_2=4x_1$. 取 $x_2=4$,从而有 $x_1=x_3=1,x_4=4,t=11$.

对于[①]不定方程 $x+y+z=30,\dfrac{1}{3}x+\dfrac{1}{2}y+2z=30$,我们有 $y+10z=120,y+z<30,z\geqslant9$. 而之中的 $z=10$ 情形是无(正整数)解的. 对于 $z=11$,我们得出 $y=10$,$x=9$. 将常数项 30 换成 29 或 15,也可以用同样的方法来处理.

最后[②],考虑不定方程组

$$x+y+z+t=24,\frac{x}{5}+\frac{y}{3}+2z+3t=24$$

因此 $2y+27z+42t=288,y+z+t<20$. 因此 z 为偶数且小于 10. 而其中 $z=6,z=8$ 的情形是无(正整数)解的. 因此仅有两组(正整数)解

$$z=2,t=5,y=12,x=5;z=4,t=4,y=6,x=10$$

Regiomontanus(1436—1476)在一封信中提出一个如下求整数解的问题

$$x+y+z=240,97x+56y+3z=16\ 047$$

J. von Speyer 给出了(唯一的一组正整数)解 $114,87,39$.

---

① Scritti,Ⅱ,247-248(de auibus emendis). Genocchi,218-222. For analogous problems, see Liber Abbaci, Scritti, 1, 1857,165-166.

② Scritti,Ⅱ,249(Item passeres). Genocchi,222-224.

Estienne de la Roche[①] 处理了下述不定方程组的（正）整数解

$$x + y + z = a, mx + ny + pz = b$$

他的法则（应用于情形 $a = b = 60, m = 3, n = 2, p = \frac{1}{2}$）细节如下. 记 p 为 m, n, p 中最小的. 从第二个方程中减去第一个方程与 p 的乘积, 我们得出

$$(m - p)x + (n - p)y = b - ap \quad \left(\frac{5}{2}x + \frac{3}{2}y = 30 \right)$$

为了避免分数, 等式两端同时乘 2. 于是 $5x + 3y = 60$. 虽然 $x = \frac{60}{5} = 12$ 给出了一个整数解, 但是相应的 y 是 0 就要将其排除. 而接下来更小的 11 与 10 的 x 值会导出分数 y, 而 $x = 9$ 给出 $y = 5$（从而 $z = 46$）. 对于 $x = 1, 2, \cdots$, 产生一个整值 y 的最小正整数 x 是 $x = 3$, 从而有 $y = 15, z = 42$（译者注：该问题一共有三个正整数解）. 这样的问题有可能无（整数）解, 正如情形 $a = b = 20, m = 5, n = 2, p = \frac{1}{2}$ 所示, 从而有 $9x + 3y = 20$（即可知道）.

Luca Paciuolo[②] 处理了下述不定方程组的解

---

① Larismetique & Geometrie, Lyon, 1520, fol. 28; 1538. Cf. L. Rodet, Bull. Math. Soc. France, 7, 1879, 171[162].

② Summa de Arithmetica, 1523, fol. 105; [Suma..., Venice, 1494]; same solution by N. Tartaglia, General Trattato di Nvmeri..., I, 1556.

$$p + c + \pi + a = 100, \frac{1}{2}p + \frac{1}{3}c + \pi + 3a = 100$$

译者注 此处的 π 非圆周率,而是方程组的一个未知数.

给出了单组解 $p = 8, c = 51, \pi = 22, a = 19$. 许多的(其他)解是被 P. A. Cataldi[①] 求出的.(该不定方程组共有 226 组正整数解)

Christoff Rudolff[②] 陈述了下面的问题. 为了求出男士、妇女和年轻姑娘的人数,他们一伙有 20 人,若一共消费了 20 芬尼(现已废止的德国货币),其中每位男士都花费 3 芬尼,每位妇女都花费 2 芬尼,平均每位年轻姑娘花费半芬尼(多人喝一杯). 答案给出为 1 名男士、5 名妇女、14 名年轻姑娘.(不定方程组 $x + y + z = 20, 3x + 2y + \frac{1}{2}z = 20$ 在正整数中仅有的一组解 $x = 1, y = 5, z = 14$.)该解据说是由被称为"盲人方法"或"年轻姑娘方法"的法则求出的.

译者注 德国数学家 Christoff Rudolff 区别于荷兰数学家 Ludolph van Ceulen.

C. G. Bachet de Méziriac[③] 解出了下述不定方程

---

① Regola della Quantita o Cosa di Casa, Bologna, 1618, 16-28.

② Künstliche Rechnung, 1526; Nürnberg, 1534, f. nvij a and b; Nürnberg, 1553 and Vienna, 1557, f. Rvii a and b.

③ Diophantus Alex. Arith., 1621, 261-266; comment on Dioph., Ⅳ, 41.

组的(正)整数解

$$x + y + z = 41, 4x + 3y + \frac{1}{3}z = 40$$

第二个等式乘以 3 减去第一个,他得出 $11x + 8y = 79$. 由于 $y = 9 + \frac{7}{8} - \left(1 + \frac{3}{8}\right)x$,而 x 必须为值 1,$2, \cdots, 7$ 中的一个. 依据 x 得出 $8z$ 的值,则有 $1 + 3x$ 必须被 8 整除. 因此 $x = 5$,这样就有 $y = 3, z = 33$. 他处理了 Rudolff[③] 的问题和一个类似的方程组并发现了下述不定方程组的 81 组正整数解

$$x + y + z + w = 100, 3x + y + \frac{1}{2}z + \frac{1}{7}w = 100$$

J. W. Lauremberg[①] 通过例子描述并阐明了被称作"盲人方法"或"年轻姑娘方法"[②]的法则. 这样的法则是为了求解线性不定方程,这些线性不定方程指的是阿拉伯人所涉及的(尽管印度人已经知晓了).

René – François de Sluse[③](1622—1685)处理了这样的问题,将一个给定的数 b 分为三个部分,每个部分

① Arithmetica, Sorae, Denmark, 1643, 132-133. Cf. H. G. Zeuthen, l'intermédiaire des math. , 3, 1896, 152-153.

② According to O. Terquem, Nouv. Ann. Math. , 18, 1859, Bull. Bibl. , 1-2, the term problem of the virgins arose from the 45 arithmetical Greek epigrams, Bachet, pp. 349-370, and J. C. Heibronner, Historia Math. Universae, 1742, 845. Cf. Sylvester of Ch. Ⅲ.

③ MS. No. 10248 du fonds latin, Bibliothèque Nationale de Paris, f. 194, "De problematibus arith. indefinites," Prob. 2.

分别与 z, g, n 相乘再求和,其和为 p. 命第一部分与第二部分分别为 a 与 e,则

$$za + ge + n(b - a - e) = p, a = \frac{p - nb + ne - ge}{z - n}$$

取 $p = b = 20, z = 4, g = \frac{1}{2}, n = \frac{1}{4}$,则 $a = \frac{60 - e}{15}$.

Johann Prätorius[①] 解决了下面的问题. Anna 从市场带回了 10 个鸡蛋,Barbara 带回 30 个,Christina 带回 50 个. 她们都以相同的单价卖各自的一部分鸡蛋并且将剩下的部分再以另一个相同的单价卖出. 他们卖鸡蛋的总收入都相等,请问他们第一次定的价格与第二次定的价格各是多少? 答案给出的是第一次他们以每枚十字币(kreuzer)(现已废止的德国货币)7 个鸡蛋的单价卖,A 卖了 7 个鸡蛋,B 卖了 28 个鸡蛋,C 卖了 49 个鸡蛋;剩下的部分以每个鸡蛋 3 枚十字币的单价卖. 因此,卖鸡蛋的收入分别为 $1 + 9, 4 + 6, 7 + 3$ 枚十字币.

下述方程组[②]有 11 组正整数解

$$x + y + z = 56, 32x + 20y + 16z = 22 \cdot 56$$

①　Abentheuerlicher Glückstopf, 1669, 440.　Cf.　Kästner.

②　Ladies' Diary, 1709-1710, Quest. 8; C. Hutton's Diarian Miscellany, 1, 1775, 52-53; T. Leybourn's Math. Quest. L. D., 1, 1817, 5.

T. F. de Lagny 处理了 Diophantus, Ⅱ,18[①],求出三个数,其中将初始的第一个数的 $\frac{1}{5}$ 与 6 给到已给出过数的第二个数上,将初始的第二个数的 $\frac{1}{6}$ 与 7 给到已给出过数的第三个数上,将初始的第三个数的 $\frac{1}{7}$ 与 8 给到已给出过数的第一个数上,使得经过给出数与收到数这些操作后所得的结果相等. 为了避免分数,记初始的三个数为 $5x,6y,7z$,则初始的第一个数 $5x$ 给出 $x+6$ 且收到 $z+8$ 变为 $4x+z+2$,因此

$$4x+z+2=5y+x-1=6z+y-1$$

依次消去 z 与 y,我们得到

$$y=\frac{19x+18}{26},z=\frac{17x+12}{26}$$

他们的差 $\frac{2x+6}{26}=\frac{x+3}{13}$ 必须是一个整数. 该差乘以 8,再用 z 将其减去,那么 $x-36$ 要被 26 整除也就是 $x-10$ 要被 26 整除. 由于 $2(x-10)$ 被 26 整除时 $2x+6$ 也被 26 整除,它们的差为 26,因此这个问题是有正整数解的(可以看出 $x=10$ 时 $2x+6=26$). 我们可以取 $x=10+26k$ 并且有无穷多组整数解. 他运用同样的方法去处理任意这样的一次"双等式",这样的等式可

---

① Diophantus used $5x,6x,7x$ and got $x=\frac{18}{7}$. G. Wertheim, in his edition of Diophantus, 1890, proceeded as had de Lagny.

以被约简为

$$y = \frac{\pm ax \pm q}{p}, z = \frac{\pm bx \pm d}{p}$$

其原理是由消元法得到 $x \pm c$.

N. Saunderson 以及 A. Thacker[1] 用一种寻常的方法处理未知数 x, y, z 的两个方程.

L. Euler[2][194] 讨论了"盲人法则", 给出

$$p + q + r = 30, 3p + 2q + r = 50$$

消去 r, 故 $2p + q = 20$, 因此 p 可取任意小于或等于 10 的正整数值. 一般地, 对于

$$x + y + z = a, fx + gy + hz = b, f \geq g \geq h \qquad (1)$$

$$b \leq f \cdot (x + y + z) = fa, b \geq h \cdot (x + y + z) = ha$$

其中 b 必须不能太靠近这些界限值 fa, ha. 通过消去 z 我们得到 $\alpha x + \beta y = c$, 其中 α, β 为正数. 也处理了一个类似的一对四元方程构成的方程组, 还有下述方程组

$$3x + 5y + 7z = 560, 9x + 25y + 49z = 2\,920$$

E. Bézout[3] 解决了不定方程组 $x + y + z = 41$, $24x + 19y + 10z = 741$, 是通过消去 x 并表示出 $5y + 14z = 243$ 的整数解为 $z = 5u - 3, y = 57 - 14u$.

Abbé Bossut[4] 通过消去 x 解决了

————————

① A Miscellany of Math. Problems, Birmingham, 1, 1743, 161-169.

② Algebra, Ⅱ, 1770, Cap. 2, §§ 24-30; 1774, pp. 30-41; Opera omnia, ser. 1, 1, 1911, 339-344.

③ Cours de Math. , 2, 1770, 94-96.

④ Cours de Math. , Ⅱ, 1773; ed. 3, Ⅰ, Paris, 1781, 414.

$$x + y + z = 22, 24x + 12y + 6z = 36$$

A. G. Kästner[1] 处理了 Prätorius 的问题以及它的推广:三位农民分别有 a,b,c 个鸡蛋,其中 a,b,c 为不同的正整数. 他们都以每个鸡蛋 m 单位的价格分别卖了 x,y,z 个鸡蛋并且剩余的鸡蛋都以 n 单位的价格卖出. 他们每人卖鸡蛋的总收入都相等. 求出 $x,y,z,\dfrac{m}{n}$.

我们有

$$mx + n \cdot (a - x) = my + n \cdot (b - y) = mz + n \cdot (c - z)$$

其中 $x, a - x, \cdots$ 都是正整数. 我们得到

$$\frac{m}{n} = \frac{b - a}{x - y} + 1 = \frac{c - b}{y - z} + 1, z = \frac{(b - c)x + (c - a)y}{b - a}$$

给 x 赋相继的值并解出 y, z 的方程.

A. G. Kästner[2] 讨论了"盲人法则",由式(1)

$$y = \frac{b - ah - (f - h)x}{g - h}$$

故

$$x \leqslant \frac{b - ah}{f - h}$$

同样的,$x \geqslant \dfrac{b - ag}{f - h}$,这样我们就有 x 的界限值了.

———————

① Leipziger Magazin für reine u. angew. Math. , 1788, 215-227.

② Math. Anfangsgründe, Ⅰ, 2 (Fortsetzung der Rechenkunst, ed. 2,1801,530).

J. D. Gergonne[1] 考虑了 n 个 m 元 $(m > n)$ 整系数方程

$$a_{i1}x_1 + a_{i2}x_2 + \cdots + a_{im}x_m = k_i \quad (i = 1, \cdots, n)$$

且先验地陈述了

$$x_j = T_j + A_j\alpha + B_j\beta + \cdots$$

其中 $\alpha, \beta, \cdots$ 至少共 $m - n$ 个参数. 用这些表达式在给定的方程中替换那些 x_j 并使 α 相应的系数相等, β 相应的系数相等, 依此类推. 所得条件中有些表明 T_1, $T_2, \cdots$ 是给定方程的一组解, 剩余的条件表明 $A_j, B_j, \cdots$ 是下述方程的一组解

$$a_{i1}x_1 + a_{i2}x_2 + \cdots + a_{im}x_m = 0 \quad (i = 1, \cdots, n)$$

并且这些解由矩阵 (a_{ij}) 确定. 同样的讨论也由 J. G. Garnier[2] 给出过, 他还评述行列式的使用有助于 A_j, $B_j, \cdots$ 的确定.

J. Struve[3] 将式 (1) 的解简化为二元方程.

V. Bouniakowsky[4] 讨论了一个或多个不定方程, 主要是线性型的.

---

①   Annales de Math. (ed. , Gergonne) , 3 , 1812-1813 , 147-158.

②   Cours d'Analyse Algébrique , ed. 2 , Paris , 1814 , 67-79.

③   Erläuterung einer Regel für unbest. Aufgaben. . . , Altona , 1819.

④   Bull. phys. math. acad. sc. St. Pétersbourg , 6 , 1848 , 196.

G. Bianchi[1] 处理了三个 x,y,z,u 的线性方程,求解是通过 x,y,z 作为 u 线性函数的行列式并通过检验确定可以给 u 的正整数值(若有),从而使 x,y,z 的表达式变为整数.

Berkhan[2] 指出若式(1)有正整数解,那么 x 处在公差为 $g-h$ 的等差数列上.

I. Heger[3] 考虑一个整系数齐次方程组

$$k_{i1}x_1 + \cdots + k_{im+n}x_{m+n} = 0 \quad (i = 1, \cdots, n) \quad (2)$$

令 x_{11} 为所有可行整数解集中 x_1 的数值最小值不等于 0,并令 $x_{11}, \cdots, x_{1m+n}$ 为这样的一个集合. 它们与 ξ_1 的乘积给出一组解. 那么唯一的可能就是 x_1 是 x_{11} 的倍数. 在式(2)中设

$$x_1 = x_{11}\xi_1, x_i = x_{1i}\xi_1 + x_i' \quad (i = 2, \cdots, m+n)$$

则

$$k_{i2}x'_2 + \cdots + k_{im+n}x'_{m+n} = 0 \quad (i = 1, \cdots, n)$$

正如之前一样,$x'_2 = x_{22}\xi_2$,其中 x_{22} 为所有整数解集中 x'_2 的数值最小值不等于 0. 令 $x_{21}, \cdots, x_{2m+n}$ 为这样的一个集合. 继续用这种方式,我们得到

$$x_1 = x_{11}\xi_1$$
$$x_2 = x_{12}\xi_1 + x_{22}\xi_2$$

---

① Memorie di Mat. e Fis. Soc. Italiana Sc. ,Modena,24,Ⅱ,1850,280-289.

② Lehrbuch der Unbest. Analytik,Halle,Ⅰ,1855,46-53.

③ Denkschriften Akad. Wiss. Wien(Math. Nat.),14,Ⅱ,1858,1-122. Extract in Sitzungsber. Akad. Wiss. Wien(Math.),21,1856,550-560.

$$x_3 = x_{13}\xi_1 + x_{23}\xi_2 + x_{33}\xi_3$$
$$\vdots$$
$$x_m = x_{1m}\xi_1 + x_{2m}\xi_2 + \cdots + x_{mm}\xi_m$$

若式（2）中 $x_{m+1}, \cdots, x_{m+n}$ 的系数行列式不为零，那么那些变量是 $x_1, \cdots, x_m$ 明确的线性函数，因此

$$x_{m+j} = x_{1m+j}\xi_1 + \cdots + x_{mm+j}\xi_m \quad (j = 1, \cdots, n)$$

其中 x_{im+j} 可以取整数. 给 $\xi_1, \cdots, \xi_m$ 赋上任意的整数，我们得出式（2）的全部解.

对于 n 个 m 元非齐次方程，$n < m$，令所有系数矩阵的 n 阶行列式 D 有最大公因数 f，考虑某一列为常数项的行列式 K，并令全部 D 与全部 K 的最大公因数为 F. 当且仅当 $f = F$ 时，存在整数解，同时 $\dfrac{f}{F}$ 是所有组分数解的最小公分母.

V. A. Lebegue[①] 想从线性方程组中选出（若可能）两个方程 $ax_1 = F(x_2, \cdots, x_n)$ 和 $a'x_1 = F_1(x_2, \cdots, x_n)$，使得 a 与 a' 是互素的. 确定 r, s, p, q，使得 $ar - a's = 1, ap - a'q = 0$，则有 $x_1 = rF - sF_1, pF - qF_1 = 0$，从而方程组可以约简为前面那两个与仅含 $x_2, \cdots, x_n$ 的那些方程. 为了求解不定方程组 $ax + by = cz$，$a'x + b'y = c't$，其中 a, b, c 的最大公因数为 1. 我们可以设 $z = Du$，其中 $D = a\alpha + b\beta$ 为 a, b 的最大公因数. 因此 $x = c\alpha u + \dfrac{bv}{D}, y = c\beta u - \dfrac{av}{D}$，则第二个方程变为 $Au +$

---

① Exercices d'analyse numérique, Paris, 1859, 66-75.

$Bv = c't$,其可以同第一个方程那样处理. 给定 m 个 $m + n$ 元线性方程,其一个 m 行的子式 D 不为零,我们得到 $Dx_i = f_i(y_1, \cdots, y_n)$ $(i = 1, \cdots, m)$. 还需要解同余方程 $f_i \equiv 0 \pmod{D}$,可以用线性方程的方法来处理.

H. J. S. Smith[1] 证明了如果未知数的数目超过线性无关方程的数目为 m,我们可以指定 m 组整数解(称为方程的基本解组)使得由它们构成的矩阵的行列式不允许有大于 1 的公约数. 方程组的每一组整数解都可以用基本解组的整数倍线性表示. 利用这个概念可以证明 Heger 定理:线性方程组在整数中是可解的或不可解的是根据系数矩阵(子)行列式的最大公因数是否等于增广矩阵(子)行列式的最大公因数,其中增广矩阵是通过附加由常数项组成的列而获得的. 利用重要的初等因子.

H. Weber[2] 考虑下述整系数方程组

$$h_i = m_1 \sigma_{1i} + \cdots + m_p \sigma_{pi} + \lambda_i \quad (i = 1, \cdots, p)$$

该整系数也是行列式 δ 的元素 σ_{ji}. 若 $\delta \neq 0$ 我们得出每一组整数 $h_1, \cdots, h_p$ 和每组的次数 δ^{p-1},如果我们把所有可能的整数组合取为 $m_1, \cdots, m_p$,让 $\lambda_1, \cdots, \lambda_p$ 独立地遍历一组模 δ 的完全剩余系. 若 $\delta = 0$,我们可以对那些 m 应用一个行列式为 ± 1 的(线性)替换

---

[1] Phil. Trans. London, 151, 1861, 293-326; abstr. in Proc. Roy. Soc., 11, 1861, 87-89. Coll. Math. Papers, Ⅰ, 367-409.

[2] Jour. für Math., 74, 1872, 81.

使得矩阵(σ_{ji})转化为一个右侧有几列 0 的矩阵,则通过一个行列式为 ±1 关于 $h_1, \cdots, h_p$ 的线性替换,我们得到一个矩阵,除了左上角的 q 行子式之外都有 0.

E. d' Ovidio[①] 用代数的方法处理了一个由 $n-r$ 个独立线性齐次方程构成的 n 元方程组,以及它与第二个此类方程组具有相同 ∞^r 解的条件.

G. Frobenius[②] 证明了 I. Heger 的定理的下列推广:多个非齐次线性方程联立的方程组具有整数解当且仅当秩 l 并且未知数系数矩阵的 l 行行列式的最大公因数与增广矩阵 l 行行列式的最大公因数相同,其中增广矩阵通过附加由常数项构成的列而获得的. 其次,m 个独立的 n 元$(n>m)$线性齐次方程的整数解集构成了一个基本解组,当且仅当由 m 个独立的线性齐次方程构成的 $n-m$ 行行列式没有公约数. 他讨论了两组 m 个 n 元线性型线性变换下的等价性,其中线性变换满足行列式为 ±1. Ch. Méray[③] 考虑 m 个 n 元$(n>m)$线性型的一个方程组

$$\varphi_i = a_i x + b_i y + \cdots + j_i v \quad (i=1,2,\cdots,m) \quad (3)$$

将$(\varphi_1 \quad \cdots \quad \varphi_m)$左乘下述矩阵

---

①   Atti R. Accad. Sc. Torino,12,1876-1877,334-350.

②   Jour. für Math. ,86,1878,171-173. Cf. Kronecker.

③   Annales sc. de l'école normale sup. ,(2),12,1883,89-104;Comptes Rendus Paris,94,1882,1167.

$$\begin{pmatrix} \lambda_1 & \mu_1 & \cdots & \omega_1 \\ \vdots & \vdots & & \vdots \\ \lambda_m & \mu_m & \cdots & \omega_m \end{pmatrix} \qquad (4)$$

定义为构成下述 m 个线性型方程组的操作

$$\psi_1 = \lambda_1\varphi_1 + \lambda_2\varphi_2 + \cdots + \lambda_m\varphi_m, \cdots, \psi_m$$
$$= \omega_1\varphi_1 + \omega_2\varphi_2 + \cdots + \omega_m\varphi_m$$

如果将刚得到的这个方程组再乘以那个矩阵,我们就得到一个方程组,它可以由式(4)乘以两个矩阵的乘积得到(结合律). 给定一个具有 m 个整系数线性型(4)的方程组,其系数矩阵的 m 行行列式不全为零且具有最大公因数 d,我们可以指定一个行列式为 $\dfrac{1}{d}$ 且元素有理的矩阵,以及具有整系数的 n 元线性代换,其行列式为单位的,这样,经过矩阵相乘和替换变换,我们得到了一个由 $\pm x_1, \pm x_2, \cdots, \pm x_1$ 型构成的方程组,则方程组 $\varphi_i = k_i (i = 1, \cdots, m)$ 具有整数解当且仅当最大公因数 d 整除替换后的所有 m 行行列式,其中这些 φ 系数的 m 行行列式有一个数 d 作为最大公因数,用这些 k 替换任意列的元素可从前面行列式中获得的所有 m 行行列式. 当方程组有整数解 $\xi, \cdots, \psi$,全部整数解不重复的给出如下

$$x = \xi + x_1\theta_1 + \cdots + x_{n-m}\varphi_{n-m}, \cdots, v$$
$$= \psi + v_1\theta_1 + v_2\theta_2 + \cdots + v_{n-m}\theta_{n-m}$$

其中这些 θ 为任意整数并且 θ 的系数满足方程组 $\varphi_i = 0 (i = 1, \cdots, m)$.

A. Caylay[1] 为了求解未知数为 $A,B,\cdots$ 的一个线性齐次方程组,我们先使尽可能多的未知数(比如说 $A,\cdots,E$)为零,使得存在一个带有 $F\neq0$ 的解,我们可以取 $F=1$ 就会有一个解"以 $F=1$ 为首". 接着,在最初的方程中设 $F=0$ 并使尽可能多的前面的未知数(比如说 A,B,C)为零使得存在一个带有 $D\neq0$ 的解,我们可以取 $D=1$ 就会有一个解以 $D=1$ 为首且 $F=0$. 第三步可以导出一个解 $A=1,D=F=0$. 则我们有方程组的三个标准解.

E. de Jonquières[2] 讨论了由 Cremona 变换(译者注:一类双有理变换)而产生的那些方程

$$\sum_{i=1}^{n-1} i\alpha_i = 3(n-1), \sum_{i=1}^{n-1} i^2\alpha_i = n^2 - 1$$

G. Chrystal[3] 证明了若 x',y',z' 为下述方程组的一组特解

$$ax + by + cz = d, a'x + b'y + c'z = d'$$

若记行列式 (bc'),(ca'),(ab') 的最大公因数为 ε,同时 u 为任意整数,则方程组全部(整数解)解给出如下

---

[1] Quar. Jour. Math., 19, 1883, 38-40; Coll. Math. Papers, XⅢ, 19-21.

[2] Giornale di Mat., 24, 1886, 1; Comptes Rendus Paris, 101, 1885, 720, 857, 921. *Pamphlet, Mode de solution d'une question d'analyse indéterminée... théorie des transformations de Cremona. Paris, 1885.

[3] Algebra, 2, 1889, 449; ed. 2, vol. 2, 1900, 477-478.

$$x = x' + (bc')u/\varepsilon, y = y' + (ca')u/\varepsilon, z = z' + (ab')u/\varepsilon$$

译者注 上述的行列式记法是一种简记,即

$$(bc') = \begin{vmatrix} b & b \\ c & c' \end{vmatrix},$$ 其余依此类推.

T. J. Stieltjes[1] 给出了一个 H. J. S. Smith 所得结果的阐释.

L. Kronecker[2] 通过归纳法给出了那个定理的一个简单证明,那个应归于 Smith 的定理为每一个 n 行整数元素的方阵都可以通过初等变换(行或列的交换,一行或一列的符号同时改变,一行或一列加在另一行或另一列上)约简为某个矩阵,其中对角线外的每个元素都是零,而对角线上的每个元素都不为 0,且都为正的,还有对角线上前一个元素是下面元素的因子(整数矩阵的 Smith 标准型). 矩阵仅有单个这样的简化型(唯一性).

P. Bachmann[3] 给出一份关于线性方程组理论、方程理论和同余式理论的详细记录. 对于一个扼要的记录,见《纯粹数学与应用数学科学百科全书》第一宗第三卷第 76－89.

J. H. Grace 和 A. Young[4] 给出了一个简单的证明,即具有整系数的线性齐次方程的任何方程组在整

---

① Annales Fac. Sc. Toulouse, 4, 1890, final paper, pp. 49-103.

② Jour. für Math. , 107, 1891, 135-136.

③ Arith. der Quadratischen Formen, 1898, 288-370.

④ Algebra of Invariants, 1903, 102-107.

数(域)上仅含有限个大于或等于 0 的不可约解,如果一个解不是两个较小整数解之和,则称为不可约解.

J. König[1] 从模线性方程组的角度,对系数为给定变量多项式的线性方程组和同余组进行了处理.

A. Châtelet[2] 简要总结了结果,尤其是 Heger 的结果.

E. Cahen[3] 对线性方程组、同余方程组以及线性形式方程组进行了扩展处理.

M. d' Ocagne[4] 解决了不定方程组 $x+y+z+t=n,5x+2y+z+\frac{1}{2}t=n$,为的是求出用共 n 枚面值为 $5,2,1,\frac{1}{2}$ 法郎的硬币付 n 法郎的方法数.

3　一元或二元线性同余方程

Th. Schönemann[5] 考虑下述方程解的组数 Q

$$a_1\xi_1 + \cdots + a_m\xi_m \equiv 0\,(\bmod\ p)$$

其中方程的 $\xi_1,\cdots,\xi_m$ 不同,并且理解为通过将相等元素置换得到的解算作一个单独的解,并且 p 是素数. 令

---

①　Einleitung... Algebraischen Gröszen, Leipzig, 1903, 347-460.

②　Leçons sur la théorie des nombres,1913,55-58.

③　Théorie des nombres, 1, 1914, 110-185, 204-262, 289, 299-315,383-387,405-406.

④　L'enseignement math. , 18, 1916, 45-47. Cf. Amer. Math. Monthly,26,1919,215-218.

⑤　Jour. für Math. ,19,1839,292.

μ 与 a 中的相等, v 与 a 中的也相等, 等等. 如果

$$a_1 + \cdots + a \not\equiv 0 \ (\mathrm{mod}\ p),m \leqslant p$$

$$Q = \frac{(p-1)(p-2)\cdots(p-m+1)}{\mu!\ \nu!\ \cdots}$$

但是如果 $a_1 + \cdots + a_m \equiv 0 \ (\mathrm{mod}\ p)$, 而更少的 a 中的和不能被 p 整除

$$Q = \frac{(m-1)!\ (p-1)(-1)^{m-1}}{\mu!\ \nu!\ \cdots} +$$

$$\frac{(p-1)(p-2)\cdots(p-m+1)}{\mu!\ \nu!\ \cdots}$$

V. A. Lebesgue[①] 通过他的结果发现了下述结论, 其中他的结果在本系列丛书第一卷第十章的"这段历史"中提到过. 若 ρ 是素数 p 的一个原根, 那么有下列两个同余方程

$$\rho^b x_1 + \rho^c x_2 + \cdots + \rho^i x_k \equiv 0(\mathrm{mod}\ p)$$

$$\rho^a + \rho^b x_1 + \rho^c x_2 + \cdots + \rho^i x_k \equiv 0(\mathrm{mod}\ p)$$

在 $F[p]$ 上各有 p^{k-1} 组大于或等于 0 的整数解, 而相应有如下组大于 0 的整数解

$$\frac{1}{p}(p-1)\{(p-1)^{k-1} - (-1)^{k-1}\}$$

$$\frac{1}{p}\{(p-1)^k - (-1)^k\}$$

M. A. Stern[②] 证明了, 若 p 是一个奇素数, 任意一个整数能在模奇素数 p 下用选自数集 $1, 2, \cdots, p-1$ 不

---

① Jour. de Math. ,(2),4,1859,366.

② Jour. für Math. ,61,1863,66.

同的数表示,有确切的 $P = \dfrac{2^{p-1}-1}{p}$ 种表示方法. 例如

$3 \equiv 1 + 2 \equiv 1 + 3 + 4 \pmod 5$, $P = \dfrac{2^{p-1}-1}{p} = \dfrac{16-1}{5} = 3$.

若限制为偶数个被加数,我们发现(在模奇素数 p 下)

零可以有 $\dfrac{1}{2}(P+p-2)$ 种表示方法,而 $1, 2, \cdots, p-1$

均有 $\dfrac{1}{2}(P-1)$ 种表示方法. 我们将会在二次剩余的章

节记述他的结果,其中选自的数集为 $1, 2, \cdots, \dfrac{p-1}{2}$.

  E. Lucas[①] 指出,若 a 与 n 互素,点 (x,y) 落在(由相等的平行四边形组成的)格点上,其中 $x = 0, 1, \cdots, n$ 且 y 是 ax 模 n 的剩余,并且被称作形成一个缎纹(satin)n_a. 这些缎纹以图形化的方法导出了同余方程 $mx + ny \equiv 0 \pmod p$ 的所有解.

  L. Gegenbauer[②] 给出了 Lebesgue 结果的一个直接证明. 令同余方程 $a_1 x_1 + \cdots + a_k x_k + b \equiv 0 \pmod p$(译者注:在 $F[p]$ 上)成立的解的组数为 S'_k 或 S_k, b 被 p

---

① Application de l'arith. à la construction de l'armure des satins réguliers, Paris, 1868. Principii fondamentali della geometria dei tessuti, l'Ingegnere Civile, Turin, 1880; French transl. in Assoc. franç. av. sc. , 40, 1911, 72-87. See S. Günther, Zeitschr. Math. Naturw. Unterricht, 13, 1882, 93-110; A. Aubry, l'enseignement math. , 13, 1911, 187-203; Lucas of Ch. Ⅵ.

② Sitzungsber. Akad. Wiss. Wien (Math.), 99, Ⅱa, 1890, 793-794.

整除为 S'_k 而 b 不被 p 整除为 S_k，其中每一个 a 都不被 p 整除. 令 N 为（译者注：在 $F[p]$ 上）所有解的总数. 由于 $a_k x_k + b$ 的范围是 x_k 在模 p 下的完全剩余系，N 为那 p 个同余方程 $a_1 x_1 + \cdots + a_{k-1} x_{k-1} + c \equiv 0 (\bmod p)$ 解的组数之和，其中 $c = 0, 1, \cdots, p-1$；当那些同余式（译者注：在 $F[p]$ 上）满足元素与 p 互素解的组数等于那些性质相同的 $p-1$ 个同余方程 $a_1 x_1 + \cdots + a_{k-1} x_{k-1} + c' \equiv 0 (\bmod p)$ 解的组数之和时，其中

$$c' = 0, 1, \cdots, b-1, b+1, p-1 (c' \neq b)$$

因此

$$N = p^{k-1}, S'_k = (p-1) S_{k-1}, S_k = S'_{k-1} + (p-2) S_{k-1}$$

K. Zsigmondy[①] 证明了，根据 α 是否被素数 p 整除，同余方程 $k_0 + k_1 + \cdots + k_{p-1} \equiv \alpha (\bmod p)$ 有 $\psi(p-1) - 1$ 或 $\psi(p-1)$ 组解，其中每个 k_i 都与 p 互素，$\psi(n)$ 为使得模素数 p 的 n 次同余方程无整数根的数目. 同余方程组

$$k_0 + k_1 + \cdots + k_{p-1} \equiv 0$$

$$k_1 + 2k_2 + \cdots + (p-1) k_{p-1} \equiv \alpha (\bmod p)$$

有 $\psi(p-2)$ 或 $\psi(p-2) + p-1$ 组满足与 p 互素的解，当 $\alpha \equiv 0 (\bmod p)$ 和 $\alpha \equiv 0 (\bmod p)$ 时为 $\psi(p-2)$ 或 $\psi(p-2) + p-1$.

---

① Monatshefte Math. Phys. , 8, 1897, 40-41.

R. D. von Sterneck[①] 求出了模 M 下与 n 同余的加法组合的方法数,其中 i 个被加数都与 M 不同余,例如 $(n)_i$

$$n \equiv x_1 + x_2 + \cdots + x_i (\bmod M)$$
$$(0 \leqslant x_1 < x_2 < \cdots < x_i < M)$$

令 $(n)_i^0$ 为相应的数其中每个被加数都不被 M 整除,使得 $0 < x_1 < x_2 < \cdots < x_i < M$. 定义 $f(n,d)$,若 d 中有任何一个素因子其指数比在 n 中相应的那个素因子的指数至少大 2,那么 $f(n,d)$ 为零;而当出现在 d 中的素因子 $p_1, \cdots, p_j$,其指数比在 n 中相应素因子指数大一,并且 d 中剩下的素因子相应在 n 中的指数至少要与 d 中的相等(换句话说,这些剩下的素因子在 n 中的指数可以大过 d 中的),令

$$f(n,d) = \frac{(-1)^j \varphi(d)}{(p_1 - 1) \cdots (p_j - 1)}$$

其中 $\varphi(d)$ 为 L. Euler 函数;最后,若 d 中没有素因子其指数比 d 中的大,令 $f(n,d) = \varphi(d)$,以便 n 被 d 整除,则

$$(n)_i = \frac{(-1)^i}{M} \sum f(n,d) \, (-1)^{\frac{i}{d}} \binom{\dfrac{M}{d}}{\dfrac{i}{d}}$$

① Sitzungsber. Akad. Wiss. Wien (Math.), 111, IIa, 1902,1567-1601. By simpler methods, and removal of the restriction on the modulus M, ibid. ,113,IIa,1904,326-340.

$$(n)_i^0 = \frac{(-1)^i}{M} \sum f(n,d)\, (-1)^{\left[\frac{i}{d}\right]} \binom{\dfrac{M}{d}-1}{\left[\dfrac{i}{d}\right]}$$

其中对 M 的所有因子求和, $\binom{k}{j}$ 为二项式系数且若 j 非整数时其为零. 利用第二个公式 $f(n,M)$ 等于两个表法数之差, 两个表法数分别是表 n 为奇数个不整除 M 的被加数之和的方法数以及表 n 为偶数个不整除 M 的被加数之和的方法数.

Von Sterneck[①] 证明表法数 $[n]_i$, 将 n 表为 i 个元素之和模 M 下的剩余, i 个元素选自 $0,1,\cdots,M-1$ 且允许重复, 表法数为

$$[n]_i = \frac{1}{M} \sum f(n,d) \binom{\dfrac{M+i}{d}-1}{\dfrac{i}{d}}$$

其中对 M 的所有因子求和. 若选自的数为 $e_1,\cdots,e_\nu$ 都与 M 不同余, 则

$$i[n]_i = \sum_{\lambda=1}^{i} \sum_{e=e_1}^{e_\nu} [n-\lambda e]_{i-\lambda}$$

$$i(n)_i = \sum_{\lambda=1}^{i} (-1)^{\lambda-1} \sum_e (n-\lambda e)_{i-\lambda}$$

Von Sterneck 确定出了对于一个素数幂模的 $(n)_i$

---

① Sitzungsber. Akad. Wiss. Wien (Math.), 114, IIa, 1905, 711-730.

与$[n]_i$.

O. E. Glenn[①] 求出了同余方程 $\lambda + \mu + \nu + \xi \equiv 0$（mod $p-1$）以及 $\lambda + \mu + \nu \equiv 0$（mod $p-1$）解的组数，其中解不考虑 $\lambda, \mu, \cdots$ 的顺序且 p 是素数.

D. N. Lehmer 证明了同余方程 $a_1 x_1 + \cdots + a_n x_n + a_{n+1} \equiv 0$（mod m）（译者注：在 $F[p]$ 上）要么有 $m^{n-1} \delta$ 组解，要么无（整数）解，$a_1, \cdots, a_n, m$ 的最大公因数 δ 整除 a_{n+1} 时有解，不整除时无解.

L. Aubry[②] 指出若 A 与 N 互素且若 $\dfrac{B}{\sqrt{N}}$ 不是整数，同余方程 $Ax \equiv By$（mod N）在不等于 0 且数值上小于 $\sqrt{N}$ 的整数中有解.

4　线性同余方程组

A. M. Legendre[③] 处理了这样的问题，求一个整数 x，当 a 与 b 互素，a' 与 b' 互素，使得如下各式

$$\frac{ax-c}{b}, \frac{a'x-c}{b'}, \cdots$$

全为整数. 第一个条件给出了 $x = m + bz$，则第二个条件需要 $a'bz + a'm - c'$ 被 b' 整除，而若 b 与 b' 的最大公因数 θ 不是 $a'm - c'$ 的一个因子则原方程无解；但若 θ

---

①　Amer. Math. Monthly, 13, 1906, 59-60, 112-114.

②　Mathesis, (4), 3, 1913, 33-35.

③　Théorie des nombres, 1798, 33; ed. 2, 1805, 25; ed. 3, 1830, Ⅰ, 29; Maser, Ⅰ, p. 29.

是一个这样的因子,通解为 $z = n + \dfrac{z'b'}{\theta}$ 的形式,因此

$x = m' + B'z$,其中 B' 为 b 与 b' 的最小公倍数. 类似地,

第三个分式为整数若 $x = M + Bz$,其中 B 为 b, b', b'' 的

最小公倍数.

  M. Fekete[①] 处理了一般的一元线性同余方程组.

  C. F. Gauss[②] 详尽地讨论了 n 个 n 元线性同余式

的解. 他(文章中)的第二个(且更典型)例子是

$$3x + 5y + z \equiv 4 \,(\mathrm{mod}\ 12)$$
$$2x + 3y + 2z \equiv 7 \,(\mathrm{mod}\ 12)$$
$$5x + y + 3z \equiv 6 \,(\mathrm{mod}\ 12)$$

  他先寻求没有公因数整数[③] ξ, ξ', ξ'',使得它们与 y

系数(还有 z 的系数)乘积之与零同余

$$5\xi + 3\xi' + \xi'' \equiv 0 \,(\mathrm{mod}\ 12)$$
$$\xi + 2\xi' + 3\xi'' \equiv 0 \,(\mathrm{mod}\ 12)$$

因此 $\xi = 1, \xi' = -2, \xi'' = 1$. 对应乘上最初的三个同余

式并累加起来,我们得到 $4x \equiv -4 \,(\mathrm{mod}\ 12)$. 类似地,

对应乘数为 $1, 1, -1$ 会给出 $7y \equiv 5 \,(\mathrm{mod}\ 12)$,而对应

乘数为 $-13, 22, -1$ 会给出 $28z \equiv 96 \,(\mathrm{mod}\ 12)$. 因此

$x = 2 + 3t, y = 11$(或 $y = 11 + 12r$)$, z = 3u$. 现在给出如

下与所提出的同余式等价的三个

---

  ①   Math. és Phys. Lapok, Budapest, 17, 1908, 328-349.

  ②   Disq. Arith. , Art. 37; Werke, Ⅰ, 27-30.

  ③   F. J. Studnicka, Sitzungsberichte, Akad. Wiss. , Prag, 1875,

114, noted that they are proportional to the signed minors of the coeffi-

cients of the first column in the determinant of the coefficients.

$$19 + 3t + u \equiv 0 \,(\bmod\, 4)$$

$$10 + 2t + 2u \equiv 0 \,(\bmod\, 4)$$

$$5 + 5t + 3u \equiv 0 \,(\bmod\, 4)$$

成立当且仅当 $u \equiv t + 1 \,(\bmod\, 4)$. 因此

$$(x, y, z) \equiv (2, 11, 3), (5, 11, 6), (8, 11, 9),$$

$$(11, 11, 0) \,(\bmod\, 12)$$

H. J. S. Smith[1] 指出 Gauss 留下的理论是不完美的. 在下式

$$A_{i1} x_1 + \cdots + A_{in} x_n = A_{in+1} \,(\bmod\, M) \quad (i = 1, \cdots, n)$$

$$(1)$$

中记行列式 $|A_{ij}|$ 为 D. 若 D 与 M 互素, 有却只有一组解. 接下来, 令 D 与 $M = p_1^{m_1} p_2^{m_2} \cdots$ 不互素, 其中这些 p 为不同的素数. 一个可解的必要条件是对于每一个模数 $p_i^{m_i}$ 都有解. 反过来, 若对于每一个模数 $p_i^{m_i}$ 都有 P_i 组解, 对于模数 M 有 $P_1 P_2 \cdots$ 组解. 因此, 对于模数 p^m 考虑式(1), 并记 I_r 为 p 最高次幂的指数, 该 p 的次幂能整除 D 的所有 r 行子式. 则若 $I_n - I_{n-1} \leqslant m$, 同余式若可解就有 p^{I_n} 组解. 但若 $I_n - I_{n-1} > m$, 我们可以赋予一个值 r 使得

$$I_{r+1} - I_r > m \geqslant I_r - I_{r-1}$$

则解(若有)的组数为 p^k, 其中

$$k = I_r + (n - r) m$$

Smith 将式(1)的行列式 $|A_{ij}|$ 写为 ∇_n, 将它的初余

---

① Report British Assoc. for 1859, 228-267; Coll. Mathh. Papers, Ⅰ, 43-45.

子式的最大公因数写为 ∇_{n-1}，∇_1 为行列式各元素 A_{ij} 的最大公因数并且设 $\nabla_0 = 1$. 令 $D_n, D_{n-1}, \cdots, D_0$ 为相应增广矩阵子式的最大公因数. 令 δ_i 以及 d_i 分别记 M 与 $\dfrac{\nabla_i}{\nabla_{i-1}}$ 的最大公因数以及 M 与 $\dfrac{D_i}{D_{i-1}}$ 的最大公因数. 设 $d = d_1 \cdots d_n$ 与 $\delta = \delta_1 \cdots \delta_n$，则该同余方程组（1）可解当且仅当 $d = \delta$. 当条件被满足时解中不同余的组数为 d. 还有类似的定理，其中未知数的数量要么多于，要么少于同余式的数量.

Smith[1] 利用 M 的一个素因子 p 以及 p 的最高次幂的指数 μ, a_s, α_s，其中那些 p 的最高次幂分别整除 M, D_s, ∇_s，证明了他先前的定理，该定理可以换作如下表述：对于模数 p^μ，同余方程组（1）可解当且仅当 $a_\sigma = \alpha_\sigma$，其中 $a_\sigma - a_{\sigma-1}$ 是序列 $a_n - a_{n-1}, a_{n-1} - a_{n-2}, \cdots$ 满足小于 μ 的第一项，当条件被满足时解中不同余的组数为 p^k，其中 $k = a_\sigma + (n - \sigma)\mu$.

G. Frobenius 证明了同余方程组（1）有 M^{n-1} 组互不同余的解，前提是 A 的 l 行行列式与 M 没有（大于一的）公因数且若所有系数的增广矩阵的 $l+1$ 行行列式被 M 整除，其中 l 为未知数系数矩阵 A 的秩. 若增广矩阵的秩为 $l+1$ 且其 $l+1$ 行行列式的最大公因数为 d'，同时 A 的秩为 l 且其 l 行行列式的最大公因数为 d. 同余方程组没有解的前提是模数 M 不是 $\dfrac{d'}{d}$ 的一

---

① Proc. London Math. Soc. ,4 ,1871-1873 ,241-249 ; Coll. Math. Papers , Ⅱ ,71-80.

个因子. 齐次同余方程组 $A_{i1}x_1 + \cdots + A_{in}x_n = 0 \,(\mathrm{mod}\ M)$ 互不同余组解的数目等于 $s_1 s_2 \cdots s_n$, 其中 s_λ 为 M 与矩阵 (A_{ij}) 的第 λ 个初级因子的最大公因数.

Frobenius 证明了线性齐次 n 元模 M 同余方程组有一个由 $n - s$ 组解构成的基本解组, 而没有组数更少的, 前提是 $s + 1$ 阶行列式与 M 有一个(大于一的)公因子而 s 阶行列式与 M 却没有. 他研究了模 M 线性同余式的等价性与秩.

F. Jorcke[①] 没有新颖性地处理了线性同余方程组.

D. de Gyergyószentmiklos[②] 考虑了如下同余方程组

$$\sum_{j=1}^{n} a_{\rho j} x_j \equiv u_\rho (\mathrm{mod}\ m) \quad (\rho = 1,2,\cdots,n)$$

令 $D = |a_{\rho j}|$ 且 V_k 为行列式, 该行列式由那些 u 作列放到 D 的 k 列而导出. 令 δ 为 m 与 D 的最大公因数. 若任意一个 V_k 都不被 δ 整除, 则同余方程组无解. 接着, 令每一个 V_k 都被 δ 整除, 则 $Dx_k \equiv V_k (\mathrm{mod}\ m)$ 唯一确定 $x_k \equiv \alpha_k (\mathrm{mod}\ \dfrac{m}{\delta})$. 设 $x_k = \alpha_k + \dfrac{t_k m}{\delta}$ 在最初的同余方程组中, 因此

$$(a_{\rho 1} t_1 + \cdots + a_{\rho n} t_n)\frac{m}{\delta} \equiv u_\rho - a_{\rho 1}\alpha_1 - \cdots - a_{\rho n}t_n (\mathrm{mod}\ m)$$

---

① Ueber Zahlenkongruenzen und einige Anwendungen derselben, Progr. Fraustadt, 1878.

② Comptes Rendus Paris, 88, 1879, 1311.

$$a_{\rho 1}t_1 + \cdots + a_{\rho n}t_n \equiv w_\rho (\bmod \delta)$$

对于后面这个方程,模数 δ 整除行列式 D. 因此, 若一些 $n-\nu$ 阶子式不被 δ 整除,同时所有更高阶子式 都被 δ 整除,则解涉及的任意参数有确切的 ν 个并且 有 δ^ν 组解.

L. Kronecker[1] 由他的模方程组理论导出了如下 定理,对于一个素数 p,该方程组的通解

$$\sum_{k=1}^{r} V_{ik}X_k \equiv 0(\bmod p) \quad (k = 1,\cdots,t)$$

涉及 $\tau - r$ 个独立的参数前提是 $t\tau$ 个 V_{ik} 构成的矩 阵在模 p 下秩为 r.

K. Hensel[2] 考虑一个由 m 个 n 元线性齐次同余 式构成的同余方程组,其中系数以及模数 P 要么是整 数,要么是一元有理整函数(即一元多项式函数). 我 们可以替换原方程组为一个等价的方程组,其模数整 除 P,于是最终可获得模数为一.

译者注 有些文献习惯于称"多项式"为"有理整 函数". 由于"有理函数"通常被认为是"有理的分式函 数"于是就用"有理整函数"称"多项式". 另外,若"有 理函数"为"整函数"那么其为"多项式函数".

E. Busche[3] 证明了 n 个 n 元线性齐次同余式构 成的同余方程组解的组数等于模数的前提是模数整

---

① Jour. für Math. ,99,1888,344;Werke,3,Ⅰ,167. Cf. papers 24-26,p. 226,and 43,p. 232 of Vol. Ⅰ of this History.

② Jour. für Math. ,107,1891,241.

③ Mitt. Math. Gesell. Hamburg,3,1891,3-7.

除方程组的行列式. 这一定理等价于如下表述:若 $a-b$ 是一个整数写为 $a \sim b$,若行列式不等于 0 其元素 a_{ij} 为整数,互不等价解 $x_1, \cdots, x_n$ 的组数为行列式的绝对值 $|a_{ij}|$.

G. B. Mathews[①] 指出模数分别为 $m_1, \cdots, m_n$ 的 n 个线性同余式构成的同余方程组可以被约简为一个相同模数 m($m_1, \cdots, m_n$ 的最小公倍数)的方程组,通过分别乘上 $\dfrac{m}{m_1}, \cdots, \dfrac{m}{m_n}$. 对于一个公共模数 m 的情形方法是分别推出一个等价的方程组涉及 $n, n-1, \cdots, 1$ 个未知数. 细节仅由该例子给出

$$ax + by + cz \equiv d \pmod{m}$$
$$a'x + b'y + c'z \equiv d' \pmod{m}$$
$$a''x + b''y + c''z \equiv d'' \pmod{m}$$

令 θ 为 a, a', a'' 的最大公因数,并令 $\theta = pa + qa' + ra''$. 上述三个同余式分别对应地乘上 p, q, r 再累加起来,我们得到一个同余式 $\theta x + \beta y + \gamma z \equiv \delta \pmod{m}$. 若 p 与 m 互素,我们得到一个等价的方程组通过刚得到的那个同余方程代替方程组中的第一个,则利用 $\theta x + \beta y + \gamma z \equiv \delta \pmod{m}$ 可以消去第二个以及第三个同余式中的 x.

L. Gegenbauer 表示线性同余方程组

$$\sum_{k=0}^{p-2} b_{k+\rho} y_k \equiv 0 \pmod{p} \quad (\rho = 0, 1, \cdots, p-2)$$

---

① Theory of Numbers, 1892, 13-14.

有线性无关解的组数如同余方程

$$\sum_{k=0}^{p-2} b_k x^k \equiv 0 (\bmod \ p)$$

模 p 的不同根一样多. 这样的线性同余方程组已经被 W. Burnside[1] 讨论过.

E. Steinitz[2] 陈述道所有关于线性同余方程的定理都可以简单地由这一定理得到:给定 k 个 n 元模 m 线性同余方程,系数而成的 k 组集合形成一个 Dedekind Modul 的基. 若 $e_1, \cdots, e_n$ 是该模的不变量(若其秩 r 是小于 n 的则 e 的后 $n-r$ 个是 0)且若 $[e_i, m]$ 是 e_i, m 的最大公因数,则所有解组的总和表示一个具有不变量的模.

$$\frac{m}{[e_n, m]}, \cdots, \frac{m}{[e_1, m]}$$

这样的论述已经被 Bachmann, J. König 以及 Cahen 所引用. Zsigmondy 求出了两个特殊同余式构成方程组解的组数.

H. Weber[3] 对这些同余式的条件做了一个直接的检验

$$a_{1j}y_1 + a_{2j}y_2 + \cdots + a_{\rho j}y_\rho \equiv 0 (\bmod \ p^\pi) \quad (j = 1, \cdots, \mu)$$
$$(2)$$

———————

[1]　Messenger Math. ,24,1894,51.

[2]　Jahresbericht d. Deutschen Math. -Verein. , 5, 1896 [1901],87.

[3]　Lehrbuch der Algebra,2,1896,87-88;ed. 2,1899,94. Cf. Smith.

需要每一个 y_i 都被 p^π 整除,其中 p 是一个素数. 这假设了不是每一个 a_{ij} 都被 p 整除(否则可以通过取 y_i 为 $p^{\pi-1}$ 的任意倍数而得到一个解). 我们可以假设 $\Delta = |a_{ij}|_{i,j=1,2,\cdots,\tau}$ 不被 p 整除,同时矩阵 (a_{ij}) 的每一个 $\tau+1$ 行行列式被 p 整除. 记 Δ 的代数余子式为 Δ_{kh},并设

$$D_{ks} = \Delta_{k1}a_{s1} + \Delta_{k2}a_{s2} + \cdots + \Delta_{k\tau}a_{s\tau}$$

因此当 $k=s$ 时 $D_{ks} = \Delta$;当 $s \leqslant \tau, s \neq k$ 时 $D_{ks} = 0$;而当 $s > \tau$ 时 D_{ks} 是 τ 行行列式. 对式(2)的前 τ 同余式应用 Cramer 法则,我们得出

$$\Delta y_j + D_{j,\tau+1}y_{\tau+1} + \cdots + D_{j\rho}y_\rho \equiv 0 (\bmod\ p^\pi)$$
$$(j = 1,\cdots,\tau) \tag{3}$$

因此

$$\Delta(a_{1\tau}y_1 + \cdots + a_{\rho\tau}y_\rho) \equiv A_{\tau+1,\tau}y_{\tau+1} + \cdots + A_{\rho\tau}y_\rho (\bmod\ p^\pi)$$

其中

$$A_{s\tau} = \Delta a_{s\tau} - \sum_{k=1}^{\tau} a_{k\tau}D_{ks}$$

等于 (a_{ij}) 的一个 $\tau+1$ 行行列式且被 p 整除. 因此,若 $\tau < \rho$ 时,式(2)成立的前提是 $y_{\tau+1},\cdots,y_\rho$ 都被 $p^{\pi-1}$ 整除. 因此必有 $\tau = \rho$ 使得式(2)满足每一个 y_i 都被 p^π 整除. 这一条件也是充分的,由于式(3)则可约简为 $\Delta y_1 \equiv 0 (\bmod\ p^\pi),\cdots,\Delta y_\rho \equiv 0 (\bmod\ p^\pi)$ 于是 $y_1,\cdots,y_\rho$ 都被 p^π 整除.

F. Riesz[①] 陈述,若 a_{ik} 与 β_i 都是实数(注意这里是

———————

① Comptes Rendus Paris,139,1904,459-462.

实数），这些同余方程

$$\sum_{k=1}^{n} \alpha_{ik} x_k \equiv \beta_i (\bmod 1) \quad (j = 1, \cdots, \mu) \quad (4)$$

在整数（域）上可解当且仅当 $\sum_{k=1}^{n} \alpha_{ik} x_k \equiv 0 (\bmod 1)$ 在不全为 0 的整数中不可解，其中这些 β 是任意的，有着一个想求得的近似值.

U. Scarpis[1] 证明了由 n 个 n 元线性齐次同余式构成的同余方程组有不都被模数 M 整除的解当且仅当系数的行列式 Δ 与 M 不互素. 这一问题像往常一样可以被约简为 $M = p^m$ 的情形，其中 p 是一个素数. 令 Δ 的有些 ρ 行子式与 p 互素，而所有 k 阶子式($k \geq \rho + 1$) 都被 p 整除. 令 p^e 为 p 所能整除 Δ 以及所有 k 阶子式 ($k \geq \rho + 1$) 的最高次幂，则那些同余式之中的 ρ 个是线性无关的. 我们可以假设 $|a_{ij}|$ 与 p 互素，其中 $i, j = 1, \cdots, \rho$，则那些同余式之中后 $n - \rho$ 个可以被替换为含 $x_{\rho+1}, \cdots, x_n$ 的同余式，其中每一个的系数都整除 p^e. 若 $m = 1$，最初的那些同余式之中不会多过 ρ 个线性无关; $x_1, \cdots, x_\rho$ 的值由 $x_{\rho+1}, \cdots, x_n$ 来唯一确定，其中 $x_{\rho+1}, \cdots, x_n$ 是任意的，使得有 $p^{n-\rho}$ 组解.

①　Periodico di Mat. ,23 ,1908 ,49-61.